U0348569

The Billion Dollar Secret

20 Principles of
Billionaire Wealth and Success

信 条

成就非凡事业的20条原则

[美] 拉斐尔·巴齐亚格 ◎著
(Rafael Badziag)

祝惠娇 ◎译

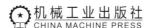

机械工业出版社
CHINA MACHINE PRESS

图书在版编目（CIP）数据

信条：成就非凡事业的 20 条原则 /（美）拉斐尔·巴齐亚格（Rafael Badziag）著；祝惠娇译 . -- 北京：机械工业出版社，2024. 11. -- ISBN 978-7-111-76545-5

I. B848.4-49

中国国家版本馆 CIP 数据核字第 2024NL4953 号

机械工业出版社（北京市百万庄大街 22 号　邮政编码 100037）
策划编辑：白　婕　　　　　　　　责任编辑：白　婕
责任校对：张勤思　马荣华　景　飞　责任印制：常天培
北京科信印刷有限公司印刷
2024 年 11 月第 1 版第 1 次印刷
170mm × 230mm · 23.75 印张 · 1 插页 · 337 千字
标准书号：ISBN 978-7-111-76545-5
定价：69.00 元

电话服务　　　　　　　　　网络服务
客服电话：010-88361066　　机　工　官　网：www.cmpbook.com
　　　　　010-88379833　　机　工　官　博：weibo.com/cmp1952
　　　　　010-68326294　　金　书　网：www.golden-book.com
封底无防伪标均为盗版　　机工教育服务网：www.cmpedu.com

赞誉

本书能彻底改变你的财富人生。

——博恩·崔西（Brian Tracy），《吃掉那只青蛙》（*Eat That Frog!*）、
《大富翁好习惯》（*Million Dollar Habits*）、《成就心理学》
（*The Psychology of Achievement*）等多部成功心理学畅销书作者

本书是一部深入浅出、见解独到的杰作，充分展示了拉斐尔·巴齐亚格和受访的 20 多位亿万富豪的奉献精神、聪明才智及坚韧意志。这是一本值得所有企业家一读的好书，作者采用近乎科学的创作方法：仔细调查一群出身背景和人生道路大相径庭的杰出人物，从中发现他们的共同点，总结出帮助他们取得财务和事业双成功的共同特征。

本书不是一部凭空想象、信口开河的作品，而是作者的心血之作。他奔走于世界各地，向最优秀的企业家学习，将学到的成功之道写成本书，分享给内心同样渴望成功的读者们。

——詹妮尔·苏（Jannelle So），菲律宾频道（TFC）和生活方式网
（Lifestyle Network）的电视节目主持人、制作人

本书是一部深入透彻的关于成功人生哲学的作品，我强烈推荐。

——陈觉中（Tony Tan Caktiong），菲律宾亿万富豪、2004 年安永全球
企业家奖得主

感谢拉斐尔·巴齐亚格！这是一部"必读之作"，是一部十年一遇
的好书。它能打开原本对大多数人封闭的大门，能改变我们对个人成
长、财务成功和商业的认知方式。这是一项卓越的研究，发人深省，鼓
舞人心。

——艾伯特·艾伦博士（Dr.Albert Allen），大伦敦克罗夫顿勋爵（Lord
of Crofton of Greater London）、畅销书作家、艾美奖获奖电影纪录片的
联合制片人、企业家、商业地产投资者、慈善家

这是一部不同凡响、思想深邃的成功学作品。拉斐尔·巴齐亚格与
世界顶级企业家会面并汲取宝贵经验。这部作品是他非凡努力的结晶。
我相信，这些经验可以改善全世界许多人的事业和生活。

——崔光铉（David Choi），博士、创业管理学教授、洛约拉马利蒙特大
学（Loyola Marymount University）弗雷德·基斯纳创业管理中心（Fred
Kiesner Center for Entrepreneurship）主任

在当前经济环境下，市场竞争极为激烈，我建议所有企业家都来读
一读这部精彩绝伦的作品。

——曹德旺，中国亿万富豪、2009 年安永全球企业家奖得主

拉斐尔·巴齐亚格告诉读者们，特权、教育、教育培养和巨额遗产
并不是创造财富的先决条件。书中的亿万富豪们凭借辛勤工作、聪明才
智、奉献精神、不墨守成规以及对事业的无限热情，走出了自己的成功
之路。这本书将会激励和启发世界各地的创业者及企业家。

——尼科斯·卡莱齐达基斯（Nikos Kalaitzidakis），可口可乐希腊装瓶
公司波兰分公司总经理

终于有一本书打开了一扇窗，让我们得以了解全球最多产、最神秘、最成功的商业标杆们的世界。拉斐尔·巴齐亚格将每一位白手起家的亿万富豪的独特人生故事巧妙地编织成一套超级成功人士共有的特征和原则。同时，我十分赞赏他为本书所做的大量深入研究。如果你是企业家或高层管理者，如果你想向精英中的精英学习，但厌倦了平淡无奇、随处可见的励志书，那你一定要读一读这本书。终于，现代版的拿破仑·希尔出现了。

——梅洛迪·阿韦西利亚（Melody Avecilla），企业家、天桥高跟鞋（Runway Heels）创始人

我向你推荐这本书，因为书中拥有所有能帮助你在生意场上大展宏图的基本要素。

——罗康瑞（Vincent Lo），中国香港亿万富豪、瑞安集团（Shui On Group）创始人、董事长

拉斐尔·巴齐亚格将亿万富豪的私人生活娓娓道来，毫无保留地呈现出他们经历的种种磨难和最终的成功之路。他指出了社会对这一极少数群体的误解，揭示了亿万富豪之间的明显相似之处。本书能激发我们内心的创业精神，让我们认识到，只要努力工作、充满激情，再加上一点点运气，一切事情皆有可能成真。

——塔塔尼亚·明格特（Tatania Minguet），美泰公司（Mattel）国民账户高级经理

拉斐尔·巴齐亚格在书中以独特的视角揭示了亿万富豪这一稀有群体的心态，他们拥有的权力和财力足以改变世界——暂且不论这是好事还是坏事。凭借强大的私人关系，拉斐尔能够进入这个封闭的、排外的首富俱乐部，与亿万富豪进行闭门访谈，这一点绝对无人能及。他写下的访谈记录和趣闻逸事消除了（有时也证实了）关于这个"超高净值神

秘人士圈"的种种迷思。这确实是一部引人入胜、扣人心弦的好书！

——亚当·詹金斯（Adam Jenkins），企业家、波兰著名投资基金管理
公司 Pekao TFI 的首席执行官

我强烈推荐这本佳作！本书讲述了 20 多位（不是一位！）亿万富豪企业家的真实成功故事。在我看来，阅读本书不仅仅是一种乐趣，书中还包含非常令人兴奋的真知灼见，我们从中可以了解亿万富豪企业家如何取得巨大成功，如何创造财富。他们都是白手起家，没有继承家族财产。书中所述都是他们从零开始创造亿万财富的故事。我认为这本书不但非常有用，而且趣味盎然，读起来津津有味。

——拉斯·温德霍斯特（Lars Windhorst），德国亿万富豪、萨宾达集团
（Sapinda Group）创始人

拉斐尔·巴齐亚格是目标明确的人，而且会专注地实现自己的目标。同样地，经过不懈努力，他采访了精心挑选的 20 多位极其成功的商界人物。阅读本书就像观看一部伟大的电影：你坐在座位上，对亿万富豪的思想和行动赞叹不已。对读者来说，了解这些非凡企业家的方方面面并从中获益是一种莫大的荣幸。

——沃尔夫冈·阿尔戈伊尔（Wolfgang Allgäuer），企业家、作家、教练，曾获奥地利商务部部长颁发的企业家奥斯卡奖

本书以独特的视角和深刻的洞察力，讲述了亿万富豪们白手起家取得巨大成功的故事。他们敢于打破壁垒、无视陈规，同时坚守自己的价值观，顺应内心的"离经叛道"。一路打拼下来，他们身上已是疤痕累累。书中有许多富于启发、振奋人心的故事，能够激励无数创业者、颠覆者追求星空，而不仅仅是触及星尘——这就是百万富翁与亿万富豪之间的区别。

——桑迪·巴尔加维（Sandy Bhargavi），企业家、VR.org 首席执行官

这本书很适合年轻时候的我。如果那时候我读了这本书，我就不用买，也不用读那 20 多本传记了。

——利里奥·帕里索托（Lirio Albino Parisotto），巴西亿万富豪、
Videolar 创始人兼总裁

我永远不会忘记拉斐尔·巴齐亚格第一次跟我说起本书创作计划的情景。当时我觉得这是一个不可能实现的计划——但我很快就意识到，如果有人能做到的话，那么那个人一定是拉斐尔。这本书不仅描画了一幅聪明绝顶之人的群像图，还对世界首富的思考方式提出了前所未有的见解。拉斐尔没有重复著名亿万富豪的名人逸事。他选择了"低调"的、背景截然不同的亿万富豪，讲述他们不为人知的、引人入胜的故事。他的选择是正确的。这是一部必读的好书！

——托马斯·帕明格（Thomas Pamminger），连续创业者、天使投资人、
沃尔泽勒（Wollzelle）公司和我们是开发者（WeAreDevelopers）公司的
创始人

本书讲述了白手起家的亿万富豪们的真实人生故事，作者抽丝剥茧，从中提炼出指导性的成功原则。拉斐尔·巴齐亚格采访的亿万富豪并不局限于西方，他们提供的真知灼见是你前所未闻的。本书实用性强，而且富于启发，值得你花时间好好阅读……如果你也想成为亿万富豪的话。

——保罗·芬克（Paul Finck），美国州立农业保险公司（State Farm）
高管

我认识的大多数成功人士都有一种与生俱来的好奇心，而且都无比渴望了解别人的成功之道。本书阐明了许多成功的企业家实现目标的行为特点和步骤，可以满足这种好奇心和渴望。

本书提供了一张亿万富豪的成功路线图，每个人都可以参照学习并

从中受益。

——杰克·考因（Jack Cowin），澳大利亚亿万富豪、澳大利亚竞争食品
公司（Competitive Foods Australia）的创始人、董事长兼总经理

本书是一部内容丰富、发人深思的作品，任何一个寻求建功立业的企业家都应该好好读一读。拉斐尔·巴齐亚格采访了一些白手起家的亿万富豪，深入研究他们取得成功的指导原则和心智品质，为所有决心创造财富的人提供了深刻见解和实用框架。

——理查德·斯塔福德（Richard Stafford），博士、洛约拉马利蒙特大学
EMBA 学院副院长兼课程主任

我是在一次穿越纳米布沙漠的 100 公里超级马拉松中认识本书作者的。他当时听从一位成功的超级长跑运动员的建议，做好了充分准备。在本书里，他遵循了同样的策略：模仿卓越典范。

我相信，向最成功的人学习（比如本书的受访者），将对我接下来的众多项目大有裨益。

——马丁·扬森（Martin Jansen），超级长跑运动员、冒险家和演讲者

我来自一个人人都想知道如何成为百万富翁的时代。这本新时代的作品里，拉斐尔·巴齐亚格讲述了如何在数字技术和指数增长的世界里成为亿万富豪。我想读者们会发现，几十年来，成为领导人物的根基依然大同小异，但正是这一点"小异"使本书不同凡响。

——奇普·威尔逊（Chip Wilson），加拿大亿万富豪、露露乐蒙
瑜伽服装品牌（Lululemon Athletica）创始人

我向来坚信，有远大梦想就必须努力使之成为现实。本书证明了我的这个观点。书中的亿万富豪来自世界各地，他们目光远大，胸怀大志，从小事做起，从不放弃。书中提出的 20 条原则点亮了所有的可能

性，指引你走向富足的生活。

——亚采克·沃克维茨（Jacek Walkiewicz），心理学家、讲师、

波兰顶尖 TED 演讲者

我认识拉斐尔·巴齐亚格是在一次个人发展研讨会上。在所有演讲者中，他是唯一对自己的使命有着非凡热情，并且深信不疑、全力以赴的人。因为他非常出色，我便邀请他到我的一家运动俱乐部做演讲。从那以后，他成了我的导师之一。多亏了他，我开始相信自己必须有更高的目标。我遵循我信奉的原则开创事业，做自己热爱的事，并尽我所能做到最好。我成功了！

——米沃什·西尔维奇（Milosz Świć），跑步俱乐部"野猪突击队"

（Wild Boar Commando）老板兼向导

参与这个全球性图书项目是一次独特而启发灵感的经历。我要感谢拉斐尔·巴齐亚格给了我这个机会，让我能够向胸怀壮志的读者传达我的想法，分享我的真实经历。如果我的话能够给他们带来启发，帮助他们实现自己的人生目标，那将是我的荣幸。

我是在令人愉悦的私人环境中接受采访的，访谈的过程非常有趣。这一点要感谢拉斐尔·巴齐亚格。他引导我愉快地回到我早年的人生经历，让我有机会回忆起创业以来一直到今天的酸甜苦辣。他的提问让我思考企业家生涯的方方面面，我也借此重温了人生中的不同阶段。

我向来强调成功人士要用自己的话来讲述真实的人生故事。因此，我非常有兴趣阅读本书里世界各地商界人士的成功故事，以了解他们的心态、想法和动机。

——彼得·斯托达伦（Petter Stordalen），挪威亿万富豪、酒店经营者

我是在 2015 年 1 月认识拉斐尔·巴齐亚格的。从一开始，他的热情就给我留下了深刻印象。他有一种唤起积极情绪的非凡能力，令人着

迷。无论他做什么都是声势浩大，而且总是面带微笑，比如沙漠超级马拉松、坚持不懈的旅行、互联网业务等，本书的创作计划更是如此。这部出类拔萃的作品就是他的劳动成果。我相信，在未来的几十年里，这部作品将改变全世界数百万人的生活。

——卡米尔·斯塔夏克（Kamil Stasiak），超级长跑运动员、企业家

拉斐尔·巴齐亚格的作品确实能给人启迪。

——Y，魔术师、电视明星、"Y魔术"（Magic of Y）创始人

在接受采访时，我还心存疑虑。然而，作者对我本人和我的公司进行了非常深入的研究，做了充分的准备，让我感到非常惊喜。如今，各行各业及社会各领域都明显缺乏专业精神。作者的做法令人耳目一新，让我重拾信心。

我非常享受与作者的访谈过程。我认为他的提问既切题又合理。我不仅期待着阅读本书中关于我的描述，也想看看他采访的其他成功人士的真实故事。

——彼得·哈格里夫斯（Peter Hargreaves），英国亿万富豪、哈格里夫斯·兰斯当公司（Hargreaves Lansdown）创始人兼董事长

拉斐尔·巴齐亚格甚至比亿万富豪本人更了解他们是如何思考的。鼓吹一夜暴富计划的图书多如牛毛，毫无价值。但拉斐尔·巴齐亚格的作品不同，它能让你看清楚世界首富的所思所想，得到在其他地方无法获得的真知灼见。本书就像一张路线图，能够帮助处于任何阶段的企业家达成看似最难以实现的财富目标。

——里克·弗里什曼（Rick Frishman），出版商、公关人员、演讲者，著有《游击公关》（Guerrilla Publicity）、《社交魔法》（Networking Magic）等多部畅销书

献给我的家人

我爱你们！

序

—— 杰克·坎菲尔德

5年前，拉斐尔·巴齐亚格来找我商量一项写作计划，他打算采访全球20多位亿万富豪，写一部由他们亲自讲述成功秘诀的作品。当时我根本不相信他的写作计划能取得成功。试想，你如何才能说服20多位亿万富豪从极其繁忙的日程中抽出时间与你合作、认真完成一个写作项目？百万富翁也许会接受，但经营庞大多元商业帝国的亿万富豪会同意吗？我研究成功人士的行为和原则已有40多年，从来没有听说有人做过这样的事情。

在过去5年间，我继续与拉斐尔·巴齐亚格保持联系。令我惊讶的是，他锲而不舍地实施这项写作计划，并运用从亿万富豪身上学到的原则和自律规则，最终完成了这个难度极高的项目。他不仅成功采访到21位亿万富豪，而且他们当中有几位还是世界上最优秀的企业家。

自2003年起，世界各国最成功的企业家每年都会齐聚摩纳哥，评选出当年的安永全球企业家奖（EY World Entrepreneur of the Year）得主，也就是他们心目中全球最优秀的企业家。自2003年以来评出的 15 位获此殊荣的企业家中，有 8 位是亿万富豪，而这 8 人中有多位参与了本书的写作计划，与拉斐尔·巴齐亚格以及读者们分享了他们的智慧。

世界上没有任何一本书能包含如此丰富的创业经验、感悟和智慧。拉斐尔·巴齐亚格与这些成就非凡的亿万富豪完成了无数小时的访谈，从中总结出 20 个实用且有效的成功原则。这些原则能够帮助你实现自己的创业理想和财富梦想。

本书将带你深入了解 21 位不折不扣的商业英雄，并从他们身上学习成功的经验。他们从零开始建立了不同凡响的伟大企业，并通过广泛的慈善活动为当地社区和国际社会做出了巨大贡献。他们是真正的楷模，任何有远大理想、愿意勤奋工作并通过发挥聪明才智实现理想的人都应该以他们为榜样。

你会发现，拉斐尔·巴齐亚格拥有一项独特的天赋，能够让那些最不愿意公开讨论工作和财富的人开怀畅谈，分享他们对自己如何走上成功之路的真实想法和感受。阅读这本书，你可以受益于拉斐尔·巴齐亚格的这种天赋，了解到取得非凡商业成就所必需的信念和行为。拉斐尔·巴齐亚格的写作构思十分精妙，能让你身临其境，仿佛与这些亿万富豪同处一室，听他们用简单易懂的日常语言分享自己在创业之路上面临的挑战、汲取的经验教训、培养的自律规则、找到的解决方案以及取得的成就。

拉斐尔·巴齐亚格如此不遗余力，得到的最终成果就是你手中的这部精彩作品。阅读本书会让你打破自己对亿万富豪的旧有观念，消除对他们的常见误解。你会惊讶地发现，这些亿万富豪成就非凡事业，靠的不是继承巨额财产，也不是凭借些许好运。事实上，书中的每一位都是白手起家成为亿万富豪的，其中有些人甚至出身赤贫，站在看似毫无希望的起跑线上。如果你遇到年轻时的他们，你可能乍一看会觉得他们微不足道。但他们从未放弃自己，最终凭借不可思议的顽强毅力取得了非凡的商业成就。

当你对这些杰出人物的了解不再局限于《福布斯》(*Forbes*)或《财富》(*Fortune*)杂志的报道,当你看到他们更人性的一面,你会发现他们基本上和你我没什么两样。他们之所以出类拔萃,是因为他们对自己的潜力深信不疑,而且知道人唯一的限制是自我设限。当你阅读他们的故事,了解他们成为亿万富豪的心态时,你就会明白,只要摆脱心理上的自我设限,你就会拥有无限潜力,任何愿望都可以实现。

现在,21位亿万富豪的创业灵感、动机和知识就在你手中。接下来,他们将成为你的人生导师,手把手教你如何创造财富。只要你坚持将他们教给你的东西付诸实践,并且持之以恒,坚持不懈,你就会发现,你也能拥有成就非凡事业的无限潜力。

通常,我会用一句"祝你好运"作为结尾,但你需要的不是运气。本书已经提供能够改变人生的原则和工具,所以你需要的是将其付诸实践的决心和勇气。因此,我的最后一句话是:"享受这段旅程吧!"

(杰克·坎菲尔德是《纽约时报》首屈一指的畅销书作者,著有《成功原理》(*The Success Principles*)、《如何成功》(*How to Get from Where You Are to Where You Want to Be*)、《敢于胜利》(*Dare to Win*)、《专注的力量》(*The Power of Focus*)以及"心灵鸡汤"(*Chicken Soup for the Soul*)系列等畅销书。)

The Billion Dollar Secret

前因与后果

如果你的钱数得清，那你肯定还不算有钱。

——保罗·盖蒂（J. Paul Getty），20 世纪 60 年代世界首富

1908 年，记者拿破仑·希尔受命采访当时的世界首富安德鲁·卡内基（Andrew Carnegie）。那时候，他并不知道等待他的将是一场怎样的旅程。卡内基本人是一位非常成功的企业家，他坚信成功一定有某种方法，就像数学公式一样，可以做成一套无懈可击的系统，任何人只要遵循它，就能取得成功。

希尔才思敏捷，给卡内基留下了深刻印象。他问希尔是否愿意采访美国最成功的杰出人士，通过分析采访的结果来制定一套教人成功的系统。希尔当然不会错过这个机会。于是，卡内基给他写了介绍信，引荐他去采访汽车巨头亨利·福特（Henry Ford）。随后，福特把他引荐给发明电话的亚历山大·格雷厄姆·贝尔（Alexander Graham Bell）、发明灭火器的埃尔默·R.盖茨（Elmer R. Gates）、发明电灯的托马斯·爱迪生（Thomas Edison）和农业先驱卢瑟·伯班克（Luther Burbank）。

希尔继续采访了他们以及许多其他当时最富有、最成功的杰出人

士。经过 20 年的研究，他总结出一套白手起家的成功公式，出版了一部划时代的"成功哲学"作品《成功法则》（*The Law of Success*）。他还将获得的信息写成另一部鸿篇巨制《思考致富》（*Think and Grow Rich*）。这部作品后来成为有史以来最畅销的图书之一，被翻译成多种语言、制作成各种版本在全球销售，至今仍然是热卖图书。

希尔的成功学著作是普通成功哲学的开山之作。在过去 100 年里，希尔的成功学在西方成功学领域独领风骚。确切来说，这是美国的成功哲学，毕竟《思考致富》中提到的所有人物都是美国人。

缘起

五年前，我参加了一个成功学大会。成千上万的人互相击掌，激情澎湃地高喊："你已经拥有百万富翁的头脑！"我去参加会议的念头来自我读过的成功学图书，这些图书讲的都是百万富翁的思维方式，也包括希尔的作品。但不知怎的，我在会场却感到有些尴尬。我感觉有些地方不对劲，所以我没有与他人一起欢呼呐喊。现场似乎有一种奇怪的氛围，我一时也难以名状。然后，我一下子回过神来：原来如此！

我本来就有百万富翁的头脑。早在 20 世纪 90 年代，我就已经是欧洲电子商务行业的先驱，打造出德语市场上第一家功能齐全的自行车网络商店。我拥有一家价值数百万美元的公司，我本身就是一个百万富翁。但那又怎么样呢？我并不觉得自己是一个十分成功的企业家。有些人好像不如我努力，但其公司发展得更快，规模更大。除此之外，我的公司好像一直在逆境中作战。在生意场上，成为百万富翁只是一个相当平庸的表现。所以，我更想拥有亿万富豪的头脑。这也许是每个企业家都渴望拥有的。但在这里，在这次会议上，大家还在努力赚第一桶百万美金，我显然无法从他们身上学习如何拥有亿万富豪的头脑。

我心灰意冷地离开会场，决心要找到一个学习拥有亿万富豪的头脑的方法。

你有没有问过自己，为什么你每天都在努力奋斗，但还是没有实现人生目标？为什么有些人在一生中能够建立多个数十万人规模的庞大组织，创造出普通人需要数十万年才能创造的价值？他们的秘诀是什么？仅仅是运气好吗？是因为他们所处的环境？是因为他们所受的教育？还是因为他们的个性？他们取得惊人成功的关键是什么？他们的信仰体系包含哪些内容？他们如何取得今天的成就？我们该如何踏上同样的成功之路？这些人富有影响力，创造出如此巨大的财富，他们的思维方式和成功方法是什么？是什么力量在驱动着他们？他们非凡的动机源自何处？他们坚持不懈地追求惊人目标的能量从何而来？白手起家的亿万富豪有哪些个性特征，使他们在生意场上创造出远超普通企业家的巨大成功？

在过去五年里，我数次奔走世界各地寻找这些问题的答案。你手中的这本书便是我历时五年的心血结晶。这部作品的创作重现了 100 年前拿破仑·希尔研究成功方法的理念，不过我的研究更进一步——我采访的当今最成功的商界巨擘都是白手起家的亿万富豪。与拿破仑·希尔不同的是，我的研究范围覆盖全球。我的访谈对象不只是美国的商业巨擘，还有来自世界各地的白手起家的亿万富豪，他们来自不同行业、拥有不同社会背景且身处不同年龄段，代表了不同的国家、文化和信仰体系。今天，我们生活在一个全球化的社会，现在亚洲的富豪数量已经超过了欧洲和北美。世界各地的各种文化、信仰体系和思维方式都各自发展出了独特的致富之路。

本书中白手起家的亿万富豪们有着迥然不同的个性。他们有自己的出众之处、独特的个人兴趣和嗜好。然而，尽管存在这些差异，他们也有一些共同之处。他们的个性里包含一些共同特征，正是这些特征造就了他们的成功，使他们走向巅峰，也让他们脱颖而出。这些特征并非与生俱来。相反，我们可以通过学习和训练，将这些特征内化成自己的秉性。

我把这些特征称为"成就非凡事业的原则"。

在过去，大多数成功学作者的创作方法，是通过分析成功人士在公开场合的表现或者第三方材料来得出结论，而我采用的创作方法截然不同。我直接面对面采访超级成功的杰出人物，向他们询问成功的方法、动机和思考方式。第一手资料让我可以切实了解这些杰出人物的内心世界，了解他们的真实想法和情感，从全新的角度认识他们对商业和世界的见解。

本书首创一种全新的成功学图书的写作方式：直接从全球白手起家的亿万富豪亲口说的话语中提炼出成功的原则。

何谓亿万富豪

亿万富豪的定义并不陌生，就是一个拥有至少 10 亿美元净资产的人。但你可能不知道，亿万富豪是一种极其稀缺的"生物"。据统计，世界上每 500 万人里只有 1 人是亿万富豪，即每 1 万名百万富翁里只有 1 人是亿万富豪。

大多数人很难想象 10 亿美元到底是多少钱。将约 10 吨的 100 美元大钞堆积起来，就是 10 亿美元。

我采访的 21 位富豪一生创造的财富远超 10 亿美元的数倍。他们的巨额财富并非继承而来，也不是通过其他"幸运"方式得到的；他们通过艰苦的工作，克服重重磨难，才赢得了今天的财富和地位。

我必须澄清一个最常见的错误观念：亿万富豪并不会坐拥钱山，没有人会持有 10 亿美元的现金。

他们的个人银行账户也很少有数十亿美元；即使有，也只是在交易间隙的有限时间内。相反，他们几乎所有的财富都投资于公司、股票和房地产。拥有大量闲置现金是不负责任的行为。因为钱会被通货膨胀吞噬掉，银行也随时有破产的风险。

艺术家迈克尔·马尔科维奇（Michael Marcovici）曾经创作了一件

名为《10亿美元》(*One Billion Dollar*)的作品——用假钱堆叠起来呈现的 10 亿美元。当这件作品在奥地利维也纳展出时,有人问马尔科维奇为什么不用真钱。他是怎么回答的呢?没人买得起门票。即使他以 1%的年利率从银行借来 10 亿美元真钱,展览一周也要花费近 20 万美元。

企业家或投资者通常希望用自己的钱投资获利——假设年化收益率为 5%,按照这个收益率来计算,将 10 亿美元现金放在家里,每天付出的机会成本就约是 13.5 万美元,比大多数人一年的收入还要多。因此,很少有人会选择将钱闲置不用。

许多人看不到百万富翁和亿万富豪之间的区别。实际上,两者之间存在巨大的差异。试看本书几位受访者的例子:

- 一位普通的百万富翁可能拥有一家酒店,而挪威亿万富豪彼得·斯托达伦拥有近 200 家连锁酒店。
- 一位富有的千万富翁可能拥有一家工厂,而加拿大亿万富豪弗兰克·斯特罗纳克(Frank Stronach)拥有 400 家工厂。
- 一位普通的百万富翁可能拥有一家甚至多家餐厅,而澳大利亚亿万富豪杰克·考因拥有 3000 家餐厅。
- 一位普通的百万富翁可能拥有一两家超市,而俄罗斯亿万富豪谢尔盖·加利茨基(Sergey Galitskiy)拥有 17 000 多家连锁超市和药店。

也许以下故事能让你更直观地看到百万富翁和亿万富豪的区别。最近,一位朋友告诉我,他一年赚 50 万美元。对大多数人来说,这是相当可观的收入。而且,他的收入水平已经持续好几年了,他也一直在做投资,现在他的净资产已经达到数百万美元。不管怎么说,他都算得上一位百万富翁。但我发现,如果他的财富要积累到 10 亿美元,那他必须出生在耶稣基督诞生之前并活到现在,把赚到的每一分钱都存起来,一分钱税都不缴,而且没有通货膨胀。相较之下,亿万富豪一生中就能创造 10 亿美元甚至更多财富。

百万富翁和亿万富豪之间的巨大差距不仅体现在他们的财富上，还体现在他们拥有的权力和影响力上。亿万富豪确实能改变世界。

本书阐明了亿万富豪的思维过程有哪些不同于常人之处，并回答了以下问题：为什么有些成功人士成为百万富翁后便停滞不前，而另一些成功人士却成为亿万富豪并改变世界？后者取得更大成就的原因是什么？

无论你在做什么事情，你都应该向世界上最优秀的人学习。为什么呢？因为无论你向三流选手学习还是向世界冠军请教，你付出的时间和努力都是一样的，但得到的结果却完全不同。

举例来说，如果你的目标是成为世界上最优秀的足球运动员，那么无论你是自学还是向本土的优秀球员学习，你都不可能达到这个目标，就算这位本土球员天资多么卓越，经验多么丰富，结果都是如此。但是，如果你能得到足球史上最佳球员的指点，无论是现役的还是退役的，比如梅西（Lionel Messi）、C 罗（Cristiano Ronaldo）、贝利（Pelé）⊖和米娅·哈姆（Mia Hamm），只有直接从他们口中获得意志力和体能训练方面的建议，你才更可能成为世界上最优秀的足球运动员。

同样，如果你想在商界取得成功，你需要向世界上最优秀的企业家学习。可是，如何确定哪些企业家是最优秀的呢？

商业成功有一个客观的评价标准：净资产值。净资产值是衡量经营业绩的通用标准。成功的定义可能因人而异，但在商业领域，确定哪些人是世界上最优秀的企业家则相对容易：那些在商业生涯中创造出最多财富，也就是净资产值最高的人。

根据这个定义，世界上最优秀的企业家就是世界上最富有的人。确切地说，也就是亿万富豪——注意我说的是"亿万"。

⊖ 贝利（1940—2022），巴西著名足球运动员，有"球王"之称。本书原书写作之日，贝利刚荣获国际足联荣誉金球奖不久。

对真正雄心勃勃的企业家来说，向"普通"的百万富翁或千万富翁请教毫无意义。在当今的商业世界中，百万富翁、千万富翁还无法跻身最优秀的企业家之列。在美国，每20位企业家中就有1位百万富翁。所以，不要向百万富翁学习，而要向最优秀的企业家学习——向亿万富豪学习。

以下几位最优秀的亿万富豪企业家在本书中分享了经营智慧：

- 2016年安永全球企业家奖得主曼尼·斯托尔（Manny Stul）。
- 2015年安永全球企业家奖得主穆赫德·阿利塔德（Mohed Altrad）。
- 2009年安永全球企业家奖得主曹德旺。
- 2004年安永全球企业家奖得主陈觉中。
- 2003年安永全球企业家奖得主纳拉亚纳·穆尔蒂（Narayana Murthy）。

读到这里，你可能会纳闷，我是如何联系到所有这些亿万富豪，如何说服他们参与这个全球性写作项目的。这里面的故事恐怕要写另一本书才能讲得清楚（也许有一天我会写的）。我只想说，我为这个写作项目多次奔波于世界各地，也因此得以看到不为人知的世界。

最后同样重要的是，因为这个写作项目，我见到了当代最杰出的商界人士——他们之所以接受我的采访，是为了与亲爱的读者们分享他们内心深处的智慧。不过，虽然他们是商界的璀璨明珠，他们特立独行，是五百万里挑一的人中龙凤，是"黑天鹅"，但是本书的主角并不是这些亿万富豪本身，而是他们取得惊人成功的奥秘，而且这些奥秘是由他们亲口讲述的。也就是说，本书的主角就是"成就非凡事业的原则"。

本书为你提供了一张路线图，无论在生活中还是在事业上，你都可以从中找到一条成功之路，由此踏上成就非凡事业的旅途。

让我们启程吧。

The Billion Dollar Secret

目录

CHAPTER 1

第 1 章

内因是先决条件

真理最危险的敌人不是谎言，而是深信。

——弗里德里希·尼采（Friedrich Nietzsche）

人们对亿万富豪的看法受刻板印象的影响之深，令人震惊。亿万富豪在社会中仅占 0.00002%，普通人对他们的真实情况知之甚少。

媒体也只挑一些浮华世俗的形象和戏剧性的事件大肆报道，以此引发和传播羡慕情绪，使人们对他们的误解进一步加深。媒体的刻画被大众当作事实，但实际上存在严重曲解，与现实相去甚远，至少就白手起家的亿万富豪而言是如此。

让我们先来反驳几个最常见的误解。接下来的内容将会帮助你初步认识本书采访的杰出人物，带领你进入他们的世界。

对亿万富豪的误解之一：他们都出生于富裕的发达国家

如果你认为只有出生在富裕的发达国家才能成为亿万富豪，那你就错了。纳拉亚纳·穆尔蒂的成功故事就是最好的例子。

1946 年，纳拉亚纳·穆尔蒂出生于印度，那是当时世界上最贫穷的国家之一。他小时候家徒四壁，他们全家都只能坐在地板上，晚上也只能躺在地板上睡觉。父亲建议他慎重选择爱好，以免耗尽微薄的预算。于是，他选择了阅读、听音乐和与朋友聊天。但家里买不起报纸，他只能去公共图书馆看报纸。

20 世纪 80 年代初，印度不仅是世界上最贫穷的国家之一，还是最敌视自由企业的国家之一。印度政府制定了一系列限制措施和荒唐的规章制度，在印度做生意简直难于登天。其结果是印度政府极度腐败，政府官员甚至有权决定企业的生死，印度的经济也因此遭到扼杀。

1981 年，纳拉亚纳·穆尔蒂与几位伙伴共同创办了一家软件公司——印孚瑟斯（Infosys），遇到了各种几乎无法解决的难题。频繁发生的电力短缺问题反而是其中一个较小的障碍。

试想一下：如果没有电脑，你能经营软件公司吗？

印孚瑟斯公司当时就没有电脑。为什么会这样呢？

因为在印度，进口电脑需要先拿到政府颁发的许可证。

　　纳拉亚纳·穆尔蒂告诉我，为了拿到许可证，他花了三年时间，总共往返德里 50 次。然而，与创业遇到的其他困难相比，能用时间解决的问题根本不值一提。印孚瑟斯公司总部位于班加罗尔，与德里相距约 2414 公里（比从纽约市到佛罗里达州迈阿密的距离还多 320 公里）。他没有钱坐飞机，只能坐火车，单程就需要两天时间。前面已经提到，因为官僚制度的要求，他不得不往返德里 50 次；算一算他三年下来的旅程，光是乘坐火车的时间就达到 200 天！

　　现在，你可能会问：整整有三年时间没有电脑，他们怎么可能把软件公司经营下去？他们是怎么编写程序的呢？

　　他们找到了一位比较好说话的美国客户，客户允许他们用他的电脑编写程序。于是，其余六位联合创始人一起前往美国执行这位客户的项目，纳拉亚纳·穆尔蒂则留在印度，继续办理许可证的各种手续，以便公司能够尽快进口电脑。

　　沟通是另一个难题。纳拉亚纳·穆尔蒂告诉我，印度公司平均要耗时 5～7 年才能安装一条电话线。等待时间如此之长，除了因为技术落后，还因为退休的政府官员拥有特权，可以优先安装电话线。

　　这里有一个显而易见的问题：在电子邮件问世前的时代，没有电话，纳拉亚纳·穆尔蒂如何与远在美国的同事和客户沟通呢？

　　他只能定期去邮局，用公共电话联系他们。

　　我问他，如果在美国的同事需要与他联系，那怎么办。他微笑着回答说："唉，那就没办法了，他们联系不到我。"

　　经过一年的努力，他们终于安装了电话线。但是，这并不一定意味着可以对外联络了，尤其是打电话到美国。大多数时候，他们的电话线没有信号；即使有信号，电话通了也经常是忙音。

　　如前所述，他们花了三年时间才获得进口电脑的许可证。但是，有了许可证，他们也没有钱买电脑。更麻烦的是，他们正在开发的软件需要使用一台微型电脑，价格高达数十万美元，公司根本付不起。印孚瑟斯公司是七位创始人各自拿存款创建的，总资金只有 250 美元。纳拉亚纳·穆尔蒂还面临另一个问题，但这个问题也让他创造了另一个奇迹，这一点我们稍后再讨论。

购买了电脑并顺利安装之后，原先在美国的六位联合创始人返回印度继续工作。但是，他们必须克服的官僚障碍并没有消失。现在，他们要想办法把编写的代码交给远在美国的客户。那时互联网尚未问世，无法直接用电子邮件将代码发送给客户。唯一的办法是将程序保存到磁带上，通过传统的邮寄服务寄送到美国，然后客户再将磁带里的程序安装到自己的电脑上。不幸的是，这个方法在印度和美国之间行不通。

为什么行不通呢？因为从印度寄往美国的所有包裹都需要通过印度海关。而海关官员大约需要两周的时间才能处理完海关手续。也就是说，印孚瑟斯公司从印度寄送的代码，需要经过三周时间才能到达美国的客户手中。之后公司每次修改程序，都需要再等三周才能收到客户的反馈。结果，项目时间无限延长，结项之日遥遥无期。这是无法接受的。对企业来说，这样做无异于"切腹自杀"。他们必须大幅缩短交货时间，以缩短生产周期。

他们是如何解决这个问题的呢？他们想出了一个办法：将代码打印出来，然后传真给美国负责该项目的印孚瑟斯员工，然后由这名员工将代码输入客户的电脑。当然，这会增加额外的操作，而且代码还可能输错，但是，这个办法使他们的软件交货速度有了显著提升。

他们遇到的挑战还不止这些。你可以想象一下，在印度这样贫穷的发展中国家创建公司，到底要面对多恶劣的条件，要克服多少障碍。

在采访纳拉亚纳·穆尔蒂时，我自己也亲身体验了一些状况。当时德里的温度高达45摄氏度。无论是体力劳动还是脑力劳动，这样的高温都不适合工作，但这就是印度人日常的工作环境。

如今，印孚瑟斯公司已经是印度最富裕、最先进的公司之一，能为员工提供最好的工作条件。我采访纳拉亚纳·穆尔蒂的地点是德里印孚瑟斯公司专门接待贵宾的客房，当然，客房里有空调。

但是在采访期间，我们面临了突发情况：突然停电，空调系统停止运行了。我们尝试重启空调系统，但徒劳无功，温度迅速上升，房间里很快就热得令人难以忍受。纳拉亚纳·穆尔蒂叫来了一组维修人员。摸索了10 分钟后，空调系统终于重新启动。然而，五分钟后又停电了，空调系统再度瘫痪。这次我们决定不管空调了，因为不想再耽误时间。

那一次的经历让我稍微体验了一回在现代印度工作的滋味。从未到过印度的读者，你能想象 30 年前印度和印孚瑟斯公司还很落后时的工作环境吗？你能想象在那种环境下工作有多艰难吗？

如今，纳拉亚纳·穆尔蒂已经是亿万富豪，印孚瑟斯公司也成为世界上人员规模最大的软件公司，旗下员工光是程序员就超过了 20 万，超过微软、苹果、谷歌的总和。2003 年，纳拉亚纳·穆尔蒂获得安永全球企业家奖，成为世界上最优秀的企业家。

可见，并非只有出生在富裕的发达国家才能成为亿万富豪。事实上，纳拉亚纳·穆尔蒂不仅自己是亿万富豪，他还帮助六位联合创始人成为亿万富豪，他的公司有至少 4000 名员工跻身百万富翁。

大多数人没有意识到的是，发展中国家的财富增长速度远超工业化国家，亚洲的亿万富豪人数在 2016 年就已经超过了整个北美。

在调研过程中，我偶然发现了移民亿万富豪这一现象。没错，在白手起家的亿万富豪中，有相当高比例是离开原籍国之后才发迹的。他们来自贫穷或饱受战乱的国家，虽然一无所有，最终却能够找到成功之路，创造出巨额财富。我们在本书稍后章节再详细讨论这个问题。

对亿万富豪的误解之二：他们都有富裕家庭作为后盾

如果你认为，只有生在富裕家庭才有可能成为亿万富豪，那么你很可能不知道穆赫德·阿利塔德的故事。

穆赫德·阿利塔德出生在叙利亚沙漠的一个游牧家庭，是贝都因人，习惯住在帐篷里。他们在可以找到水源的地方搭建帐篷居住、放牧，一直生活到牲口吃光了植被，再也无法放牧为止。然后，他们把帐篷拆卸、折叠，到更远的地方寻找更好的牧场。

穆赫德·阿利塔德一出生就被父亲抛弃。他和母亲都被父亲赶出了家门。穆赫德·阿利塔德被迫和母亲在部落边缘地带流浪。他的生命丝毫不重要，甚至没有人记得他的出生日期。直到现在，他也不知道自己生于何年何月。他告诉我，他的子女想为他庆祝生日，于是他自己编了一个日子作为自己的出生日期。

这个如同狄更斯笔下描述般悲惨的故事还远未结束。穆赫德·阿利塔德四岁那年，母亲去世了，他的祖母承担起抚养他的责任。祖母认为他是做牧羊人的命。她不想送他上学，因为她认为"无所事事"的人才去上学。每天，穆赫德·阿利塔德都会偷偷离开家，赤脚穿过沙漠，步行数英里[⊖]到附近的村庄求学。

他没有纸笔，老师给了他笔记本和铅笔。他没有穿鞋子，没有带任何东西，身上只穿着一件破旧的早已不合身的吉拉巴（一种连帽长袍）。

穆赫德·阿利塔德曾多次试图向父亲索要基本的生活必需品，但总是遭到父亲的拒绝和羞辱，有时甚至被殴打。

然而，在穆赫德·阿利塔德上三年级时，奇迹出现了：他收到了父亲送给他的礼物——一辆旧自行车。这是父亲送给他的第一份礼物，也是唯一的礼物。

有了这辆自行车，穆赫德·阿利塔德第一次展现出企业家天赋。他把自行车租给同学，赚了一点钱。虽然金额不多，但足够让他购买一些学习用品。

穆赫德·阿利塔德意识到，读书是他摆脱困境的唯一机会，于是他勤奋学习。很快，他就成了当地最优秀的学生之一，还获得了出国留学的奖学金。

多年后，穆赫德·阿利塔德完成学业，接手了法国一家破产的脚手架公司，将其发展成为全球脚手架行业的领导者。在接下来的30年间，阿

⊖　1 英里 =1609.3 米。

利塔德集团增加了 200 多家公司。

如今，穆赫德·阿利塔德已成为亿万富豪。2015 年，他获得安永全球企业家奖，成为世界上最优秀的企业家。

因此，如果你认为，亿万富豪必定有富裕家庭作为后盾，那你就大错特错了。穆赫德·阿利塔德生为贝都因牧民，生活在一个贫穷国家，从小在部落边缘流浪。他的家庭抛弃了他，认定他只能成为牧羊人。但这一切并没有阻止他走向成功。这就证明，无论什么出身的人都可以成功。

从我与白手起家的亿万富豪打交道的经验来看，他们当中有相当一部分人的童年并非无忧无虑、备受爱护。由于环境所迫，他们从很小就开始为自己的人生负责。我们在后面的章节再详细讨论这个问题。

据统计，全球超过 70% 的亿万富豪都是白手起家的，也就是说，他们并非出生于富裕家庭。他们仅仅依靠自己的力量，不需要穷尽一生就能创造出至少 10 亿美元的惊人价值，这件事情本身就很不可思议。

反过来说，通过继承财产成为亿万富豪的人还不到三成。在这之中，还有相当一部分并非生来富有，而是继承了配偶的遗产。

总之，亿万富豪都生于富裕家庭并终生享受富裕生活是一种刻板印象，实际上可能只有四分之一的亿万富豪符合这个印象。

对亿万富豪的误解之三：他们都在顶级名校接受高等教育

如果你说，纳拉亚纳·穆尔蒂和穆赫德·阿利塔德之所以取得成功，是因为他们在面临诸多困难的情况下仍然接受了良好的正规教育，我认为这样说有一定道理。但是，有很多亿万富豪并没有接受良好教育，又该怎么解释呢？难道所有亿万富豪都毕业于顶级名校吗？

曹德旺在中国福建省的一个贫困村庄长大。在他出生后，他的父亲由于一直忙于生意上的事务，连名字都没有为他取。根据中国的文化传统，取名字是大事，父亲应该给孩子起名。

结果，这个男孩在九岁之前都没有真正的名字，只有一个小名。母亲含辛茹苦抚养他和五个兄弟姐妹长大。

根据法律，适龄儿童必须到学校接受教育。但由于家境贫寒，他家里一直供不起小孩上学。直到九岁时，他终于去上学了，可是他仍然没有名字。登记入学是一定要有名字的。于是，经过深思熟虑，他的叔叔给他取名为"德旺"。

一开始，曹德旺对上学兴致勃勃，但后来他发现读书对他来说是一个挑战。在课堂上，他"如坐针毡"，既焦躁又难受。他生性顽皮，老师们都不喜欢他。他的问题不是成绩不好，而是行为乖张。他很小就被贴上了"坏孩子"的标签。每当老师转身在黑板上写字，他就站起来模仿老师的动作，逗得同学们哈哈大笑。

在曹德旺10岁那年，父亲终于从上海回来了。每天晚上，他都让曹德旺去酒铺给他买酒。在回家的路上，他会偷喝父亲的酒，一开始只是抿一小口，后来就越喝越多。没过多久，他就养成了喝酒的习惯。

每天早上，曹德旺都要早早起床去捡烧炉子的柴火。因为起得早，到了下午他就昏昏欲睡。有一次，他在课堂上睡着了。当着同学们的面，校长辱骂了他一顿。曹德旺感觉这是奇耻大辱。

他也因此辍学了。事实上，他的家人还为此松了一口气，因为家里无论如何也负担不起他的学费了。

由于没有什么文化，14岁的曹德旺成了村里的受气包。他被安排照顾生产队的一头母牛，每天放牛挣的工钱几乎不够养活自己。但没人愿意把更重要的工作交给一个目不识丁、流里流气的少年。曹德旺的人生跌入谷底，但同时迎来了转折。

在那段时间里，他没有自暴自弃，他决心要不惜一切代价摆脱贫困。于是，他打定主意要自学文化知识。一开始，他拿哥哥的课本自学，一边放牛，一边看书学习。可是，课本上好多汉字他都不认识。他向哥哥请教，但他不认识的汉字太多，哥哥也渐渐地感到不耐烦。

不认字的难题可以通过查字典来解决。但是，买一本如《新华字典》这样的好字典在当时要花0.8元。对他这个放牛娃来说，那可是一大笔钱。此时，曹德旺首次展现出不同寻常的生意天赋和不屈不挠的意志。

他每天早早起床，在去干活之前，他先到河边割草，把草卖给村里的马倌，帮他们免去割草料的麻烦。马倌付给他的钱不多，但他把每一分钱都存起来。攒了整整一年之后，他终于买了一本《新华字典》，至少可以看懂汉字了。他一个字一个字地查字典，直到能看懂课本上所有汉字为止。

曹德旺不满足于从课本中学习知识，他还想阅读其他图书。为了理解书里的概念，他需要一本《辞海》。毋庸赘言，《辞海》的售价比字典更高，买一本就要花 3 元。他又开始存钱，花了三年时间才存够钱买了一本《辞海》。

时间一年一年过去了，曹德旺坚持自学，逐步提升自己的文化水平，他的努力也最终得到了回报。多年来，他从事过许多工作，担任过许多职务。他贩过果蔬，卖过烟草，种过木耳，做过建筑工人、发动机修理工、厨师、推销员、采购员和厂长。最终，他成为企业家，创立了福耀玻璃——现在世界上最大的汽车玻璃制造商。

2009 年，在人生跌入谷底近 50 年后，曹德旺获得安永全球企业家奖，成为世界上最优秀的企业家。如今，他已经是亿万富豪。

曹德旺没有从任何学校毕业，也没有读过任何一所大学。他出生在一个落后的地区，生长于一个贫寒的家庭。尽管如此，他仍然成为目前中国最富有的人之一。

因此，如果你认为，要成为世界富豪，必须出生于富裕的发达国家，必须有富裕家庭作为后盾，必须在顶级名校接受高等教育，那你不仅对他们持有误解，也低估了你自己的能力。如果你认为只有具备这些条件才能成功，那你就会压制自己的潜能，限制自己的成功上限。大多数白手起家的亿万富豪都不完全具备这些条件，很多和曹德旺一样的亿万富豪连一个条件都不具备。那些条件只是迷思，没有事实依据。

我从亿万富豪身上学到的经验就是，外部因素并不是成功的先决条件。

那么，为什么一些人站在看似毫无希望的起跑线上，最终却取得令人难以置信的成就，而另一些人生来就拥有最好的条件，结果却一事无成，一生庸庸碌碌呢？

事实证明，能否成就非凡事业，取决于你是否充分发挥一系列内在因素的作用。这些内在因素是亿万富豪的共同特征，我把它们称为"成就非凡事业的原则"。其中第一条原则是，尽管有重重阻碍，要相信自己能克服一切不利条件，甚至正是因为身处逆境，你才取得了非凡成就。要在生意场上出类拔萃，依靠的不是外部因素，而是你的内在因素。

在接下来的章节里，我将会逐一介绍成就非凡事业的其他 19 条原则。

——心志不专者认为只有条件成熟、万事俱备才能成功，但无论条件多么完美，总会有一些因素阻碍他们采取行动。

——百万富翁将自己的人生牢牢掌握在自己手中，但仍然相信成功要依靠有利条件。

——亿万富豪知道自己拥有成功的内在因素，无论遇到任何外部因素的阻碍，他们都仍然能在生意场上大展宏图。

CHAPTER 2

第 2 章

离开巢穴才能展翅高飞

生命并非短促，而是我们荒废太多。

——塞涅卡（Seneca）

　　从上一章中，你可以看到，普通企业家取得的成绩和白手起家的亿万富豪取得的巨大成功之间的差距可谓天差地别，其背后原因不能归结于任何外部因素。那么，是什么造成了这种差异呢？

　　在任何一个行业里，几乎所有从业者采用的商业模式都相差无几，使用的经营方法和技巧也大同小异。那么，为什么大多数人都以失败告终，而有些人却能取得超乎常人的成就呢？

　　穆赫德·阿利塔德是贝都因人，早年生活颠沛流离，后来成为亿万富豪，曾经获得安永全球企业家奖。当被问及上述问题时，他用了一个类比来回答：

　　　　这种差异源自每个人本身的秉性。就好比我问你，高档的保时捷和普通的福特车之间有什么区别？如果你开一辆福特车，你可以达到一定的速度，你也可以尝试提速。但是，如果你以超出极限的速度行驶，比如200公里／小时，车身就不稳定了，车子就无法正常行驶。保时捷就没有这个限制。为什么保时捷没有这种限制呢？因为保时捷在设计之初就没有设定限制。

　　汽车的极限是由其内在构造决定的，而你作为企业家的极限是由你的内在因素决定的。你的内在因素包括你的心态、你的信仰体系、你的态度、你的世界观、你的动机、你的技能、你的习惯、你的知识和你的个性。

　　那你呢？想在商界驰骋的你，能保持稳定行进的极限在哪里？你是否想大幅提升这个极限，从而在商界做出一番真正的伟业，做到一些你以前做梦都不敢想的事情？

　　本书正是实现这一目标的指南。

　　要知道，公司是创始人的真实写照，从你建立的公司中可以看出你是什么样的人。你的公司承载着你的所有特征，包括你的局限性。

　　美国软件业亿万富豪、航天企业家纳温·贾殷（Naveen Jain）说："如果你做出改变，你会发现，你的商业风格、公司的经营策略等都会随之发生变化……如果你想打造一个价值 100 亿美元的公司，你就必须解决一个价值 1000 亿美元的问题。这意味着你必须帮助 10 亿人。"

要在商界取得不同凡响的成就，你需要具备商界大鳄的心智素质，他们是世界上最优秀的企业家。换句话说，你需要像亿万富豪那样思考。

本书将会告诉你白手起家的亿万富豪是如何思考和行动的。他们会用自己的话来教你如何纵横商界。

你想成为"保时捷"还是"福特"？

这本书是为那些想成为生意场上的"保时捷"、厌倦平庸并希望生活更精彩的人而写的。

自立自强

要想成就一番事业，先要成为一个独立的人。

我采访的所有亿万富豪从小就自食其力。

有些人小小年纪就离家求学。硅谷传奇投资人蒂姆·德雷珀（Tim Draper）14 岁就离家求学，白手起家的土耳其亿万富豪许斯尼·奥兹耶金（Hüsnü Özyegin）甚至 10 岁就离开了家。许多靠自己奋斗成功的亿万富豪都出身贫寒。贫穷迫使他们更早地成长起来。

一手打造傲胜（OSIM）零售帝国的沈财福（Ron Sim）是新加坡的一位亿万富豪。要是你读过他的故事，你可能会改变对早早开始工作的看法。他说：

> 我总是说，我很幸运生在贫穷的家庭，因为贫穷激发了我对财富的渴望。贫穷让我感到绝望，也让我产生了改变命运、创造美好生活的愿望。
>
> 我们全家 13 口人——7 个孩子、爸爸妈妈、外公外婆、叔叔、姑姑，全部挤在一间一居室里。全家人只能睡在地板上。
>
> 我 9 岁就开始工作了。

因为我们家生活拮据，连饭都吃不饱，所以我在一家面馆找了一份工作，每天下午打工卖面条。面馆老板吩咐我说："来，你挑着这两个竹筐出去，挨家挨户敲门卖面条去吧。"

根据碗的大小，沈财福每卖一碗面可以挣到 3 ～ 8 分钱：

就这样，在下午放学后到六点之间，9 岁的我一天最多能挣80 分钱。这可是一笔相当可观的收入，放到现在的话，那可能意味着……5 到 10 美元吧。在那个年代，我们的零花钱只有 5分钱。

从小学四年级开始，我就一直在工作。我靠着自己赚的零花钱养活了自己。

通过工作，你会学到勤劳和金钱的价值，并形成财富从何而来的概念。谢尔盖·加利茨基是一位俄罗斯亿万富豪，在国际上备受尊敬。在童年时期，在父亲的强制要求下，每到周末，他都要花很长时间在父母的花园里干体力活。"当然，作为一个小男孩，我不喜欢做园艺工作。但我可以肯定的是，我从父亲那里学到了辛勤工作的精神。我相信，做一些工作一定会让你有所收获。我自己就从中学会了辛勤工作。"

我采访过的所有白手起家的亿万富豪都在 18 岁之前开始了工作。

有些人在学校放假期间打工。加拿大亿万富豪、露露乐蒙创始人奇普·威尔逊通过在暑假打工攒够了上大学的学费。他 14 岁时就开始帮人拆谷仓农舍，每天能挣 5 美元；他也在公园修剪树木，还做过泊车和洗车等工作。

澳大利亚亿万富豪、饥饿杰克汉堡连锁餐厅（Hungry Jack's）创始人杰克·考因也从 12 岁开始打假期工，暑假去剪草坪，寒假去铲积雪。他还承包了一条送报纸的路线。"每天都要送报纸，每周都要向顾客收钱。你承担了这份工作的职责；你知道这份工作能带来多少收入。打这份工的时候，我大概是 12 岁吧。我记得送报路上有一片富人区。我发现医生和律师总是开最好的车，住最好的房子，拥有最好的东西。这些打工赚钱的经历让我开始意识到，富裕与教育有关，也与存钱、创业等能力有关。"靠着打工攒下的钱，他在 16 岁时就给自己买了一辆车。"可能这就是独立的意义吧。我有了足够的钱，不用再伸手找父母要钱了。"

许多白手起家的亿万富豪甚至在 10 岁之前就开始工作了。

蒂姆·德雷珀的母亲会把庭院里的活交给他做。"我在院子里干活，每分钟就能拿到一分钱。我在院子里除草、铲土、给拖车刷漆、砍树、修剪草坪。为了赚钱，我干了很多活。"他也因此攒了一些钱，从此开始了他的投资生涯。"我 9 岁的时候，爸爸开始带着我做投资，我用当时攒下的钱买了一股股票。"

快乐蜂集团（Jollibee）创始人陈觉中 8 岁就开始卖报纸。

开始工作最早的是匈牙利裔加拿大亿万富豪、利纳马集团（Linamar）的创始人弗兰克·哈森弗拉茨（Frank Hasenfratz），以及巴西实业家利里奥·帕里索托（Lirio Parisotto），他们从 6 岁起就开始做家务事了。

弗兰克回忆道："我们家在一个农场里，我 6 岁时就要负责喂鸡，而且必须按时喂。想玩耍吗？当然，我也可以玩，但到了傍晚 6 点一定要去喂鸡。随着年龄增加，我承担的责任更大了——既是责任，又是特权。再长大一些，我要负责喂猪。再后来，到 10 岁或 11 岁，我才得到喂马的工作。我必须干活，没得商量。那时候的生活就是如此。"

对自己和身边的人负责

利里奥·帕里索托出生在巴西南部的一个小村庄，村民大多是意大利移民的后代。村里没有电，没有收音机，没有自来水，也没有柏油路。"我们只能勉强维持生存。我不知道未来要做什么，但我知道，我不喜欢在田里干活。种田太辛苦了，天气那么热，蚊虫又多。我们家很穷，钱只够买食物和衣服。我们没有钱买轿车、吉普车或其他东西。村里卫生条件比较差，大家也不注意饮水和食物的卫生，导致很多人生病。我们没有冰箱，也没有电，要想照明，只能用煤油灯。你能想象那种生活吗？"他从6岁开始赚钱："我们摘来玉米，把玉米皮剥下来。玉米皮可以用来卷烟草，做成'玉米皮雪茄'。我也拿玉米皮来卷雪茄，每25根打一个包装。我们每天晚饭后工作两个小时，每个月会有人来家里收购。"利里奥是家里最年长的孩子，必须承担起照顾弟弟妹妹的责任："我在11个孩子中排行第一。我必须照顾弟弟妹妹，因为我是老大。除了我，没有人能给我母亲帮忙。她要准备一日三餐，给全家人做衣服，照料家禽家畜，挤牛奶做奶酪。如果我的弟弟妹妹做错了什么事，承担责任的总是我。因此我会时不时操练他们，以确保不会出什么事。（笑）"

全球制药业首富迪利普·桑哈维（Dilip Shanghvi）和韩国科技大亨金范洙（Kim Beom-Su，也译作金范秀）也从小就要照顾弟弟妹妹，被当作大人看待。

金范洙小时候与五个弟弟妹妹、父母和祖母住在一间一居室里。身为长子，他注定要扛起整个家庭的重担。全家人也按照韩国的传统对他精心栽培和教育，以培养他的能力和责任感。他的家境并不富裕。为了供他读大学，家里不得不做出一些牺牲。他是家里唯一能读大学的人，他知道这是一种特权。他很感激家人为此做出的牺牲，也知道自己将来必须报答他们。"因为这些经历，我成功后当然要给家人更多回报。"但是，在他读大学期间，他父母的生意破产了，一家人无家可归。"从那时起，我疯狂地打零工。我拼命工作，赚到的钱比大学毕业后全职工作的收入还多几倍。正是在那段时间，我决定跳出学校，直接进入社会工作。"

许多亿万富豪在少年时代就开始工作，有些是打工赚钱补贴家用，有些是在家族企业工作。

印孚瑟斯公司创始人、亿万富豪、2003年安永全球企业家奖得主纳拉亚纳·穆尔蒂曾是印度卡纳塔克邦（Karnataka）排名前四的优秀学生，在11年级时还获得了国家奖学金。"我把奖学金给了母亲。因为我家有八个孩子，从小家里就教我们有什么都要和家人分享，所以，我理所当然地就把钱交给了母亲，她会确保每个家人都能从中受益。"

谢尔盖·加利茨基从 14 岁起在母亲工作的蔬菜仓库工作。"我干的都是艰苦的体力活。我给运送百事可乐的卡车装货。当时我没有其他选择，只能干体力活。我把赚到的钱都交给了父母，如果我想留一部分钱自己用，他们也不会介意。但我知道家里生活艰难，要打工赚钱来补贴家用。当然，那并不是我刻意做出的决定，我只是觉得必须把钱交给父母。只不过，从那以后，我每年赚了钱都要拿来补贴家用。"

有些亿万富豪成长于单亲家庭，有些甚至是孤儿。他们必须对自己和身边的人承担全部责任。

尽早创业

一个人是不可能通过打工成为亿万富豪的。如果你想成为超级富豪，那你就必须自己创业。

连锁快餐行业大亨杰克·考因在大学毕业时就以做小生意赚大钱而声名鹊起。他本来打算找一份薪资不错的工作。他的宿舍管理员建议他去找比尔·波洛克（Bill Pollock）帮忙。比尔·波洛克是一位经验丰富的企业家，提供人才招聘、临时劳务、人员超配等方面的咨询服务。杰克去拜访比尔，得到了一个改变未来人生的建议。比尔对他说："我可以给你一份工作，但如果你想飞黄腾达，你应该自己创业。"杰克和比尔一直保持联系。比尔·波洛克成为杰克·考因的导师，后来还参股后者创立的公司。

杰克·考因告诉我他的致富经验："不要打工，要自己创业。不要为老板拼死拼活。你再为老板拼命，每周也只有 7 天，每天也只有 24 小时。成功靠的不是你工作有多拼命，而是创立一个能赚钱的公司。创业才是财富创造的源泉。"

巴西亿万富豪利里奥·帕里索托既是一位成功的企业家，又是一位医学博士。我问他一个医生怎么会变得如此富有。他的回答一定会让你感到意外："如果一个医生想成为腰缠万贯的富人，首先他不能再像医生一样做治病救人的工作。"相反，他应该建立医疗企业，招募顶尖专家组成工作团队。

因此，你要对自己未来的经济负责，把命运掌握在自己手中。创业要趁早，越早越好。早创业会让你有更长的赛道，也有更多试错的时间。

沈财福认为自己很幸运，因为他很早就开始创业。

哈格里夫斯·兰斯当公司是英国最大的金融服务机构。我问公司创始人彼得·哈格里夫斯，如果人生可以从头再来，他会有什么不同的选择。他回答道："我会更早开始创业。"

他的回答和纳温·贾殷一样。纳温·贾殷在将近不惑之年，才创立第一家公司。"我希望我在20岁出头时就开始创业，那样我就可以有20年的时间积累更多经验。第一家公司可能不那么成功，但关键是从实践中学习远比从别人那儿学习获益更多。所以，要是我20年前就开始创业，也许第一家公司会失败，第二家公司也不会成功，但第三家公司一定会成功。到那时，我应该也就30岁出头。遗憾的是，我真正创办第一家公司时已经快40岁了。"

许多亿万富豪是因为厌倦了打工而创办企业。他们先打工攒钱，攒够了钱就开始创业。

从美国回到土耳其之后，许斯尼·奥兹耶金有一天重逢高中好友、雅皮克雷迪银行（Yapi Kredi Bank）老板穆罕默德·埃明·卡拉梅迈特（Mehmet Emin Karamehmet）。经卡拉梅迈特任命，年仅29岁的许斯尼·奥兹耶金担任银行董事，32岁时晋升为银行董事总经理。"我主管雅皮克雷迪银行三年半。接手时，银行亏损多年，不到三年半，银行已经转亏为盈。"他向卡拉梅迈特要求获得银行1%的股权。"我想成为银行股东。就算只持股1%，我也是银行股东。我想体验一下做老板的感觉。"但卡拉梅迈特说："我有三家银行，如果我同意给你1%股权，其他人也会要求持股的。我不能给你开这个先例，但我会给你丰厚的分红。"就在持股1%的要求被拒当日，许斯尼·奥兹耶金决定要创立一家新的银行。"有意思的是，虽然卡拉梅迈特拒绝给我1%的股份让我很不高兴，但现在回想起来，他显然帮了我一个大忙，因此我现在对他是心怀感激的。"

开办银行必须有资金。担任银行董事总经理期间，许斯尼·奥兹耶金的薪资颇高，几年下来积累了不少财富。"我把两套房子卖掉，得到 150 万美元，带着妻子和两个孩子搬进了租来的公寓，又找三位商人借了 150 万美元。最终我以 800 万美元的资金创办了金融银行（Finansbank），我自己持股 65%，因为我把银行 35% 的股权以 50% 的溢价卖给了第一批股东。"

19 年后，许斯尼·奥兹耶金以 55 亿美元的价格将金融银行出售给希腊国家银行。这是土耳其历史上交易价格最高的出售案，他也因此成为亿万富豪，其他股东也获利丰厚。"第一批购买金融银行 1% 股权的股东共 21 名，其中只有一位股东持股 19 年。在希腊国家银行收购金融银行时，这位股东尤其大赚了一笔。我还在一场婚礼上遇到他。我们俩都穿着黑色西装，打着黑色领带。当着所有人的面，他试图亲吻我的手，因为希腊国家银行提出以 5000 万美元收购他手中的股份，而当年他父亲给他买这些股票时，只花了 12 万美元。"

陈觉中曾经受邀到百事可乐公司面试一份工作，但没有通过，因为面试官问他想做什么，他回答说他想自己创办企业。他想创业可能是受到父亲的影响。他父亲一开始在寺庙当厨师，后来自己开了一家中餐馆。"所以，也许是因为父亲的榜样作用，我也想拥有自己的公司。"

波兰首富米哈·索罗（Michał Sołowow）也知道自己不想打工。毕业后，为了赚钱，他曾在德国的汽车修理厂工作。他省吃俭用攒下了 1 万美元，拿着这笔钱开始创业。

我问蒂姆·德雷珀对读者们有什么创造财富的建议，他的回答很简单：现在就开始创业！

掌控所处的环境，掌控自己的人生

正视现实很重要。纳温·贾殷向我坦言："说出来可能没有人相信，我从来不看电影，而且理由很奇怪。因为电影会让人进入另一个世界。我爱我生活的美丽世界，我不想离开这个世界，不想进入另一个世界。我热爱在这个世界里的每一分每一秒，而不想活在虚构的世界里。"

你要有奇普·威尔逊的那种责任感，也就是说，遇到问题与其抱怨，不如想办法解决。你要对自己周边的环境负起责任。要认识到，是你所处的环境塑造了你。你的成长历程，你身边人的思维方式，都会影响你最终成为什么样的人。因此，不要任由环境随意影响你。

正如杰克·考因所说："据我所知，活得心满意足的人，大多能掌控自己的人生和事务。我们可能都会寻求独立，渴望在自己选择的时间和地点做自己想做的事。世上不快乐的人何其多？90%的人去上班、做事、应付人际关系，都是迫于经济压力。他们讨厌自己的工作，但因为要还房贷，要给孩子交学费，他们不能离开，只能成为工作的囚徒。怎么样才能摆脱困境，成为自己人生的主宰者呢？如何才能维持自己对人生的掌控力呢？"

杰克·考因跟我谈到他为工商管理硕士班学员做的一次讲座。他告诉学员们："和我相比，你们有一个很大的劣势。我大学毕业时得到的工作机会，年薪只有6000美元，而你们毕业后可以得到年薪15万美元的工作。有了这份收入，你可以拥有相当不错的生活方式。你会加入高尔夫俱乐部，送小孩读私立学校，申请高额贷款买豪宅。但是，你也会成为这种生活方式的囚徒。当年我决定自己创业，就是因为我没有什么可失去的，但只要我创业，我就有可能得到一切。"

从加拿大的大学毕业后，杰克·考因进入一家保险公司工作。他的业绩不错，收入颇丰。然后他结婚生子，还以不高的房贷买了房。那一年，他25岁：

> 我唯一确定的是，我不想在大公司上班。我想自己创业，自由地做自己想做的事。这就是当时我唯一确定的事情。
> 我怎么做才能成为一个能掌控自己所处的环境的人呢？

工作五年之后，杰克·考因和朋友一起去找公司的一位高级主管。

我们想成立自己的保险代理公司，成为独立的保险代理商。我们任职的保险公司是加拿大最大的保险公司之一，但大保险公司组织臃肿，人浮于事，官僚风气严重。我们告诉这位高级主管，我们想彻底改变这种状况。听了我们的话，他显然是愣住了。看着面前两个 25 岁的愣头青，他就差说"别再浪费我的时间了"。他对我们说的事情毫无兴趣。

所以，我选择了离职，前往澳大利亚自己创业。我那位朋友后来也选择离职并成为加拿大连锁零售巨头 Canadian Tire 的加盟商，事业经营得有声有色。我们两人都取得了相当不错的成就。

平心而论，我当时不是严格意义上的"没有什么可失去的"。我有一套房子，虽然是贷款买的。我可以卖掉房子，然后继续创业。但我还没到那个份上。不过就算问自己"我真的要放弃这一切吗？"，我也不会纠结这个问题。我对冒险更感兴趣。

弗兰克·斯特罗纳克成长于战后物资短缺的奥地利。在 21 岁那年，他决心要改变环境，将命运握在自己手中。他讲述了自己从洗碗工蜕变为亿万富豪的真实故事：

我想看看外面的世界。于是，我申请了很多国家的签证——南非、澳大利亚、美国、加拿大。我最先拿到的是加拿大签证，所以我就去了加拿大。我是坐船去的，因为船票最便宜。我身上只有 200 美元。因为没钱买食物，我经常饿着肚子。

我的第一份工作是在医院里洗碗。第二份工作在一家规模很小的工厂。半年后，工厂中几乎所有的事务都是我在管，所以老板说："我想让你做我的合伙人。"但实际上，他并没有让我成为合伙人。他是个好人，但他从没把这个提议白纸黑字地写下来。

显然，老板只是随口说说而已：

于是，我离开了那家工厂，跳槽到另一家工资更高的公司工作。我节衣缩食，租住在一个很小的房间，把能省的每一分钱都省下来。

两年后，我购买了一些二手机械设备，租了一个小车库，然后自己去招揽生意。我说："工厂遇到任何问题，我都可以帮忙看一看。如果问题解决不了，我就不收钱。"就这么简单。

如今，弗兰克·斯特罗纳克已是亿万富豪。他创立的麦格纳国际集团（Magna International Inc.）是世界第三大汽车零部件供应商，年销售额接近 400 亿美元。

亿万富豪自己制定游戏规则。金范洙喜欢踢足球。他通常担任球队队长，喜欢在比赛中增加一些有趣的规则，有时候还为朋友们设计一个全新的赛事，以此来增添游戏的乐趣。我问他："所以，如果不是你自己制定规则的比赛，你就不玩，对吗？"他微笑不语。

独立自主有助于净化心灵，金范洙对此特别有体会。在很长一段时间里，他难以表达自己的情感，愤怒无法宣泄，想哭也哭不出来："那时候，我刚刚开始创业，白天要处理公司事务，晚上要编写代码。我遇到很多新的问题，难度挺大的，甚至有点吓人，我压力很大，而且我还得给员工发工资。但一想到公司在我的领导之下，想到自己是独立的，不用再打工，获得了自由，我又有一种奇怪的掌控感。这种恐惧和自由交织在一起，反而能让情绪宣泄出来。有一天淋浴时，我忽然号啕大哭。从那以后，我经常通过淋浴来缓解压力。现在，我连看电视节目都能哭出来。"

所以，亲爱的读者，如果你想展翅高飞，必须先离开巢穴。你的命运就掌握在自己手中。你要挺直腰杆，自立自强；你要对自己和身边的人负责；你要尽早创业；你要掌控所处的环境，掌控自己的人生。只有这样，你才能踏上通往飞黄腾达的康庄大道。

——心志不专者从未离巢，也从未尝试飞翔。

——百万富翁离开巢穴，试图展翅飞翔。

——亿万富豪勇敢地跳出巢穴，追求展翅高飞。

CHAPTER 3

第3章

梦想越大，成就越高

有雄心壮志者才能成就丰功伟绩。

——赫拉克利特（Heraclitus）

一个人的思想格局有多高，决定了他的成就有多大。因此，你一定要做一个雄心勃勃、梦想远大的人。要成就"大"事业，必须要有"大"格局，永不停歇地追求更大的发展。

曼尼·斯托尔是 2016 年安永全球企业家奖得主。他创立了两家公司，第一家是礼品分销公司，第二家是玩具制造公司。第一家公司让他成了百万富翁，第二家公司让他成了亿万富豪。"我认为欲望非常非常重要。你想成为百万富翁还是亿万富豪，两者的差异是非常大的。你渴望的东西不同，公司经营的规模和范围也不同。当然，我渴望的并不是成为亿万富豪，而是成为一个非常成功的人，这两者之间的差异取决于欲望、格局和眼界。你要站在更高、更大的格局上思考。在珀斯创办礼品公司时，我的目标可以仅限于珀斯本地市场，但是我想取得更大的成功，所以我考虑的是整个澳大利亚市场。到了第二家公司驼鹿玩具公司（Moose Toys），我的目标不是在澳大利亚取得成功，而是占领更广阔的国际市场。对于这两家公司，我思考的格局是不一样的。"

蔡东青被称为"中国的沃尔特·迪斯尼"，他强调要敢于梦想并为之奋斗。我问他百万富翁和亿万富豪有什么区别，他说："两者的目标不同。成为百万富翁之后，你是继续前进还是满足于现状，目标不同，你做出的决定也不同。"

加拿大亿万富豪、麦格纳国际集团的创始人弗兰克·斯特罗纳克也有同样的看法："一旦你停止梦想，你就跟死人没什么两样。什么梦想都可以，知识是有限的，而梦想是没有限制的。人生一定要有梦想。只要你有了梦想，你就会幻想有一天梦想成真，然后你就会觉得，你要做的事情可能会让你实现梦想。"

利里奥·帕里索托被誉为"巴西的沃伦·巴菲特"，我问他是什么促使他创办企业，他告诉我，他是偶然发现自己的梦想的。那时候的他只经营着一家小商店："一天晚上，我在女友家里看到一本杂志，上面刊登了巴西 500 强企业榜单。我看到排在第 221 位的是'帕里索托'，没错，跟我一个姓。那么，这个'帕里索托'是谁呢？我查了查，原来这个'帕里索托'属于某家总经销公司老板。我因此萌生了一个想法，我要把我的公司也变成巴西500强。既然这位'帕里索托'的公司可以上榜，为什么我的公司不能呢？如果他能做到，为什么我不能？"2001年，利里奥·帕里索托的公司Videolar成功跻身巴西500强，登上了这本杂志。

有大梦想是一回事，成就大事业是另一回事。波兰首富米哈·索罗对此分享了一个有趣的观点："我投身建筑业，因为我始终认为，比起做小而廉价的东西，做大而昂贵的东西可以获得更大的利润。因此，与其生产售价1美元的手工肥皂，我宁愿建造售价1000万美元的大楼。生产手工肥皂的利润空间极小，甚至完全没有利润。建筑行业的投资额极大，我可以支配和运作更多资金。"

所以，去打破束缚你的限制，去成就宏图伟业吧！

梦想会让你坚持下去，让你不会失去激情和动力。

蔡东青说："你要有目标。有了目标，就会有梦想。只有心存梦想，在遇到困难和挑战时，你才仍然有激情和动力克服困难和迎接挑战，不断前进。"

你的梦想也会激励员工，吸引更多顶尖人才。

不要限制你的思维，不要过有限的生活

要知道，成功的最大障碍其实隐藏在你的心里，你要想方设法发现它们并加以克服。

对此，美国航天企业家纳温·贾殷向我解释道：

我相信，你的父母或者说每一位父母都会告诉孩子："你是聪明的孩子，天高任鸟飞，只要你想，任何事情你都可以做。"

然后你会意识到，所谓的限制都是你自己想象出来的。人生根本没有极限，就像我们看天空一样。天空是我们想象出来的，因为我们看不到比天空更高远的地方，从地球前往月球或

火星并不会穿过天空。

我们制造出自己的天空，制造出自己的极限。如果你认为某件事是不可能的，那只是对你来说不可能，对其他人来说并非如此。所以，你的信念和心态决定了什么事情是可能的。只有你觉得是可能的，你才能做到。

下一个大热行业是什么？我认为与太空有关，地球上每一种我们认为有限的资源，在太空中都取之不尽。那么，如果我们能让太空变得触手可及呢？为什么不能去月球上获取我们所需的资源呢？

我的公司"月球快递"（Moon Express）就是这样诞生的。对我来说，"月球快递"就是我的梦想，我要告诉世人什么叫"雄心壮志"，我的雄心壮志就是一个"登月计划"。我思考的是怎样才能激励下一代，让他们知道一切皆有可能。

对我来说，登月就类似于"四分钟跑完一英里"问题。以前没有人做到，因为在班尼斯特（Bannister）先生成功之前，人们不相信人类可以在四分钟以内跑完一英里。你猜怎么着？继他成功后没过几年，更多的人做到了。对我来说，登月就有这样的象征意义。

如果我能登上月球，那你会做什么？你的"雄心壮志"是什么？我们每个人都可以有自己的"雄心壮志"，有自己的"登月计划"。你的雄心壮志可以是"治愈癌症"，而我的雄心壮志可以是"消除贫穷"，也可以是"维护世界和平"。没有什么是不可能的。

我还在打造无人航天飞船，现在已具雏形，未来它将会飞向月球。

有一次，纳温·贾殷在美国入境，机场的移民官对他进行例行提问。他告诉移民官，他的公司要到月球上采矿。这话给他惹了一点麻烦。

他看着我说："你是个疯子，我们国家不允许疯子入境。除非你告诉我你的公司是做什么的，否则我会拒绝你入境。"我说："我的公司确实要到月球上采矿，但我确实是个做软件的。"他说："这样说就对了嘛。你是个做软件的，你可以入境。"

移民官无法想象，有人竟如此胆大妄为，居然觉得自己能到月球上采矿。对他来说，这是一个无比疯狂的想法。他觉得我精神有问题。这说明有相当一部分人已经失去了梦想远大的能力。只有允许人们有远大的梦想，消除对失败的恐惧，社会才会进步。

对我来说，登月象征着去做人们认为不可能的事情。

纳温·贾殷喜欢告诉人们："不要告诉我天空是极限，我要去月球采矿。"他希望人们心目中的他是一个"没有极限的人"。所以，要敢于梦想，做不可能的事！

不要妄自菲薄。要像米哈·索罗一样，拒绝接受靠工资过活的人生。"那时候，大多数人都是靠工资过活的。也许我想做更多的事情，赚更多的钱……"

曼尼·斯托尔是波兰犹太人的儿子，出生在德国的一个难民营。九个月大时，他便随家人来到澳大利亚。他的父亲常说："如果你要咬一口，那就咬一大口。要咬大大一口，咬到满嘴都是，甚至咬到出血，血从你的嘴边流下来，流到你的下巴上，流到你的胸口上。这才是你应该做的，要做有价值的大事。"因此，从创建驼鹿玩具公司开始，曼尼·斯托尔就一直秉承着这种态度。"如果我们要做一个产品，能做多大规模？值得我们为之投入时间、精力和心血吗？"结果在 15 年内，驼鹿玩具公司成为世界第五大玩具制造商，曼尼·斯托尔也因此获得了 2016 年安永全球企业家奖，成为世界上最优秀的企业家。难民竟然能蜕变为安永全球企业家奖得主，远大抱负的威力之大，可见一斑。

> 如果你要咬一口，那就咬一大口。要咬大大一口，咬到满嘴都是，甚至咬到出血，血从你的嘴边流下来，流到你的下巴上，流到你的胸口上。
>
> ——曼尼·斯托尔 # 亿万富豪金句

如果不敢放手一搏，日后你会后悔的，甚至有些亿万富豪也后悔一开始没有奋力拼搏。

我曾问一手打造傲胜零售帝国的新加坡亿万富豪沈财福："要是回到20 岁，你希望自己知道什么？"他的回答出人意料："我想我会玩得更大。如果我当时有现在的心态，我会做更大的生意。我走了很长的路才走到今天。我也一路成长，能独当多面，甚至变得能忍耐、更强大，但不应该花这么长时间。"

你可能意识到，你的成长已经超越了你所处的环境。环境已经容纳不了你的雄心壮志，限制了你的进一步发展。这时候，你要离开，去寻找更大的舞台！

挪威酒店大亨彼得·斯托达伦的童年是在波什格伦（Porsgrunn）的一个小镇中度过的，家里希望他长大后接手经营父亲的两家杂货店。

> 但后来我去一所学校读书，学习如何领导和管理像奥斯陆这种大城市里的超市。我本来打算学习两年后再回到父亲身边工作。但是从学校回来后，我觉得父亲的杂货店实在太小。我无法在父亲身边工作，我不能像他一样一辈子只经营两家小小的杂货店，我想靠自己做一番事业。不知道为什么，我就是有这种想法。我告诉父亲："我要把店让给弟弟，我不能留在这里。"我父亲对我的决定非常失望，但同时也非常自豪。他觉得，"彼得真的很有抱负"。我不知道我的人生该做些什么，我只想有一个不一样的人生。

有时候，你要离开学校，就像中国娱乐大亨蔡东青一样。有时候，你甚至要离开你生活的国家，因为你的国家没有足够大的舞台让你实现自己的雄心壮志。本书中许多白手起家的亿万富豪也是这样做的。

渴望不止，热情不灭

渴望、绝望和欲望是激发动力的三种情绪，对目标的渴望会让你产生强大的能量。

那么，你对目标的渴望有多强烈？你的野心有多大？你有建立一个商业帝国的欲望吗？

新加坡亿万富豪沈财福对生活的看法非常简单。

> 用中国人的话说："你做是死，不做也是死。"是不是这个道理？人一辈子只能活一次，一定要拼过之后再死。既然如此，你就应该挑战自己，最大限度地发挥自己的才能，尽可能留下更多遗产，你也会因此产生一种成就感。我为什么而活？对不起，我不是为上帝而活的。我是为荣耀而活，为成就感而活，为死前要达成的目标而活。要有所创造，给世界留下一些痕迹。

这种对成功的渴望似乎永远不会满足。

那么，百万富翁和亿万富豪之间有什么区别呢？

澳大利亚亿万富豪杰克·考因拥有3000多家饥饿杰克汉堡和达美乐比萨连锁餐厅，他告诉我："他们的想法不一样。百万富翁会想，'我想出了一个非常好的点子，我创办了这个企业，我现在已经成功了，我很快乐，我乐于接受现在这一切'。而亿万富豪则会想，'多高的成就才算高？我的极限在哪里？什么是可能的？'。"

亿万富豪不会问"为什么？"，只会问"为什么不？"。

问"为什么？"只是表示想弄明白，而问"为什么不？"则表示"让我们努力做到"。

在沈财福看来，这两者的区别归根结底在于："你的欲望有多大？你的梦想有多大？这就是最重要的区别。你的欲望有多大，决定了你的眼界有多高。"我们知道，眼界的高低决定成就的大小。

可见，百万富翁和亿万富豪的想法并不一样。亿万富豪更有雄心壮志，渴望取得更大的成就，这是他们与百万富翁的主要差异之一。只要他们对成就的渴望还没有得到满足，他们就会不断攀升到更高的层次。

但是，有一种潜在的危险可能会导致大多数百万富翁在攀升的道路上止步不前，那就是自满。不要自满！自满会让你变得懒惰，最终会扼杀你的企业。

弗兰克·哈森弗拉茨是一位杰出的工具制造专家。1958 年匈牙利事件发生后，他不得不远走异国他乡。到加拿大后，他想找一份能发挥自己专长的工作。加拿大 W.C. 伍德公司（W.C.Wood）拥有先进的工具制造车间，于是他便到该公司求职，但铩羽而归。因为他表现得太自负，总经理措特先生（Mr. Zotter）只当他的话是狂言妄语，一句都不信。最后，他从加拿大铁路公司得到了第一个工作机会。这份工作的薪水很高，但他叔叔劝他拒绝："别接受这份工作，你不能接受这份工作。"他不解："为什么？"叔叔解释道："因为那份工作薪水太高，你永远不会辞职的。你将一事无成，因为你有一份收入不错的工作，日子会过得比任何人都好，那种生活太安逸了。"因此，弗兰克·哈森弗拉茨拒绝了这个工作机会。大家都感到很惊讶，堂兄弟们都问他："你在开玩笑吧？你没接受那份工作？"他说："是的，你们的父亲让我不要接受。"弗兰克·哈森弗拉茨再次拜见了措特先生，这一次他表现得十分谦虚，仿佛上次见面宣称自己拥有的能力都不复存在一样。措特先生生气了："你又来我这里撒谎了。"弗兰克·哈森弗拉茨却说："措特先生，给我一次机会吧。你不用付我薪水，我叔叔会给我钱的。他会带我去工作，我会和他待在一起。"措特先生同意了："好吧，就一周，而且我们不付你薪水。"最后，事实证明，弗兰克·哈森弗拉茨确实是个非常出色的工具制造专家。所以老板还是支付了他第一周的薪水。弗兰克·哈森弗拉茨不但得到了他想要的工作，而且在自己选择的道路上不断成长。后来，弗兰克·哈森弗拉茨创办了利纳马集团，现在该集团是汽车零部件行业里最赚钱的企业之一。叔叔给他的建议使他成了亿万富豪。

所以，不要故步自封，不要躺进高收入的牢笼。

巴西亿万富豪实业家利里奥·帕里索托也有类似的经历。在他的村子里，最受尊敬的人是牧师和医生。他从小就把这两种职业与成功和财富联系在一起，他的梦想就是成为牧师或者医生。但因行为不端，他被神学院开除。牧师做不成了，于是他就一心想成为一名医生。

在准备医学院入学考试期间，他想试一试自己的能力，于是参加了巴西银行（Banco de Brazil）的公开竞聘。巴西银行是一家大公司，至今仍然是巴西最大的银行，人人都梦想着到巴西银行工作。"那时候，巴西银行的薪资是最高的。而且，一旦入职，你就有了'铁饭碗'，永远不可能被解雇。巴西银行还提供全额养老金，你退休之后也有生活保障。"招聘竞争非常激烈，每个人都想来碰碰运气。

利里奥·帕里索托是被录取的优胜者之一。他被派往巴西南部一个小镇的分行工作。"我想继续进修学习，但公司把我派到一个没有大学的地方。"他问银行："难道其他有大学的城市没有职位空缺吗？"银行回复他："没有，我们只有这一家分行缺人。"

利里奥·帕里索托只好接受了这份工作，希望以后能调去别的地方。在银行里，他只是"辅助人员的辅助人员"，刚踏入职业阶梯的第一级，"薪水却已经是我上一份工作的三倍甚至五倍，而且还有终身保障。只要你不抢银行，只要你没做错事，你就可以永远在银行做下去"。

但是，上班两周后，利里奥·帕里索托意识到自己走进了一条死胡同。"我发现，这家小分行有23名员工，但是所有人都要求调离，包括保安。我突然意识到，如果我继续留在这里，那我的人生就完蛋了。"

于是，他辞职了。他一分钱也没拿，开着车回到家乡，准备参加医学院的入学考试。家乡的人，包括他的父母，都不敢相信他的所作所为，大家都跟他说"你疯了"。

这可能是我一生中最艰难的决定，毕竟这份工作有这么好的薪水和保障，99.9% 的人都会接受的。

我问利里奥·帕里索托是什么让他做出了这个决定。

我觉得，这种生活对我来说还不够。但请记住，我放弃这份工作并不是因为我得到了更好的工作机会，也不是因为我有生意要做。我放弃不是因为要得到任何东西。我让自己失业纯粹是因为我对自己有信心。我确实冒了很大风险，因为一切都有可能出错。我用一份稳定的工作和高薪换来了一个目标。我要做的远不止于此，我认为我需要付出更多才能得到更多。当然，做医生确实是更好的选择。（笑）至少那时候是如此。

说到这里，利里奥·帕里索托跟我讲了一段充满智慧的话："我认为，阻碍你在生意场上有所成就的最大因素就是有人给你一份高薪。高薪不会让你变得富有，但能给你生活保障，让你有安全感。为了得到这种安全感，大多数人甚至会放弃一切。所谓安全，就是拥有一份终身的工作。99.9% 的人都梦想得到这样的工作。"

所以，不要用你的未来换取安全，这是一个糟糕的交易。利里奥·帕里索托没有这么做，你也不应该这么做。而且，不要成为生活方式的俘虏。

取得成功是一回事，持续取得成功是另一回事。要想持续取得成功，你要有源源不断的梦想和渴望。

加拿大亿万富豪、露露乐蒙公司创始人奇普·威尔逊建议我们想象一下自己临终前那一刻。

在生命的最后一天，你躺在临终床上回首这一生。这辈子的生活是你想要的吗？答案可能是"是"，可能是"不是"。我认为，作为人类，我们做很多事情都是为了表现给别人看。但是，在我们临终前，在别人面前装模作样没有任何意义。我会想起我的人生有过多少不可思议的经历，要是我怕被那个女孩拒绝，或者怕那个人觉得我不够聪明，或者不想遇到某个领域的难题……要是我因为怕这怕那而不采取行动，那我就不可能拥有这么精彩的人生。

我们在地球上的时间只有 35 000 天，时间到了就得离开，之后就不会有人在乎了。我们只是茫茫宇宙中的一粒尘埃，所以别人怎么想真的不重要；重要的是我生命中的每一秒是否都过得充实。想到这一点，我就明白，很多事情其实并不重要，既然不重要，我便不再做了。有时我会问自己，如果我只剩下三个月的生命，我的日常事务会有什么改变？我会做哪些事情，不做哪些事情？这些问题真的能帮我分清轻重缓急。我发现，我正在做的事情就是我应该做的，或者是非常重要的。

我不能忍受在临终前还有想法没有付诸实践。无论有什么想法，我一定要弄清楚它是否可行。

如果你将上面的话铭记于心，你内心的火焰将生生不息，让你产生源源不断的渴望，激励你在生意场上取得巨大成功，就像沈财福一样："我心里仍然充满渴望，我并没有亿万富豪那种感觉。"

不要满足于已有的成就

永不停歇还不够，你还要不断向上攀登。你觉得自己已经成功的那一天，就是你走下坡路的那一天。弗兰克·哈森弗拉茨建议："如果你的目标是爬到山顶，那么在爬到山顶之前，你最好先去看看有没有更高的山。如果没有，那你就只剩一条路可走。爬到山顶之后，你不可能永远待在山顶，你只能下山了。"

不要满足于已经到手的成功。

穆赫德·阿利塔德是出生于叙利亚的贝都因游牧难民，后来移民到法国，2015 年荣获安永全球企业家奖。大学毕业后，他开始在电信公司工作，但很快就辞职了，"因为上班族的赛道对我来说太短了"。他想得到更多，于是他前往阿布扎比，在那里找到一个工作机会。他参与建设阿布扎比石油公司，是该公司少数关键人物之一。那时候阿布扎比只是一个小村庄，现在已成为世界上最富有的城市之一。在阿布扎比石油公司，他是一名薪水颇高的管理工程师。他在那里工作了四年，为公司创造了数千亿美元的财富，自己也赚到相当于今天 60 万美元的收入，但是他手里没有公司的股份。

于是，穆赫德·阿利塔德离开了阿布扎比，回到法国自己创业。他与理查德·阿尔科克（Richard Alcock）共同创办了一家电脑公司，把自己的所有积蓄都投入其中。其公司是欧洲最早一批制造出便携式电脑的公司之一，产品采用手提箱式设计，重量只有 30 公斤，在当时可谓轻如鸿毛。一年半后，穆赫德·阿利塔德以双倍于投资额的价格卖掉了公司，为下一步创业做好了准备。

我们说回利里奥·帕里索托的故事吧。辞去在巴西银行的铁饭碗后，利里奥·帕里索托把全部心思都投入到医学学习中。牧师做不成了，做医生便成了他唯一的梦想。在此期间，他创办了一家小公司，还聘请了一名经理，他自己则专注于学业。学业快结束时，利里奥·帕里索托开始在一家医院实习。这次实习让他明白了两件事。第一，"医生的工作并不是我想象中的那样，医生每天工作 24 小时，很难有休假或旅行，因为他们有病人要照顾。而且，医生之间也存在很多恶性竞争"。于是，他决定下海经商。第二，虽然医生本身是非常光荣的职业，但把它作为一门生意去赚有困难的人的钱似乎并不合适。毕业后，他没有当医生，而是去了自己的公司工作。"迈出这一步并不容易，有些人认为我疯了。那时候，我的公司规模还很小。"他再次做出决定，选择发展自己的公司，虽然前途未卜，但也许可以实现他的远大理想。就这样，利里奥·帕里索托一步步将自己的公司发展成为价值数十亿美元的工业公司。

所以，不要满足于已经到手的成就。要向利里奥·帕里索托学习，千万不要为了安稳而牺牲自己的未来。永远不要满足，永远不要贪图安逸。

如果你实现了一个梦想，那就再找一个更大的梦想。亿万富豪永远不会停止创业。

在创立数家市值数十亿美元的公司后，纳温·贾殷仍然认为自己还处于起步阶段："如果把我的职业生涯比作写一本关于创业的书，那我离完成还早着呢，现在不过写了几章，大部分章节还没有动笔。我的目标是每一个主要行业都试一试。从太空领域开始，现在要进入医疗保健行业，下一个目标可能是教育行业，以后可能还会进军食品行业。这些行业存在的问题是最棘手的，我就是要瞄准这些难题。我知道，对企业家来说，最难的问题意味着最大的机会。作为一名企业家，我相信，解决其中任何一个难题，都会创造出巨大的商机。"

> 如果你实现了一个梦想，那就再找一个更大的梦想。
> ——拉斐尔·巴齐亚格 @ 亿万富豪研究专家 # 亿万富豪金句

亿万富豪永远不会停下前进的脚步。

土耳其亿万富豪许斯尼·奥兹耶金在 70 多岁时仍在创办新公司。"我们刚刚创立了一家养老金公司。我们每六个月投资一个新的风电场，目前我们在建的风电场有五个。创业机会实在是太多了。"

对于这个问题，彼得·哈格里夫斯的总结非常精彩，现在我们就以他的话来结束本章吧。

> 我认为没有多少人愿意超越一定的高度。只要人们取得的成功足以支撑他们下半辈子的生活，他们就会失去动力，没有多少人愿意继续前进。我认为要想远远超越生活所需的高度，你必须要有把事业做得更大、更好的欲望，无论你的事业已经有多大，这种欲望都不能消散。你要有一种影响世界的欲望。其实生活中并不需要太多钱，我的日常花费只占收入的一小部分。

　　亲爱的读者，你想达到什么高度？你的抱负和梦想是什么？你有多渴望使它们成为现实？你的欲望是否足够强烈，足以推动你的整个创业生涯，让你拒绝躺在已有的成就上？

　　——心志不专者被生活打败，丧失梦想。

　　——百万富翁故步自封，梦想不够远大。

　　——亿万富豪雄心勃勃，拥有远大梦想，而且永不满足，渴望翱翔天际。

CHAPTER 4

第 4 章

打造驶向成功彼岸的航船

他们之所以能够成功，是因为他们相信自己。

——维吉尔（Virgil）

就像诺亚方舟一样，你的"航船"将送你穿越无边无际、风高浪急的茫茫商海，让你抵达成功的彼岸。这艘船（B.O.A.T.）用四种材料打造而成，分别是信念（Belief）、乐观（Optimism）、果敢（Assertiveness）和自信（Trust in yourself）。你一定要乐观、自信，面对怀疑仍然敢作敢为，而这一切都需要信念！这几项要素加上对事业的无限热情，便构成成功企业家的最重要的品质，也是"成就非凡事业的原则"的组成部分。

乐观和积极心态

做一个乐观主义者。硅谷传奇风险投资人蒂姆·德雷珀告诉我："你是可以选择的。你可以做一个乐观主义者，也可以做一个悲观主义者。乐观主义者成就一切，悲观主义者一事无成。悲观主义者只会百般解释为什么此路不通，但乐观主义者会向悲观主义者证明，'嘿，你们也会有看走眼的时候，这一次会成功的'。所以，做个乐观主义者吧。"

> 乐观主义者成就一切，悲观主义者一事无成。悲观主义者只会百般解释为什么此路不通。
>
> ——蒂姆·德雷珀 # 亿万富豪金句

亿万富豪不会把时间浪费在消极情绪上。2004 年安永全球企业家奖得主陈觉中在这方面相当极端，他是真的记不住悲伤或痛苦的事情。他说："我之所以不记得，也许是因为我有非常积极的心态，永远只看到事情积极的一面。"

我采访的所有白手起家的亿万富豪都说自己是热情的乐观主义者，是积极思考的人，他们认为这正是自己的优势所在。他们相信，困难的日子不会永远持续下去。他们不仅对自己乐观，对他人也抱有积极的态度。

坚定信念

穆赫德·阿利塔德一直对自己的未来充满信心，在拒绝当牧民的命运时是如此，在移居法国时也是如此，到后来他从事脚手架生意时更是如此。正是他看似盲目的乐观精神，帮助他选择了一个正确的行业。上一章提到，他创办了一家便携式电脑公司，把这家公司卖掉后，他偶然发现妻子家乡的村庄有一家破产的脚手架公司。

> 我当时正在那里度假，有人来问我："有一家脚手架公司，你想不想买过来？"相信我，这是我第一次听到脚手架这个词。我把那家公司买了下来，也许你会说我很不理智，但我相信自己，所以我把所有资金都投入到这家脚手架公司里。
>
> 当时，我去看了看这家公司，虽然它已经破产，但我看到了巨大的发展潜力，因为全世界都需要脚手架，粉刷天花板需要脚手架，翻新房屋外墙需要脚手架，炼油厂、核研究中心、机场等机构的工作也都需要脚手架。
>
> 我看到了一个商机，看到了一个与我的妻子和她的村庄紧密联系起来的方式。在做决定的那一刻，你会问自己：我是在正确的地方做着正确的事情吗？我当时就是这种感觉。

在接下来的30年里，穆赫德·阿利塔德不仅使这家公司扭亏为盈，而且建立阿利塔德集团收购了其他200多家脚手架公司，这使阿利塔德集团成为世界第一大脚手架集团，他也因此荣获2015年安永全球企业家奖。他告诉我他这辈子最宝贵的建议是："相信自己，要对自己正在做的事情有点信心。"

> 相信我，这是我第一次听到脚手架这个词。
>
> ——穆赫德·阿利塔德 # 亿万富豪金句

正是这种年轻的热情，有时甚至是无知，能够让你成就一番伟大事业。你不知道行不行得通，也没意识到有多艰难，但你就是做到了。

　　波兰 20 世纪 90 年代向自由市场经济转型时，米哈·索罗等波兰商界先驱也是这样的态度："当时到处都是机会，很多人抓住了机会，当然也承担了最大的风险。最终也正是这些人脱颖而出。矛盾的是，他们之所以成功，正是因为他们没有经验。他们没有历史经验，不知道条件的艰苦，也不受知识的限制。他们不知道什么叫'没有出路'，于是他们找到了出路。"

　　在回顾自己的职业生涯时，杰克·考因也有类似的想法。

　　　　年轻时比较有趣的一点是，你不知道自己不知道什么。年轻人总有无限的热情。我们去爬山，却不知道山有多高。虽然不切实际，但这是一个探索的过程。

　　　　你不知道有什么限制。如果年轻时的我有现在的见识，可能这辈子做过的事情有一半我都不会去做。我们犯过很多错误，我们在区域扩张上推进得太快。但我们还是挺过来了，而且名列前茅。现在，我会顾忌竞争对手，担心因为竞争失败而彻底出局。我们那时候什么都不知道，什么都不怕。但我们活下来了，我们成功了。

　　杰克·考因从加拿大来到澳大利亚，希望把经济实惠的快餐带到这个国家。他开的第一家店是肯德基餐厅，后来他创立了饥饿杰克汉堡和达美乐比萨两大品牌。随着这两大品牌不断发展壮大，他自己也成了亿万富豪。

　　　　如果年轻时的我有现在的见识，可能这辈子做过的事情有一半我都不会去做。

　　　　　　　　　　　　　　　　　　——杰克·考因 # 亿万富豪金句

　　无论看哪一位亿万富豪的人生故事和态度，我们都可以发现这种信念和无限乐观。弗兰克·斯特罗纳克怀揣 200 美元来到加拿大，坚信自己能在这里大展宏图，可见他的乐观和信念。从亿万富豪的公开言论中同样可以看到他们的信念和乐观，比如沈财福。我曾问沈财福什么是他最大的成功，他回答说："我想，10年后、15年后，我们才会看到真正的赢家。坦率地说，我现在距离我的目标还很远，最伟大的成功还在后面。"

一切皆有可能

"极限是你心里想象出来的"，这句话几乎是老生常谈了。每个人都认为自己没有极限，但实际上我们大多数人每天都在不知不觉中面对着巨大的心理限制。

世界制药业首富迪利普·桑哈维告诉我："我们每个人的能力都远远超出我们的想象。我们天生拥有无穷的潜力，所以一定要相信自己。"

蒂姆·德雷珀也有类似的观点："任何能够想象的事情都有可能发生。我年轻时看过《星际迷航》（*Star Trek*），电影里的通信器就是我们现在的智能手机，全息甲板（holodeck）就是我们现在的虚拟现实（VR），我们已经可以用三录仪（tricorder）感知环境，科幻世界里的这些技术已经成了现实。除了还不能开飞船去不同星球旅行，电影里描画的所有情景，我们现在几乎都能够实现了。"他的人生格言之一就是"一切皆有可能"。

但如何做到"一切"呢？谢尔盖·加利茨基创建了欧洲最大的连锁超市马格尼特，目前拥有17 000多家超市和药店。我采访他时得知，他的公司每天都要新开五家超市。你能想象吗？想一想开一家超市需要做些什么。首先，你要找到合适的土地并谈判买下来，接下来，你要获得各种许可，然后再去建造商店、安装所有系统、雇用和培训人员、组织商品供应和物流、实际供应商品并向顾客推销，最后才可以正式开张营业。这一连串的工作，他们每天要做五次？这怎么可能呢？

"所谓创业成功，其实就是拒绝接受某件事是不可能的。所有合作伙伴都会说，每天开五家新店是不可能的，我也会这么说，但当你进入拒绝接受不可能的状态时，你就会问自己，为什么不能？为什么不能多开几家？我们在极其艰苦的条件下成立这样一家公司并取得成功，这个事实已经推翻了当时所有人的观点。何况有些人也认为每天开五家新店并非不可能。"

信念与信心

如果你不相信自己，你就很难事业有成。一定要相信自己！这是弗兰克·哈森弗拉茨希望给 20 岁的自己的一个忠告。

沈财福的话说得非常实在："我常说，你可以一无所有，但只要你相信自己，你就能有所建树。你必须有这种信念。别太在意别人的看法，专注于你的信念和目标。"

我问彼得·斯托达伦什么建议对他最有价值，他回答说："相信你的梦想。"

福耀玻璃创始人、2009 年安永全球企业家奖得主曹德旺认为自己成功的基础在于信念："相信你自己，相信你的愿景，相信你能获得实现梦想的资源，然后放手一搏。"但他说的不是盲目的信念："如果你想做一个项目，你必须进行可行性研究，试用所有相关材料。"然后在研究结果的基础上建立信念。在他看来，成功之道包括三个要素：信念、愿景和执行。在信念的基础上树立目标，然后努力为实现目标而奋斗。

信心是事业有成的必要因素。也就是说，你要相信自己的能力。

彼得·哈格里夫斯相信自己做生意的本事比他老板厉害。他是这样开始创业的："我觉得我可能已经受够了给老板打工的日子。他们都是好人，都在努力做到最好，但我认为我可以做得比他们更好。"有一天，他来到老板的办公室，对老板说："比尔，你是出色的推销员，也有精彩的创意，但你不是优秀的商人。如果你负责销售，让我负责经营，我们一定会非常成功。"但比尔不相信他的话。彼得·哈格里夫斯觉得，"既然不相信我，那我自己单干"。于是，他和同事斯蒂芬·兰斯当（Stephen Lansdown）一起离职，合作成立了哈格里夫斯·兰斯当公司。

结果是：现在他们都是亿万富豪，也是世界上唯二没有通过借贷或收购就创造出富时100指数公司的人。在撰写本文时，哈格里夫斯·兰斯当公司管理的资金高达1200亿美元。

你要相信自己有能力做好自己的事业。和许多亿万富豪一样，彼得·哈格里夫斯对自己的商业技能毫不谦虚："我得说实话，我认为真正优秀的商人并不多。其实，我认为竞争并不激烈，这也是做生意的乐趣所在。每当事情不太顺利时，我就会看看其他企业，然后告诉自己'我们做得比那些企业都要好，我们没什么好担心的'。"

你一定要相信自己的选择，并为之努力奋斗。在这方面，硅谷传奇风险投资人蒂姆·德雷珀有过一次惨痛的教训。

> 我想将谷歌纳入合作伙伴，但我的合伙人都跟我说："我们已经投资了其他搜索引擎，为什么还要再投资一个搜索引擎？"我说："谷歌有一群优秀的人才，他们很厉害。"他们说："是的，但它的竞争对手有更好的技术，我们为什么要投资谷歌？"我听从了他们的话，这是一个很大的错误。
>
> 我应该再努力一点推动与谷歌的合作，我应该坚持说："我们还需要投资这家公司。"

众所周知，谷歌最终赢得了这场比赛，早期投资者从中获得了巨额利润，而谷歌的所有竞争对手都落败了。

因为心态积极，相信自己能做到，亿万富豪都有一种"乐观敢闯的态度"。2004年安永全球企业家奖得主陈觉中告诉我，很多时候人们会不停地说："哦，这是做不到的，这是做不到的。"但陈觉中是一个心态积极的人，他从来不会有这种想法。

亿万富豪对自己有无限的信任。如果他们找到了自己喜欢的事情，那么他们就会相信自己是完成任务的最佳人选。这并不意味着亿万富豪在客观上都是最优秀的。总有人在某些方面比你更出色，但不要贬低自己，你仍然可以发自内心地相信自己是最合适的人，是最能胜任某一挑战的人。

许斯尼·奥兹耶金告诉我："班上总有比我聪明的男生。即使是现在，我也从不认为自己是最聪明的人……我努力培养学生们的信心和勇气。我告诉他们，如果他们相信自己并勤奋工作——我是不分昼夜地工作的——他们也能像我一样成功。我还告诉他们，必须发自内心地相信自己。"

正是这种自信让他敢于在一所拥有 14 000 名学生的美国大学里竞选学生会主席一职。他是一名外国学生，甚至不是一个真正优秀的学生，但是他成功当选了。

彼得·斯托达伦在挪威管理学院（Norwegian School of Management，后改名为挪威商学院）学习时的神奇经历会让你目瞪口呆，那时候他才 24 岁。

他在商业杂志《资本》（Kapital，相当于挪威的《福布斯》）上看到了一则招聘广告。特隆赫姆市（Trondheim）将要建造挪威最大、最先进的购物中心，猎头公司要为这家购物中心物色首席执行官，目标是年龄在 40～45 岁、至少有 20 年工作经验的资深经理，要求申请者提供简历、推荐信和文凭。对于一个没有任何管理经验甚至还没有完成学业的学生，应聘这份工作是一个相当大的挑战。同学们纷纷劝阻："你以为你能得到那份工作吗？你没看见吗？年龄要求是 40～45 岁！彼得，你才 24 岁。"他回答道："我能行，这份工作其实非常适合我。"他的自尊心受到了伤害，这反而唤起了他的雄心壮志。毕竟，这是挪威最火热的招聘广告，也是每个商学院学生梦寐以求的工作机会。

> 于是，我寄出了求职申请表，但我只能提供一份材料——我父亲的一纸证明，上面写着："彼得是个好孩子，是优秀的工人。"我甚至连学校的证明材料都没法提供。结果呢？毫无疑问，求职申请石沉大海，我没有收到任何回音。

彼得·斯托达伦并没有放弃他的理想。他按申请表上的收信地址，天天去那个地方守着。有一天，他终于看到四楼有灯光闪烁。他按门铃求见，对方让他进去了。"你好，我是彼得·斯托达伦。"他解释说自己没有收到面试邀请，想知道是怎么回事。"因为你不在考虑范围！"

"我吗？我觉得我非常适合这份工作。"彼得·斯托达伦在那里等了90分钟，一直等到猎头公司给他面试机会。猎头公司已经有两位符合标准的候选人，而彼得·斯托达伦并不符合要求，但猎头公司还是同意彼得·斯托达伦作为第三位候选人前往特隆赫姆接受董事会的面试。

于是，怀着稚嫩的天真，他信心满满地前往特隆赫姆。出乎意料的是，他告诉董事会，他就是最合适的人选，并且说服了他们。他们喜欢这个厚脸皮的年轻人，也为他的激情、勇气和胆识所吸引。他们认为，比起一个饱谙世故的老滑头，他们更能影响一个经验不足的新手。于是，他被聘为史上最年轻的购物中心经理，负责挪威最大的零售项目"City Syd"，打造挪威第一个大型郊区购物中心。

彼得·斯托达伦就这样开始了经营购物中心的职业生涯。后来，他完成了一个只有他相信可行的开发项目，赚到了人生中的第一个100万美元。别人都说："这三个购物中心不可能建在同一个屋顶之下。"但他做到了。别人都认为项目不可行，所以不愿意做，而你却做成了，那你就可以大赚一笔。

读完这个故事，你就会明白为什么穆赫德·阿利塔德说要有"想做什么就能做什么"的心态。当然，你也应该有能力做成它。

学会与怀疑者打交道

只有相信自己的想法和信念，才不会在前进的路上被怀疑者绊倒，并且最终做成自己想做的事情。不要相信任何人说你的梦想不可能实现的话，不要让他们偷走你的梦想。总会有反对者和抱怨者试图阻止你大胆迈出步伐，千万不要听信，不要让别人打消你的念头。

利里奥·帕里索托的梦想是成为一名医生。在巴西，读医学院要参加入学考试，竞争非常激烈。

有时招生名额可能只有50个，但申请人却达到5000个，考试竞争非常激烈。

利里奥·帕里索托的上司有一个儿子在读医学院。上司一点也不看好利里奥·帕里索托，想劝他放弃考医学院的想法："你疯了吧！我儿子那么用功学习才考上，考试很难的！你不可能考得上的。"

利里奥·帕里索托花了一年时间准备考试。

> 我从早到晚都在学习。我没有学过数学、物理、化学，所以我需要补课，从头开始学习这些科目。

> 我的入学考试成绩在所有考生中排名第二。在公布成绩的报纸上看到自己的名字后，我拿着报纸走到上司跟前说："看，我的名字在这里。我会成为一名医生的。"他的反应还是跟以前一样……他说："不可能的，你永远也做不到。"

利里奥·帕里索托最终成功了。几年后，他顺利从大学毕业，成为一名医学博士。

所以，去做你相信的事情吧，利里奥·帕里索托就是这样做的。几年后，他遇到了自己经商生涯中最好的机会。

> 1986 年，索尼公司邀请我去东京参加年会。当时，我是索尼磁带和设备在巴西本地的最佳零售商。在日本，我发现索尼公司有一个录制录像带的实验室。

> 我注意到它没有录制好的录像带，只有大卷大卷的磁带和空白的录像带。接到订单后，它会按录制所需的时间载入磁带。录制 70 分钟，它就载入 71 分钟磁带，多加一分钟空白。因此，它不会浪费磁带。

> 虽然很简单，但当时在巴西没人这么做。当然，那时候录像带行业才刚刚起步。我意识到，录像带最贵的部分是磁带。巴西当时只有三种规格的磁带：T-60、T-120 和 T-160。就算你只需要录制一部 10 分钟的纪录片，你也要用实际能录 60 分钟的 T-60 磁带，这就造成了很大的浪费。

另外，索尼公司生产的是全套产品，提供所有服务，包括录音、字幕、重装磁带，还有包装盒和标签。包装和分销也是索尼公司自己做的，从头到尾，它什么都自己做，你也可以称之为垂直整合。

垂直整合是这一行赚钱的最好办法。我们在巴西有六家录像带工厂，做录制的公司很多，做字幕的公司也很多。一家生产包装盒，另一家生产标签，没有一家公司是整合经营的。但索尼公司不一样，在实验室完成录制后，录像带会送回制片厂。它手里有版权，可以装盒、贴标签，还可以开票和发行。

我意识到，我的生意也许是时候改变了。零售业的竞争非常激烈，很难赚到什么钱。由于没有自己的产品，我只能转售别人的产品，可是别人的产品其他商店也有出售啊。

我决定卖掉零售店，花钱购买专业机器来生产全套产品和服务。

利里奥·帕里索托打算把零售店卖给自己最大的竞争对手罗哈斯·阿尔诺（Lojas Arno）。

我第一次跟他说想卖给他时，他并不相信。"不是吧，你想离开这个行业？不会吧，那你打算做什么？"我说："我想录制录像带。"他很惊讶："录像带？我在家里也录过带子啊。"确实可以在家里录，在电视或摄像机上看到什么内容，都可以录下来。我说："不是这种录制，我说的是用专业的系统进行录制……"

他没有意识到这种业务有多么重要，但我意识到了。我搞过录像带俱乐部，做过录像带出租，知道录像带市场发展得很快，很多人都对录像带感兴趣，有了录像带，在家里就可以看电影，不需要再去电影院。

起初他不相信我想卖掉零售店，后来他才意识到这件事情意义重大，毕竟现在的情况是我这个最厉害的竞争对手要退出市场了。因此，我们很快就达成出售协议。

我的零售店卖了 200 万美元，加上出售期间的营业利润，我将它们全部都投入另一个行业，我要做制造商。

我为此创立了 Videolar 公司，因为提供全套服务，所以公司非常赚钱。

最后，我们和索尼影业、福克斯、华纳兄弟、派拉蒙、环球影业和迪士尼六大影视公司成为合作伙伴，六家公司在巴西市场销售的影视产品都在我们的工厂生产。这在世界上是独一无二的，通常影视公司不希望这样做。但我有竞争力，也有产能。当然，主要也是因为我们能够提供优质的产品和服务。

利里奥·帕里索托将 90% 的巴西市场掌握在自己手中。Videolar 公司大获成功，利里奥·帕里索托也跻身亿万富豪之列。

他人在很多时候都会低估你的能力，你千万不要因此而感到气馁。

弗兰克·斯特罗纳克还记得他成为通用汽车公司主要供应商时的情景。

那时候我已经有 100 家工厂。有一次，我正在通用汽车公司做演讲，各重要部门的经理都在现场。其中一位经理嘲讽我："要我说啊，如果你的发展真有那么快，那你的规模肯定比通用汽车公司还要大。"我说："没错，说不定我会接管通用汽车公司，只是时间问题而已。"

听我这么说，那些经理都拍着手哈哈大笑。在他们看来，我这个想法很荒谬。

但几年后，弗兰克·斯特罗纳克真的有机会也有能力大举收购通用汽车公司。

我们竞购了欧宝汽车股份公司（Adam Opel AG），具体而言是该公司的欧洲部分，如果没有政治因素的影响，我们早就把它拿下了。

今天，弗兰克·斯特罗纳克被称为麦格纳之父。他创立的麦格纳国际集团是世界上最大的汽车零部件供应商之一，年销售额接近 400 亿美元，雇有超过 16 万名员工，他也因此成为业内最有权势的人物。

因此，如果有人试图贬低你，千万不要气馁。

不要让嘲笑把你打倒。蒂姆·德雷珀对此提出了正确的看法。

如果你想做点不同寻常的事情，那就一定会有人嘲笑你。

就拿埃隆·马斯克来说吧，他说我们要去火星。我相信一定会有人嘲笑他，他们会说："你永远到不了火星。你是疯了吗？"但也会有少数人，也许只占 5% 的人，他们会说："嘿，我们怎么去火星呢？"

有人嘲笑他，他也只能受着，而且要忍受很长时间。但他每天都在坚持，生活仍在继续。别人的嘲笑并不影响他的生活，他仍然有地方睡觉，有东西吃，一切都很好。

> 如果你想做点不同寻常的事情，那就一定会有人嘲笑你。
> ——蒂姆·德雷珀 # 亿万富豪金句

不要过度自信

但是，这艘驶向成功彼岸的"航船"可能会带来一个副作用：让你变得过度自信。德国人经常说："傲慢是陨落的前导。"过度自信会拖累你，甚至会毁了你。这是一个危险的陷阱，在有所成就之后尤其如此。如果你过度自信或过于乐观，你的"航船"也可能会翻倒沉没，使你遭遇灭顶之灾。千万不能让这样的事情发生！

不要认为自己能战无不胜。在失败的坟地里，到处都是自以为战无不胜的人。不要让成功变成你继续前进的障碍。许斯尼·奥兹耶金告诉我："我认为，在取得成功之后仍然保持谦逊，避免过度自信，是人生的一大难事。人一旦变得过度自信，就会开始犯错误。你可能不再提出那么多问题，也不像以前那样认真地评估风险，甚至开始认为自己能战无不胜。"

我问彼得·斯托达伦他一生中最危险的想法是什么，他的回答让我大吃一惊："我成功了，所以我觉得自己是不朽的，从此将立于不败之地。如果你这样想的话，说不定下一秒你就被解雇了。这是我在奥斯陆的斯滕和施特罗姆百货公司（Steen & Strøm）的真实经历。我以为我在他们心目中是不可替代的。这个自以为是的想法也是我失败的原因之一。"

不要让自信变成自负。让我以蔡东青第一次创业的故事为例来说明这句话是什么意思吧。

蔡东青 15 岁时就想创业，但他父亲不相信他能创业，希望他找一份工作，为别人打工。父亲的反对一点也没有打消蔡东青自己创业的念头。母亲见他一心想创业，便借了 800 元给他，以表支持。拿着这笔钱，他和两个哥哥开了一个小作坊。他们生产的第一件产品是塑料小喇叭玩具。当时作坊没有通电，他们就用柴油机带动机器运转。制作塑料小喇叭时，他们要手动操作机器，将塑料压制成型。塑料小喇叭卖得很不错，第一个产品就取得了成功，于是蔡东青打算做更大的生意。

因为第一个产品做得好，一个亲戚想和我合作做更大的生意。我们做的是带有小装饰品的钥匙扣，比如在钥匙扣上连一块塑料板，上面印有当红明星的照片。在那位亲戚的带领下，我们开始扩大规模，一味追求销量。

然而，因为过度自信，他们扩张太快，买了太多生产设备，结果以失败告终。蔡东青不仅败光了做第一个产品赚到的所有收益，还欠下了一屁股债。

亲爱的读者，你那艘驶向成功彼岸的"航船"在哪里？是时候让它浮出水面了！你对自己有信念吗？你对自己取得成功感到乐观吗？你是会因为有人反对而气馁，还是会力排众议，果断行动？你有自信凭自己的能力，一定能在商界大展宏图吗？

——心志不专者不相信自己，很容易因为别人的质疑而气馁。

——百万富翁有信念但不够坚定，因此只敢追求小梦想。

——亿万富豪相信一切皆有可能，相信自己能够成就任何事业。

CHAPTER 5

第 5 章

避免落入拜金陷阱

我 23 岁时身价百万，

24 岁时身价千万，

25 岁时身价过亿。

但这些都不重要，

因为我这么做从来都不是为了钱。

——史蒂夫·乔布斯（Steve Jobs）

做生意，赚钱非常重要，但如果认为做生意就是为了钱，那就大错特错了。在生意场上，金钱只是衡量业绩表现的通用标准。如果把生意比作体育比赛，那么金钱就是得分。得分越高，说明你的表现越好，你就有资格参加更高水平的比赛，与更优秀的选手竞争。

当然，在做生意的比赛里，如果你赢了，你会有一种成就感。波兰首富米哈·索罗把做生意比作参加奥运会，拿金牌是胜利的象征，但是拿金牌并不是为了奖牌上的金子。

> 做生意就像参加体育比赛一样：选手参加奥运会是为了拿到一块奖牌，一块属于他自己的奖牌。因为赢得了奖牌，他可以签订酬劳丰厚的广告合同，参加活动也可以得到出场费。但是，想拿奖牌的原因远不止于此：当他站在领奖台上听着国歌响起时，他心里会无比激动，因为他给祖国赢得了荣誉，祖国人民会因此感到激动和骄傲，他会感到非常高兴。

赚钱不是做生意的首要动力。

美国航天企业家纳温·贾殷告诉我："赚钱是做事情的副产品。"

> 赚钱是做事情的副产品。
>
> ——纳温·贾殷 # 亿万富豪金句

2015年安永全球企业家奖得主穆赫德·阿利塔德告诫我，不要把成功等同于金钱。

> 不要把钱当作目标，要把钱当作成功的标志。而成功有很多标志，钱只是其中之一。企业的成功在于持续发展。只有持续发展，人们才能获得幸福，找到人类发展的根基。这才是真正的成功。你说你的财富是10亿欧元还是20亿欧元，有什么区别呢？其实没什么区别。

> 不要把钱当作目标，要把钱当作成功的标志。而成功有很
> 多标志，钱只是其中之一。
>
> ——穆赫德·阿利塔德 # 亿万富豪金句

若只为赚钱或享受，就一定会失败

穆赫德·阿利塔德给我讲了这样一个故事。

我见过很多和我差不多同时创业的人，他们的目标是日后把公司高价出售。有些人刚开始就失败了，有些人取得了一定的成功，有人出价收购他们的公司，比如说 100 万欧元，但他们说："100 万欧元还不够，我要继续做下去，把公司做得更大，赚更多钱。"几年后，有人出价 1 亿欧元收购，他们仍然说："还是不够，我想赚 10 亿欧元。"然后他们更加努力，要达到赚 10 亿欧元的目标。不幸的是，他们失败了。他们破了产，一切归零，什么都得不到。

也就是说，如果你创立公司仅仅是为了赚钱，那么这本身就是一种失败。

> 如果你创立公司仅仅是为了赚钱，那么这本身就是一种失败。
>
> ——穆赫德·阿利塔德 # 亿万富豪金句

亿万富豪和百万富翁的主要差别在于创业的动机。如果你的目标是赚钱，是享受奢侈的生活，那么一旦你达到了既定目标，你就会失去更进一步的动力，只满足于做一个百万富翁，要是公司遇到什么危机，你甚至会失去一切。但是，如果你创业是为了竞争，为了胜利，逐鹿商场本身就让你兴奋不已，那么你就会不断把自己的公司发展壮大。只有这样，你才有可能成为亿万富豪，拥有数十亿美元财富。

> 如果你的目标是赚钱，是享受奢侈的生活，那么一旦你达到了既定目标，你就会失去更进一步的动力，只满足于做一个百万富翁，要是公司遇到什么危机，你甚至会失去一切。
>
> ——拉斐尔·巴齐亚格 @ 亿万富豪研究专家 # 亿万富豪金句

彼得·斯托达伦被誉为斯堪的纳维亚酒店大王。我问他如何积累财富，他回答说：

> 亿万富豪创业并不是为了钱。驱使他们创业的不是钱，而是做生意的乐趣。
>
> 他们永远不会满足，永远不会选择安逸，永远不渴望退休。如果你只是想发财，那你就永远不会成为亿万富豪。如果你找到自己喜欢的事，做自己喜欢的事情，而且准备为此付出艰苦的努力，那么你还有机会成为亿万富豪。
>
> 你认为金钱是做事情的动机吗？加入游戏，独占鳌头，这才是真正的创业动机。所以我说，如果你一开始就只想着赚钱，你将一事无成。我想很多人和我有着一样的动机。有些人选择学术道路，收入不高；有些人专注于科研，收入也不多。但他们都出于同样的动机，做出了非凡的成就，获得诺贝尔和平奖、生理学或医学奖、物理学奖、化学奖……

> 亿万富豪创业并不是为了钱。驱使他们创业的不是钱，而是做生意的乐趣。
>
> ——彼得·斯托达伦 # 亿万富豪金句

> 如果你只是想发财，那你就永远不会成为亿万富豪。
>
> ——彼得·斯托达伦 # 亿万富豪金句

> 如果你一开始就只想着赚钱，你将一事无成。
>
> ——彼得·斯托达伦 # 亿万富豪金句

彼得·哈格里夫斯创立的哈格里夫斯·兰斯当公司是英国人首选的金融服务公司，管理着超过 1200 亿美元的资金。鉴于他所在的行业，他取得成功的原因确实令人惊讶。

我认为我的成功有两个原因。其一，我热爱金融这个行业；其二，虽然钱可以带来很多好处，而且在金融行业衡量成功的指标就是钱，但我从事这个行业从来不是为了钱——我纯粹是为了成功。

我认识另一个从事金融行业的人，他一直认为自己比我成功。当然，过去几年的事实已经证明并非如此。他从事这个行业是为了赚钱，而我是因为我喜欢，这一点是最重要的。我享受过去几年里的每一分钟，甚至愿意回到几年前重新来一遍。

> 虽然钱可以带来很多好处，而且在金融行业衡量成功的指标就是钱，但我从事这个行业从来不是为了钱——我纯粹是为了成功。
>
> ——彼得·哈格里夫斯 # 亿万富豪金句

再多的钱也不能让你满足。纳温·贾殷在美国时意识到了这一点。他在印度饱受贫穷之苦，刚到美国那年也是贫困潦倒。当时他在新泽西州生活，他有一位同样来自印度的朋友在加利福尼亚州以 10 万美元的价格卖掉了自己的公司。纳温·贾殷非常迫切地渴望赚钱，于是他也搬到了加利福尼亚州。

> 再多的钱也不能让你满足。
>
> ——纳温·贾殷 # 亿万富豪金句

我说，天啊，要是我也能像他一样赚到 10 万美元，那会怎么样？我这辈子就再也不用为生计奔波了。我的梦想就会成为现实，得到这辈子想要的一切，我就成功了，我就飞黄腾达了。

不久之后，我离开硅谷，加入了微软公司。那是很久以前的事情了，那时候微软还是一家小公司，才刚刚上市。就在我加入后，微软推出了操作系统 Windows 3.0，公司股价因此大涨。不到六个月，我手中的股票期权价值就超过了 10 万美元。

我应该感到高兴，但我突然想到还得交税。所以，除非 10 万美元是税后收入，否则真算不上什么财富。又过去一个月，这个数字变成了 15 万美元，税后刚好 10 万美元。

我心里想，我真正想要的不只是 10 万美元现金，我还想要一栋房子。我想要的是一栋房子和 10 万美元现金。拥有了这些，我才能真正开心。

好极了。后来，我有足够的钱买一栋小房子，另外还有 10 万美元现金。然后我又想到，房子必须足够宽敞舒适，因为我还要儿女成群。无论如何，房子不能太小。所以，我必须有一栋像样的大房子和 10 万美元现金。

终于，我拥有了一栋宽敞的大房子和 10 万美元现金。但我心里又想，时代已经变了，10 万美元真的买不到什么东西。要想生活舒适，手头的现金至少得 100 万美元。

猜猜接下来会发生什么？现在我有 100 万美元了，但我仍然觉得不够。这个故事告诉我们一个道理：钱永远不嫌多，你永远不会说，"天啊，我的钱已经够多了"。不管你有多少钱，你总会想要更多。所以，幸福并没有降临到这个来自印度的人身上。一开始，他想要的只是 10 万美元而已。但这个数字多寡并不重要，除非你的想法改变了，否则钱永远都不够。只要生活方式发生改变，赚钱的目标也会随之改变。

亿万富豪的十个创业动机

不要为了赚钱而创业。亿万富豪之所以能抵达巅峰，是因为他们有不同凡响的创业动机。他们喜欢创造，正是这种创造的动力使他们每天早早起床工作。他们喜欢建立和完善企业，喜欢优化商业模式或流程，最重要的是，他们喜欢看到企业发展壮大。

1. 摆脱贫困

对于许多白手起家的亿万富豪，创业的首要动机只是摆脱贫困。纳温·贾殷出生在印度农村，我问他年轻时梦想成为什么样的人，他说："天啊，我多想摆脱贫困，做一些有用的事情。"他对小时候的生活记忆犹新。

> 我母亲是个文盲。我唯一的记忆是母亲让我一定要好好读书。她坐在旁边盯着我做题，但我不知道她不识字。
> 妈妈会说："把你的作业拿出来。这道题的答案是什么，告诉我。"我会认真地把答案写下来，然后说："妈妈，答案是这样的。"妈妈会严厉地说："你确定做对了吗？别让我再说第二遍。"我就会把题目再演算一遍，然后妈妈才会说："现在做下一道题。"
> 她是爱我的，她对我严格要求只是为了让我们摆脱贫困的恶性循环。她知道摆脱贫穷的唯一出路就是好好读书。

利里奥·帕里索托出生在巴西一个连自来水都没有的偏远村庄，一开始并没有什么具体的梦想，只想离开农村，摆脱贫困。"在田里种地很辛苦。犁地是最难的，我们用牛犁地，而不是拖拉机。我讨厌犁地，又苦又热的。如果有农机设备，种地的活做起来会很容易。但我们没有电，没有拖拉机，什么都没有。事实上，我不知道自己想要什么。但我知道什么是我不想要的：我不想一直种地。所以我创业的动机基本上就是改变生活。"

2. 个人自由

实现个人自由是亿万富豪创业的另一大动机。有些受访的亿万富豪很早就知道，摆脱贫困将使他们获得自由。弗兰克·斯特罗纳克在战后的奥地利长大，年轻时曾经挨过饿。他向我坦言：

> 我只想工作，这样就不会挨饿了。我想通过工作获得自由，这样我就不用对老板卑躬屈膝、阿谀奉承了。我创业的动机就是不再挨饿，做一个自由的人。

后来，这个想法变成了经济自由。

> 如果你没有经济自由，你就不是一个自由的人。我想成为一个自由的人，这样我就可以说我想说的话，做我想做的事。

然后，这个想法又变成让其他人摆脱贫困，获得自由。

> 一开始，创业只是为了让自己不再挨饿。现在，我也在为他人而奋斗，因为我不想看到任何人挨饿。

所谓自由，就是能够掌控自己的命运。杰克·考因创业也是为了掌控自己的人生。

> 从一开始，我的主要动机就是拥有我自己可以影响和控制的东西，成为一个自由的人，做我自己想做的事。

3. 谋求生存

但在获得自由之前，你和你的公司首先需要生存。

> 在创业之初，你首先要考虑的是生存问题。我能生存下去吗？这是第一驱动力，首先要谋求生存。我认识的大多数企业家都害怕失败，虽然不是每个人都愿意承认，但这是事实。

　　因此，从一开始，你的唯一目标就是让公司生存下去，并希望它发展成为让你引以为豪的事业，希望员工不会因为公司破产、生活无望而恨你。

　　当然，随着公司不断发展，你的动机也会随之改变。

4. 解决问题

　　亿万富豪专注于解决问题，而不是赚钱。迪利普·桑哈维建议："如果你想在商业上取得真正的成功，首先要找到一个有待解决的问题。如果你能解决一个目前尚未解决的问题，你就能创造一个引人瞩目的商机。不要把赚钱作为创业的目标，赚钱只是创业的结果之一。"

> 不要把赚钱作为创业的目标，赚钱只是创业的结果之一。
>
> ——迪利普·桑哈维 # 亿万富豪金句

　　米哈·索罗也有类似的观点："我的动机是解决问题，每天我都希望把事情做得更好。我在日常生活中遇到很多问题，所以我要想办法解决。换句话说，这是一种自我推动机制。享受做亿万富豪的生活或者成为亿万富豪都不是我的动力来源，这种目标并不会让我感到兴奋。"

5. 精益求精

　　让米哈·索罗最感到兴奋的是把事情做好："我认为我的动力来自把事情做好的欲望，不求完美，但求出色。我会刻意强调这一点。如果事情做得好，而且越做越好，那么我肯定会从中获得满足感。如果我懂得某件事情，并且事情的发展能如我所愿，我也获得了一定的成果——也包括那些可以用金钱衡量的成果——那么我肯定可以从中得到很多乐趣。"

　　彼得·斯托达伦希望"今天比昨天做得更好，明天比今天做得更好"。

　　陈觉中的动机也是高质量的："如果我们能做出真正高品质的产品，我心里就感到高兴。我们做出了非常棒的食品，我们很享受这个过程。"

我相信这是这位 2004 年安永全球企业家奖得主的真实想法。

> 我的动力来自把事情做好的欲望，不求完美，但求出色。
>
> ——米哈·索罗 # 亿万富豪金句

6. 创新求变

对许多亿万富豪来说，创业的动机就是创业本身。尝试新事物、开辟新天地、获取新知识，这就是他们奋力拼搏的动力。

对迪利普·桑哈维来说，抓住机遇是最大的动力源泉。

彼得·斯托达伦说："那是一种开天辟地、舍我其谁的豪迈气概，不管前路有多深、有多长，都仍然昂首阔步，一往无前。而且要看到别人看不到的机会。"

澳大利亚著名玩具制造商驼鹿玩具公司的创始人曼尼·斯托尔是2016 年安永全球企业家奖得主。说到创业的动机，他表示："我想开辟新天地，做与众不同的事情，获取新知识。不能原地踏步，这才是最重要的。想到我们公司的新方向和新路径，我感到非常兴奋。因为它们都是新的，跟以前不一样。如果我们一直重复做同样的事情，我会觉得很无聊。"

蒂姆·德雷珀也明确指出："世界是可以发现的，我们都应该去发现世界。"

7. 乐在其中

所有亿万富豪都有一个共同点：对做生意本身充满热情。他们觉得玩商业游戏是一种极大的乐趣。如果世上有天生的商人，彼得·哈格里夫斯就是其中之一："我热爱做生意。你知道吗，我对除了做生意之外的其他事情都没有这么大的热情。我会钓钓鱼，打打高尔夫球，虽然我高尔夫球打得很烂；我会保持身材，去健身房；我也喜欢旅游。但我只对做生意充满热情。那是一种彻底的、无限的热情。做生意是我毕生的事业。当然，如果生意成功了，做起来就会更有激情。"

8. 争强好胜

赢得胜利是亿万富豪的另一个创业动机。为了赢，你必须成为最出色的选手，为此你必须参与竞争。

彼得·哈格里夫斯还记得他与斯蒂芬·兰斯当一起创业时为公司设定目标的情景："我只知道我要成为行业龙头。斯蒂芬总说他要成为出色的企业家。当然，除非你是最出色的，否则你不可能成为行业龙头。我想过有今天这样的成功吗？没错，我想过。我唯一没有想到的是数字竟然这么大。我没有想到公司的价值会达到 70 亿英镑，没有想到我们会持有 400 多亿英镑的客户资金（现在已经超过 1200 亿美元）。我也不可能想到我会拥有如此庞大的个人财富，但我确实想到了我们会成为英国最大的投资零售商，我只是没有意识到这个数字会有多大。"

对于谢尔盖·加利茨基，创业的最初动机是生存，因为他需要养家糊口，但后来就变成了竞争和获胜："我与竞争对手的第一次会面改变了一切。他们是业内龙头，但我看不出他们有哪一点比我们聪明。如果你觉得别人在智力上比你优越，你会丧失斗志，自叹不如，形成不一样的自我定位。但当你没有这种感觉时，你就会开始意识到自己也可以成为第一。想到这个国家的市场规模，你心中会涌起一股豪情。而且，你知道他们并不比你聪明。于是，我越发渴望成为第一，甚至成了一种执念。"

曼尼·斯托尔的主要动机是取得成功，赢得胜利。沈财福的动机是获得成就感。曹德旺的动机也是取得成功："我筹谋的任何事情都会成功。"

9. 建立事业

亿万富豪都是创造者，热衷于实现自己的愿景。他们善于运筹帷幄，利用自己的力量创造出新事物。

陈觉中对自己的这一动机说得很清楚："我只想做事情。我只想创造更宏大的事业，实现更伟大的梦想。"

弗兰克·哈森弗拉茨也是一位创造者："我拥有无数财富，但我每天都在工作。"他努力工作的目标是打造一家永续发展的企业："你为什么要做生意？是为了钱吗？钱当然是一种动力。但对我来说，建立持久的事业才是最能令人满足的。要知道，我们公司已经有50多年的历史了，我们家族的第二代和第三代都在公司里工作，我对此感到非常满意。"

对其他人来说，创业是为了在世界上留下痕迹。奇普·威尔逊便是如此："你会发现，生活中的任何物质，只要我想要，我就能拥有。因此，我的梦想就是在世界上留下痕迹，世世代代流传下去。比如说世界各地的一些大型公园，人们永远可以在公园里徜徉。我也想留下类似的东西。"

10. 造福社会

奇普·威尔逊创业的另一个动机是造福社会："钱不一定能让我早起工作。我之所以早早起床努力工作，是因为我希望改变人们的生活。我首先关注的是人，是人的发展。我很自私，我希望每天都能和我喜欢的人一起度过。我发现，如果我和很棒的人一起工作，我的生活就会充满乐趣，变得无比美好，伟大的企业也就会应运而生。"

"你有一个改变世界的机会，你有大约80年的时间来完成这个任务。马上开始吧！"这就是蒂姆·德雷珀的人生哲学，也是他致力于在全球推广创业精神和风险投资的原因。

> 你有一个改变世界的机会，你有大约80年的时间来完成这个任务。马上开始吧！
>
> ——蒂姆·德雷珀 # 亿万富豪金句

纳拉亚纳·穆尔蒂早年曾是左派人士，造福社会也是他坚信经商才是王道的原因。

作为一个在社会主义者尼赫鲁的光辉形象下成长起来的孩子，我很容易成为社会主义和共产主义领袖的共情者，因为他们都支持反殖民主义。

但我意识到，解决贫困问题的唯一途径是创造薪资丰厚的工作岗位，而创办企业是创造这种工作岗位的最佳工具。

传播贫穷无法创造财富。你不可能创造这样的奇迹，就是点石成金的魔术师也做不到。

于是，解决社会贫困问题成为纳拉亚纳·穆尔蒂创业的主要动力。

我每天早上 6 点就去上班，因为我相信只有通过创造更多收入更高的工作岗位，才能解决现实社会的贫困问题。我要好好把握这个机会。这是我做生意的主要动力。

传播贫穷无法创造财富。

——纳拉亚纳·穆尔蒂 # 亿万富豪金句

本书所有受访者都对我们的世界产生了重大的积极影响。他们通过自己的产品、员工或慈善活动，影响着无数人的生活。

动机的变化

当然，随着个人成长，你的动机也会发生变化。

蔡东青的动机从一开始的照顾家庭，转变为通过自己的公司为社会创造价值。

我最初的创业动机来自改变家庭命运的愿望以及照顾家人和弟弟的强烈责任感。后来，随着几次战略转型取得成功，奥飞娱乐公司（Alpha）逐渐在中国泛娱乐产业中崭露头角。展望未来，我希望公司能够对人们的生活产生深远的影响。我们始终坚持为世界带来梦想、快乐和智慧，我想这也是我创业一路走来的动力源泉。

金范洙凭借移动通信信使 Kakao 成为韩国现代通信渠道商中的领导者，他的动机从一开始的追求成功转变为追求社会影响。

> 我的动机主要分为两个阶段。第一个阶段是创办在线游戏公司 Hangame 时期，那时我只对功成名就感兴趣，一心只想赚大钱，想取得成功，使公司发展壮大。
>
> 如今，Kakao 的目标是造福社会，我们利用自己的影响力为社会带来有意义的变化，这就是我在第二个阶段的主要动机。Kakao 的独特之处在于它可以影响整个国家，其社会影响力非常大，这让我产生了一种责任感。

在谈到自己的创业动机时，穆赫德·阿利塔德谦虚地表示：

> 很多时候这是个人问题。你是外国人，你不是这个国家的人，虽然你有法国护照，但你仍然是外国人。我强烈地感觉到，我必须证明自己在这个国家拥有一席之地，而且我还要向家人和朋友证明这一点。为此，我必须比普通法国人多付出十倍的努力。

如果每个人都努力证明他配得上自己在社会中的地位，这个世界将会变得多么美好！

你的创业动机是什么

沈财福一生中得到的最宝贵的建议是"为一个非常好的目的度过一生"。

你来到这世上是有目的的。你要找到这个目的，尽你所能，活出精彩。

以下是纳温·贾殷对人生的看法。

> 我不太相信宗教。在我眼里，人生就是："你来到这世上一定是有目的的。"既然如此，你必须最大限度地发挥你的作用，为你自己，为你的家人，为你的朋友，为你的追随者创造一些价值，留下一些东西，也许后来人也可以从中学习。

有时，你的人生自然会有一个目的，尤其是像杰克·考因这样的移民。他从加拿大来到澳大利亚，在异国创造自己的生活。"你来到一个新的国家，你必须取得成功。你不能松懈，不能每天去海滩游玩。你去那里是有目的的，你必须站稳脚跟。当你来到一个新的国家，你周围再也没有从小陪你长大的朋友、家人和你熟悉的一切，无论你在哪里长大，都是如此。我经常想，如果我留在加拿大，我会变成什么样子？甚至不知道是否还能活在这世上。"

找到自己的目的其实很简单，就是找到自己想要什么，然后奋力追求。

获得 2016 安永全球企业家奖的曼尼·斯托尔觉得，在人生的某个时刻，他知道自己要经商。

> 我有在银行工作的经历，有从事审计的经历，有在酒吧倒啤酒的经历，我只知道我不想打工。别人的情况我不知道，但就我自己来说，我很清楚靠打工是不会成功的。

为了创业，他需要资金。

> 于是，我在澳大利亚西北部的一个建造工地上找了一份工作，干了九个月。我想存点钱，那份工作薪水很高，而且除了喝酒，工地上没有什么可以花钱的地方，这是存钱最快的方式。

我住在工地的移动板房里，基本上就是一个铁皮棚子。那个地方非常炎热，到处都是红色的尘土。如果有风的话，你出去洗澡再回到板房时，身上已经沾满了红尘。

那时候，我们为丹皮尔盐业公司（Dampier Salt）建造装船机，我是办公室经理。

我攒了 10 000～12 000 美元，然后回到珀斯成立了一家礼品公司。

有没有一种方法可以找出你想做的生意？

奇普·威尔逊说有，这个方法叫刺猬法则（Hedgehog Principle）。

你画三个互相交叉的圆圈。在第一个圈里，把你热爱的所有事情都写进去。在第二个圈里，写上你非常擅长的所有事情，最好是你能做到世界第一的那种。在第三个圈里，写上可以赚钱的所有事情。在这三个圆圈的交叉部分，你会找到适合你的可持续创业项目。选择一个你想做的，然后马上行动起来！

亲爱的读者，你的创业动机是什么？你是为了钱，还是为了别的什么目标？找到你的目标，为目标奋斗，避免落入拜金陷阱，只有这样你才有机会成为亿万富豪，坐拥数十亿美元的财富。

——心志不专者只想得到收入，无法积累个人财富。

——百万富翁希望拥有个人财富，但得到财富后却失去了动力。

——亿万富豪具有获得个人财富之外的其他动机，拥有强烈的目标感，而且从未失去持续发展的动力。

CHAPTER 6

第 6 章

掌握驰骋商场的六种技能

在需使巧劲之处，莫使蛮力。

——希罗多德（Herodotus）

亿万富豪绝非完美，他们和你我一样，也有弱点和陋习。他们之所以能驰骋商场，取得巨大成功，是因为他们拥有一套正确的技能、习惯和心态。

就拿利里奥·帕里索托来说吧。他一直无法控制自己的饮食，所以体重很难降下来。别误会我的意思，他并没有肥胖问题，只是体重超出了他的预期。他开玩笑地跟我说："赚大钱并不难，难的是赚大钱而不发胖。"

被称为"中国的沃尔特·迪斯尼"的蔡东青说："百万富翁能否更进一步成为亿万富豪，与他们的心态、知识、性格和技能有很大关系。"

因此，无论在任何行业，如果你想更上一层楼，都一定要掌握以下六种让你驰骋商场的通用技能。

技能一：逻辑思维

做生意需要常识，本来这是毋庸赘言的，但这份技能清单必须包含这一项内容。做生意绝对需要逻辑思维。要知道，大脑是你最宝贵的资产，运用得越好，你就能走得越远。

我问亿万富豪们有何强项，他们的回答几乎都是常识或逻辑思维，或者这两者的结合。

谢尔盖·加利茨基提出，一个成功的商人必须具备四项素质，其中第一项便是逻辑思维（其他三项分别是梦想、冒险和勤奋）。当然，思考的速度越快越好。谢尔盖·加利茨基年轻时喜欢下棋，这个爱好帮助他培养了快速进行逻辑思考的能力。

2016年安永全球企业家奖得主曼尼·斯托尔则告诉我："我认为常识是一个重要因素。而且，常识与正规教育无关，常识是学校教不出来的。"你要自己培养常识。

在企业中，你要与数字打交道，因此擅长计算是一个优势。

波兰首富米哈·索罗说："科学头脑绝对有助于成功；计算是通用的基本技能之一，在很多领域都有用。世界是以数字为基础的，商业上的成功与数字有关。要知道，从人文层面上讲，数学在很大程度上也是一种形式逻辑。如果你懂得数学函数，你也就具备了逻辑推理的能力，懂得如何推断结论……"

杰克·考因告诉我："你必须会算账，这样你才不会把钱花光。"

技能二：熟谙人性

做生意要与人打交道。不了解人性，做生意就不可能成功。你要了解是什么驱使人们行动，是什么触发了他们的情绪。在通往成功的道路上，他人可以是最大的绊脚石，也可以是最大的垫脚石。所以，要学会与人打交道。

> 不了解人性，做生意就不可能成功。
> ——拉斐尔·巴齐亚格 @ 亿万富豪研究专家 # 亿万富豪金句

我问杰克·考因什么是他成功的决定性因素，他回答道：

可能是理解人性的能力。你要知道人们想要什么，如何在实现你的目标的同时，帮助他们实现目标。比如，为了实现我的目标，我要想办法说服你，让你相信"好的，我要花 5 年或 10 年的时间来做这个项目，而且要把它做成功"。为此，我要让你了解我会如何制定项目框架，你会得到什么回报，将会在哪里生活，需要做些什么事情。如果我有什么成功秘诀，那可能就是这个因素。

> 在通往成功的道路上，他人可以是最大的绊脚石，也可以是最大的垫脚石。所以，要学会与人打交道。
> ——拉斐尔·巴齐亚格 @ 亿万富豪研究专家 # 亿万富豪金句

米哈·索罗认为："最理想的商人是既懂算账，又懂一点人性或社会心理学的人。善于与人打交道的人，必定懂得辨识他人行为，能够察觉需要予以回应的信号。久而久之，这样的人确实会成为一个心理学家。"

> 最理想的商人是既懂算账，又懂一点人性或社会心理学的人。
>
> ——米哈·索罗 # 亿万富豪金句

有些亿万富豪甚至在大学里深入研究人类的思想，比如利里奥·帕里索托。

> 我认为，只有理解人性，做生意才能取得成功。在读医学期间，我最喜欢的科目之一就是精神病学。人们会问我："你学过会计吗？你学过财务吗？"我告诉他们："不，我没学过。这些事情你可以请会计师来做，可以交给专业人士。"做生意，做的是人的生意。如何让别人做你想让他们做的事情？如何奖励他们？如何让他们自我感觉良好？如何让他们接受我给他们指定的方向？

> 做生意，做的是人的生意。
>
> ——利里奥·帕里索托 # 亿万富豪金句

但仅仅理解人性是不够的，你还要站在别人的角度看问题，与他们感同身受。

谢尔盖·加利茨基的合伙人弗拉基米尔·戈尔德丘克（Vladimir Gordeychuk）说："谢尔盖懂得设身处地为他人着想，能很好地领会和理解他人。因此，他善用别人的能量，给他们正确的引导。"

曼尼·斯托尔在经商之前就学会了通过打牌看人。他经常打扑克牌，最喜欢的是梭哈（Five-card stud）。

我打牌赢了很多钱，靠的是什么？不是靠算牌。打牌打得多了，你就会了解人们的行为方式。

有一个笑话：狗和主人玩牌，旁边有一个人看得目瞪口呆。狗拿到了五张牌，出了三张，又要了三张，然后就坐在那里等主人出牌。旁边这个人看了几回后，对主人说："这真是我见过的最聪明的狗。"主人让他靠过来，在他耳边说："它其实没那么聪明，每次抓到好牌，它都会摇尾巴。"

大多数人，或者说几乎所有人，当他们有一手好牌，或者他们觉得自己无人能敌，或者只是在虚张声势时，就会忍不住"摇尾巴"。

只要你观察的时间足够长——这确实需要很长时间的观察——你就会发现他们在上述时刻的某些行为特征。有些人会把玩面前的筹码，有些人则不会；有些人会点燃一根烟拿在手里，有些人则不会；有些人会看着你的眼睛，有些人则不会；有些人会开始说话，而且说很多话，有些人则会变得非常沉默。这是一项行为学研究。如果你研究的时间足够长，你会发现，人们在觉得自己无人能敌的时候会做出某些行为，在虚张声势的时候也是如此。当然，我这里说的是普通人。

职业选手会戴上眼镜和帽子，安静地坐着，没有什么动作。你无法读懂他们，因为你什么都看不到。

我当然懂得看人，我知道如何与人打交道。虽然我不一定永远看得准，但大多数时候我都能知道是什么情况，能理解发生了什么事情。我能凭直觉判断别人说的是真话还是假话。这一点非常重要，一定要有看人的能力。现在我尽量不和我不喜欢或不信任的人做生意，我也肯定不会浪费时间跟这样的人打交道。

技能三：人际关系

做生意意味着与人建立关系。受访的亿万富豪都认为建立关系是商人必备的技能，或者认为关系是他们成功的秘诀。

纳温·贾殷创立了数家市值超十亿美元的公司，他对关系的理解十分简单。

> 对我来说，一切生意都是由人来完成的。如果我想与IBM做生意，我绝不会只把IBM看作一家公司，因为跟你谈生意的是某个人，而这个人就是公司的代表。所以，你要了解这个人，与他建立信任。
>
> 大多数创业者都会说："我想和IBM做生意。"那他们就错了。他们没有意识到，所谓公司其实只是空洞的实体。你真正需要了解，需要与之建立信任的，是公司背后的人。建立信任需要的时间可长可短，但你必须建立信任，没有别的办法。
>
> 刚才你见到Tinder公司的创始人肖恩·拉德（Sean Rad）。我和肖恩大概见过三四次面，但我们已经建立了稳固的信任关系，可以分享彼此的秘密和弱点。

关系是企业可持续发展的基础。

作为一个外国人，杰克·考因从零开始，通过为澳大利亚带来经济实惠的快餐，赚取了数十亿美元。在人们眼中，他是一个善于与人打交道的人，拥有令人惊叹的人际关系技能，以和蔼可亲闻名于商界。我问他人际关系在商业中的重要性，他是这样回答的：

> 对我来说，关系就是一切。生意就是人与人之间的关系。做生意就是想办法让人们一起合作，一起行动，而不是互相对抗。所以，如果要我说做生意什么最重要，我的答案就是关系。

如何学习人际关系技能

人际关系技能需要从小尽早培养。步入职场后，你的人际关系技能不会有太大的变化。

许斯尼·奥兹耶金在高中时便学会了人际关系技巧。当时他住在学校宿舍，平时参加了许多课外活动组织，如篮球队、排球队和戏剧社，他后来当选为学生会主席也归功于此。

他最重要的一课是在大学里学到的："我在哈佛商学院读书，要学习很多课程。我觉得会计、市场营销、财务管理、投资管理、借贷管理等课程相对容易上手，但组织行为学这门课程我却无法理解，因为我没有组织经验。后来从商后我才明白，组织行为学是我上过的最重要的一门课。理解人的行为是一种很难传授的技能。随着管理岗位层级上升，管理者会学到更多技术方面的技能，但我敢说，他们的人际关系技能并没有多大变化。"

近朱者赤

与合适的人为伍也非常重要。

许斯尼·奥兹耶金尤其强调这一点。

> 我父亲总是说："我知道你成绩好，但你一定要结交好朋友。"在生意场上，你和谁交朋友也非常重要。有些人你不应该与之交往。

你身边的人决定了你的未来，所以一定要谨慎选择朋友。

良好的人际关系

人际关系网的大小并不重要，重要的是关系的深度。要投入时间和精力去维护人际关系。

迪利普·桑哈维的人际关系网并不大："但无论我和谁建立关系，我都会与之深入交往，形成非常深厚的关系。这显然与数量无关。我会不遗余力地帮助他们，他们也会不遗余力地帮助我。对很多人来说，这是不可能做到的。人生苦短，不要浪费时间与人争斗，要建立和培养深厚的人际关系。"

纳温·贾殷从东方哲学中学到了如何建立良好的人际关系。

在你脆弱的时候，你才能建立真正的人际关系。因为你是脆弱的，所以你是出于情感需求与人相处，此时你的催产素水平会有所上升，而催产素是一种真正的黏合剂。只有当你与他人建立联系是出于情感需求而不仅仅是理性考虑时，你们双方才会产生感情羁绊。有了亲密的感情羁绊，信任也就随之而来了。有了信任，你们才能进行深入的交谈。彼此建立了信任，生意自然也就能做得成。因此，我意识到，要诚实、真实地对待自己，要展现脆弱的一面，即使每本商业图书都在教你"不要让人看到你的焦虑，不要感情用事"。我并不介意谈论我的生活。我发现结交的朋友越多，我能做成的生意就越多，因为我能够建立真正深厚的关系。

要在信任的基础上建立关系。纳温·贾殷反复强调这一点。

对我来说，做生意最重要的方式就是建立信任。建立信任意味着要了解对方，所以建立信任需要付出时间。我是一个愿意花时间去了解别人的人，有了足够的了解，再和他们做生意。

让我告诉你成功的秘诀吧。做生意是人与人做生意，是我与你做生意，不是我的公司与你的公司做生意。

这就是我的体会。如果你违背自己的信任直觉，就算生意能做起来，最终也做不长久。如果我不喜欢某个人，或者我的直觉不信任某个人，我迟早会找到不信任的理由，然后中断生意关系。

如果你信任他们，即使出了什么问题，你也会告诉他们：
"你知道我是信任你的，但现在遇到这个问题，你能解决一下
吗？"然后他们就会去解决问题。如果你信任他们，他们就会不
遗余力地把问题解决好。

> 人生苦短，不要浪费时间与人争斗，要建立和培养深厚的
> 人际关系。
>
> ——迪利普·桑哈维 ＃亿万富豪金句
>
> 要在信任的基础上建立关系。
>
> ——纳温·贾殷 ＃亿万富豪金句
>
> 做生意是人与人做生意。
>
> ——纳温·贾殷 ＃亿万富豪金句

技能四：有效沟通

沟通能力以人际交往能力为基础。利用良好的沟通能力，你的生意活
动将会取得更好的效果。在公共关系、市场营销和销售工作中，沟通和讲
故事的能力都是不可或缺的。

无论在哪个业务阶段，出色的沟通能力都能助你一臂之力。

彼得·斯托达伦可能是我在撰写本书过程中遇到的沟通能力最强的受
访者。我问他，如果没有钱，要从零开始，他会怎么做。他说："我会找
到挪威最好的酒店经理，说服他和我一起开公司。"如果措辞得当，这件
事情听起来会非常容易。

彼得·斯托达伦还拥有出色的讲故事的能力，大多数白手起家的亿万
富豪都具备这种能力。"神偷酒店"（The Thief，又译西弗酒店）就是一个

很好的例子。

当我们建造"神偷酒店"时，所有人都说："如果把酒店命名为'神偷酒店'，顾客会觉得自己被抢劫了。你说这是奥斯陆最贵的酒店，房价是最高的，顾客就会觉得'如果我住在神偷酒店，我会被抢劫'。"

而我却反其道而行之。讲故事非常重要，这里曾经是盗贼、强盗之岛，挪威最后一个被处决的罪犯就是在这里被绞死的。于是我们便有了这个故事。在一座盗贼之岛，我们建造了"神偷酒店"，而且把著名摄影师理查德·普林斯（Richard Prince）的原作《盗马贼》（"The Horse Thief"）摆放在酒店接待处。

有个人问我："彼得，你为什么不采取安保措施保护那幅画？如果有人把画作偷走，你怎么办？"

想象一下，《盗马贼》在奥斯陆的"神偷酒店"被偷了。美国有线电视新闻网、《华尔街日报》等媒体一定会大肆报道，人人都会谈论这件事情，这简直是最完美不过的营销事件，唯一会哭的将会是保险公司。

采访彼得·斯托达伦时，我们坐在餐厅里，墙上挂着一幅有趣的画。我问彼得这幅画值多少钱。

这幅画？ 200万美元，是安迪·沃霍尔（Andy Warhol）的原作。有什么安保措施？完全没有。

我们被康泰纳仕集团（Condé Nast）旗下的著名旅游杂志列入全球50家顶级新酒店之一，还登上了《华尔街日报》和《卫报》。我们在酒店开业之前就开始讲故事了。我们还请来了彼得·布莱克（Peter Blake）爵士帮我们宣传。我们写了一本书，主角都是些一生不顺但最终功成名就的人。我们说："这就是我们的开端，从盗贼之岛到奥斯陆近百年来唯一的一家新开业的五星级酒店，这是有史以来最伟大的创举。"

现在，全世界的明星都想入住我们的酒店。我们在开业前就创造了奇迹。

这就是讲故事的威力。

你可能会说，有人天生不是外向性格，怎么办？他们有可能学会有效沟通吗？

在我采访的亿万富豪中，有些人天生内向。尽管如此，他们仍然在生意场上磨炼自己的沟通技巧。金范洙来自技术背景，他在三星工作时完成了很多项目，还曾经在大学附近做街头营销，"在做这些事情时，我觉得我克服了很多沟通方面的困难"。

技能五：销售

没有销售就没有生意！如果你希望做生意取得成功，你必须成为一名优秀的销售人员。我采访过的所有亿万富豪都是出色的销售专家。

杰克·考因认为销售是决定他成功的重要技能。他在儿时便尝试经商，从中学会了销售技能。"我记得小时候，每到盛夏时节，我会卖个性化圣诞贺卡。可以在它上面印名字，然后直接寄出去。"上大学之后，他的销售技能更加炉火纯青。

我开始从事苗木销售，挨家挨户到各个农场推销乔木、灌木和其他植物。我所在大学的一位教授说，我在暑假做推销员时赚的钱和他的年薪一样多，他觉得很不公平。

有趣的是，2009 年安永全球企业家奖得主曹德旺的第一份正式工作也是销售树苗，他也是从这份销售工作中学会了销售技能。

奇普·威尔逊从他富有企业家精神的祖母那里学会了销售。

祖母告诉我，做销售时，如果你约客户见面，一定要给出两个时间让他们选择。因为如果你只给一个时间，他们总会回答"不，我没空"，但如果你给他们两个选择，他们就无法说"不"了。

小时候学到的经验很快让他在童年时期就得到了回报。

　　那时家里钱总是不够用。如果我想要钱，就必须自己赚，在赚钱方面我很有创造力。我会搞一个马戏表演，或者摆摊卖最容易制作的柠檬水，或者卖别的东西，还劝说附近的其他孩子付钱参与进来。我记得我卖过童子军的门票，为游泳俱乐部卖过东西，卖过肥皂盒子，还卖过其他东西。我永远是头号推销员。

我问奇普·威尔逊为什么在销售方面这么有天赋。

　　我喜欢销售，完美的推销让我感到兴奋。我觉得销售很有趣。我觉得我的性格里有一种热爱与人打交道的因素，也许我身上还有点祖母的影子。

无论你做任何生意，良好的销售技能都可以助你一臂之力。即使你一无所有，只要你会推销，你就能赚钱。我问彼得·哈格里夫斯，如果必须从零开始，身无分文，他会怎么做，他回答说："我会设计一个网站来卖东西。是的，毫无疑问，我一定会这样做。"

我问彼得·哈格里夫斯是什么让他做销售做得如此成功，他说："你必须使购买变得容易。大家都觉得把钱存银行很容易。当然很容易。他们赚了一些钱，就把钱存在银行里。因此，我们必须让他们把钱转到我们的投资产品上也同样容易。"

2016年安永全球企业家奖得主曼尼·斯托尔在创业初期就学到了关于销售的重要一课。他告诉我：

　　在第一天，我试图通过电话进行推销。我给太多人打电话了，记不住自己说过的每一句话。于是我开发了一套卡片系统。

如今，你可以用电脑系统来做记录，但在那个年代，我用卡片做记录。比如说我给你——拉斐尔打电话，我会在卡片上写上我给你打电话的日期和时间，写下我们交谈提及的所有内容。这也是一种客户关系管理系统。如果你喜欢跑马拉松，我会记录你跑马拉松的情况，你最后一次跑马拉松的日期，你是否受过伤，等等。我有成百上千条这样的客户记录。要记住每个人是不可能的，除非有过目不忘的记忆力，我并没有。所以，我用笔记录相关业务和个人资料，写下所有相关的信息。我想卖给你什么，不想卖给你什么，你的收货情况，什么卖出去了，什么没卖出去，等等，全部都记录下来。

下次我给你打电话时，这些资料和数据都摆在我面前。我刚刚开始做生意，才做了几个月，甚至只有两三个月。在这短短的时间里，我就学到了重要的一课：永远不要撒谎。因为我不想在下一次和你通话时被你发现我在撒谎。否则，我就无法向你推销任何东西。这对我来说是一个相当大的教训，从那时起我就一直牢记这个教训。我的生活也因此变得更加简单，不再那么复杂。

技能六：领导力

没有他人的帮助，你不可能创造数十亿美元的价值。价值数十亿美元的公司拥有数千名员工，有时甚至是数十万名员工。你要吸引员工，把他们拧成一股绳，带领他们朝着正确的方向前进。你得具备领导他们的能力。

拥有领导力意味着能够借助他人的力量完成工作。领导力是商界大师课程的核心内容，包含吸引他人、激励他人、促使他人采取行动、管理和领导他人等要素。领导力是最先进的通用商业技能，也是亿万富豪们最擅长的技能。

人人都知道做生意需要团队协作。在团队比赛中，只有最优秀的队伍才能获胜。单靠自己的力量就想在商场取胜，就好比单靠自己的力量就妄想在世界杯比赛中打败世界顶尖球队一样。

领导力就是建立和培养一支能够取胜的团队。

我在悉尼与杰克·考因交谈时，他跟我说：

> 企业是一个团队。做企业不仅仅是钱的问题，还要有其他人参与其中。有些人之所以非常成功，是因为他们的个人能力很强。一个100米跑选手可以跑得很快，团队运动则不同。如果教练让你往这边跑，而你却往另一边跑，你就会被踢出队伍，就算能上场，时间也不会长久。

幸运的是，杰克在创业之初就意识到自己的团队需要招募人才。当时他参加肯德基加盟商培训，手指被烫伤了。

> 他们教你如何烹饪鸡肉。你拿起鸡腿，在沸腾的油锅里蘸一下，然后再烤一会，这样鸡皮就不会脱落了，培训大概就是这些内容。我手里有一块鸡肉掉到油锅里，滚烫的油溅出来，烫伤了我的手指。我顿时恍然大悟。我意识到，如果我要靠烹饪能力才能成功，那我的命运将是悲惨的，因为我既做不好烹饪，也无法做好门店运营。
>
> 所以我告诉自己："必须雇一个懂行的、能做运营的人来做这个工作。"于是我就这么做了。我找到了一个加拿大人，他曾在加拿大萨斯喀彻温省（Saskatchewan）的一家特许经营集团工作过。我跟他说："来我这吧，我让你做运营经理。"他便来了，于是我的工作就变成了"如何开辟业务"。我入行46年，开设了那么多门店，我自己一家都没有运营过。我没有这方面的本事，我就是做不来。

因此，不要试图单打独斗，你要借助别人的技能来弥补你的不足。

　　你需要利用别人的力量来帮助你做到最好。随着生意越做越大，你会更需要依靠他人的力量。我对自己有一个认识：你确实擅长某些事，但也有薄弱的领域。因此，如果你的梦想是创办一家有规模、有实力的企业，那么你需要建立一个互补型管理团队，团队成员可以放大你的长处，或者弥补你欠缺的技能。无论你做什么事情，你都要组建一支由其他人组成的互补型管理团队。如果我的财务能力确实很强，那倒还好；如果很差，我就需要找一位优秀而强大的首席财务官。

> 企业是一个团队。
>
> ——杰克·考因 # 亿万富豪金句

亿万富豪会运用自己对人性的理解、人际关系和沟通技能来领导他人。领导力是一种需要多年积累的技能。在本书中，你会发现一些有效领导力的要素。若要解释强大领导力包含的所有要素，要详细介绍亿万富豪使用的所有领导方法，恐怕需要另写一本书才能做到，也许有一天我会写出来的。

> 随着生意越做越大，你会更需要依靠他人的力量。
>
> ——杰克·考因 # 亿万富豪金句

亲爱的读者，你是否已经学会了驰骋商场的六种技能？你还需要掌握哪些技能，才能成就非凡事业？

　　——心志不专者掌握的技能并不能创造财富。
　　——百万富翁只掌握了一部分驰骋商场的技能。
　　——亿万富豪已经精通驰骋商场的六种技能。

CHAPTER 7

第 7 章

培养创造财富的六个习惯

习惯的枷锁在开始的时候轻得难以察觉，到后来却
重到无法挣脱。

——沃伦·巴菲特（Warren Buffett）

从长远来看，你的习惯将决定你的未来。如果你想在生意场上取得真正的成功，首先要以本章介绍的习惯作为基础。

谢尔盖·加利茨基是国际上最受尊敬的俄罗斯企业家，他告诉我："打好基础是最重要的。你最应该关注的不是结果，而是你打下的基础。打好了基础，成功就是水到渠成的事情。"

习惯一：早早起床

早起是最成功的企业家的第一大共同习惯。所有受访者都认为早起是他们取得成功的重要因素。

亿万富豪们一般早上 5:30 左右就起床。

> 打好了基础，成功就是水到渠成的事情。
> ——谢尔盖·加利茨基 # 亿万富豪金句

为什么早起如此重要？

早起有几个好处。清晨时分，万物苏醒，世界蕴含着一种原始的能量。你可能在日出时感受过这种能量。你有时间留给自己，有时间静静地思考，有时间不受干扰地工作。经过一夜休息，你会感到神清气爽，此时工作起来效率极高。当别人还在睡梦中时，你已经开始工作，这会让你有一种有所作为、有所进步的感觉。这种感觉甚至可以激发你的能量，让你一整天都充满干劲。

但请记住：要想在事业上取得成功，靠的不是睡得少，而是起得早。一定要早起。有些亿万富豪每晚只睡三个小时，有些则需要八个小时，但他们都起得很早。如果需要多睡，他们就早早上床睡觉。

怎么样才能早起呢？

迄今为止，我听过的最佳早起方法来自 2016 年安永全球企业家奖得主曼尼·斯托尔。

你知道是什么让我摆脱了睡懒觉的习惯吗？大约 40 年前，我每天睡到日上三竿，没有任何问题。一个朋友让我早起陪他去参加骑行训练。他说他会来接我，早上 5:30 到我家接上我，6:00 到达训练场地。我说："不，我不去了，你自己去吧。"他说只有我陪他一起他才觉得有动力。我说："好吧，我陪你去。我陪你练习几个星期，后面你就会有动力了。"于是我调好闹钟。第二天闹钟一响，我就挣扎着起床。大约两三周后，只要一到时间我就会自己醒来，不需要闹钟提醒。从此，我再也没有改掉这个早起的习惯。无论晚上几点入睡，我都会早早起床，锻炼一个小时。

早晨坚持运动确实是早起的最佳方式。

习惯二：保持健康

无论是在事业上还是在生活中，健康都是极其重要的。没有健康的人生是痛苦的，就算取得再大的成功，你的生活也不会变得更好。如果没有健康，生意做得再成功也没有任何意义。

杰克·考因告诉我，他曾经做过一次演讲，题目是"13 个相见恨晚的人生道理"（If I knew then what I know now）。他说："第一个人生道理就是健康高于一切。失去健康就是失去一切。你的健康是最重要的。我不管你多富有、多重要，也不管你拥有多大的权力，如果你没有健康，其他一切都没有意义。所以，你必须照顾好自己，在日常生活中通过冥想或体育锻炼来保持身心健康。"

> 失去健康就是失去一切。
>
> ——杰克·考因 # 亿万富豪金句

定期锻炼

保持健康的首要方法就是制订严格的计划定期锻炼。我采访的亿万富豪无论是 40 岁还是 80 岁，每一位都经常锻炼。

他们大多数人的上午日程都包含运动。比如彼得·斯托达伦，他认为与妻子和爱犬一起跑步是开启一天生活的最佳方式。

> 很多年前，我就决定每天早上进行跑步训练，但并不是为了参加比赛或者与人竞争。
>
> 我和妻子贡希尔（Gunhild）通常在早上 5 点到 6 点之间起床，在 5 点半到 6 点半之间出门慢跑 10 公里。我从不喜欢睡懒觉。在我看来，消耗能量才能创造能量。
>
> 我一直很喜欢跑步。与贡希尔相识后，跑步开始成为我们共同生活的基础。我们的生活非常忙碌，跑步是我们互相了解彼此的好方式。我们一起看过美丽的风景，许多好点子也是在一起跑步的时候想到的。
>
> 此外，冬天的时候，我去骑自行车；夏天的时候，我去滑旱冰、划船和皮划艇，因为我就住在海边。我还去滑雪，包括高山滑雪、越野滑雪，在柏油路上用带轮子的滑雪板滑雪。当然，年过 50 后，人还必须做一些举重运动，因为人不到 30 岁肌肉就开始退化了。
>
> 无论天气如何，无论我们身在何处，我们每天都会锻炼身体。如果我们早上 6 点要去坐飞机，那我们就 3 点起床锻炼。在锻炼问题上，我和贡希尔不会有任何妥协，因为我们都非常喜欢运动。

即使是 65 岁甚至 80 岁以上的亿万富豪，他们也会每天跑步或去健身房锻炼，或者至少每周锻炼两到三次。

锻炼一定要坚持不懈。

利里奥·帕里索托平时会在跑步机上跑步。"平均每次热量消耗是1000卡路里，每周三次，每次一个半小时。只要有机会，我就会跑步。如果要出差，有时候就很难做到。所以我会在出差回来后补上，然后再继续日常锻炼。"

从运动员到亿万富豪

在我采访的亿万富豪中，有相当高比例的人在年轻时都是体育运动的佼佼者，有些人现在依然如此。

奇普·威尔逊从小就与体育结下了不解之缘。一开始他是一名游泳运动员。"我每周要训练七八次，每个周末都要参加游泳比赛。10岁时，我曾创下加拿大纪录。12岁时，我已是世界上同龄人中游得最快的人之一。那时候，我的生活主要就是游泳。"12年级时，他开始踢足球。上大学后，他开始玩摔跤。

> 后来我下定决心要参加铁人三项比赛。当时，所有人都觉得我的想法实在是太疯狂了。我一直想知道，我的思想和我的身体，到底哪一个更强大。我总是想看看我的思想能把我的身体逼到什么程度。

> 参加完铁人三项比赛后，我开始训练10公里长跑，每次都练得腰酸背痛。后来，我学习打壁球。因为我的横向移动能力还不错，所以我成了一名中等水平的壁球业余运动员。

> 再后来，我得了肌肉萎缩症，我的生活不得不因此做出改变。于是我开始练习瑜伽，坚持不懈地练习。然后，我的思想开始更多地转向正念。渐渐地，我又开始对爬山感兴趣。

弗兰克·哈森弗拉茨从16岁到21岁一直是赛艇运动员。

曼尼·斯托尔热爱运动。他喜欢取胜，喜欢竞争。我问他年轻时候最喜欢哪项运动，他说：

任何我擅长的运动，我都喜欢。我喜欢需要手眼协调的运动，比如乒乓球、网球、足球、羽毛球、板球等。我国际象棋下得很好，这是我父亲教的，我还曾经代表学校参加国际象棋比赛。长大后，壁球开始流行起来，我便开始打壁球，打得还不错，拿到了不少座州级壁球比赛的奖杯。

杰克·考因在高中时曾入选安大略省美式橄榄球队。在大学里，他是最出色的球员之一，曾经是加拿大橄榄球联盟在所有大学中选出的第 3 顺位新秀。他曾在温尼伯蓝色轰炸机队（Winnipeg Blue Bombers）打过职业橄榄球。但他发现自己最想做的事情还是创业经商，于是他就放弃了职业橄榄球运动。他还是一名摔跤好手，曾有望参加奥运会。遗憾的是，他没能如愿。

米哈·索罗现在仍然会参加汽车拉力赛。过去十多年，汽车拉力赛一直是他的热情所在，他曾两次获得世界汽车拉力锦标赛欧洲站副冠军。

彼得·哈格里夫斯是实力强劲的越野跑选手。

体育运动对经商的好处

参与体育运动对经商有多方面的好处。最明显的一点是，体育运动能帮助你保持身体健康，让你无论做什么事情都活力十足，包括经商。但运动的意义不止于此。

运动还能帮助你清晰地思考，让你的头脑更加清醒，能够从不同的角度看问题。彼得·哈格里夫斯也认为跑步对自己大有裨益："我发现，如果你脑子里有很多事情需要思考，有很多问题要解决，千万不要枯坐在那里苦苦思索，你只会越想越烦恼，不如出去跑一跑。有时候，我脑子里可能有很多棘手的问题，但跑个五六英里后，所有问题我都可以想清楚。我有这样一个理论，如果白天绞尽脑汁、思虑过甚，你的身心就会失去平衡。你给大脑增加了负担，却没有给身体增加负担。你要做一做运动，消耗一些体力，你的身心才能恢复平衡。运动过后，你的大脑会更加清醒，身体也会更加舒畅。"

体育运动教你学会如何赢、如何输，这些也是生活美满和事业成功所需要的技能。弗兰克·斯特罗纳克提醒我："你要通过体育运动来理解体育精神，学会竞争。而且应该学会公平竞争。"

> 你要通过体育运动来理解体育精神，学会竞争。
>
> ——弗兰克·斯特罗纳克 # 亿万富豪金句

所有的体育运动都能让人学会严于律己、持之以恒，不仅能帮助你增强体质，还能磨炼你的意志，而团队运动则能让你学会团队合作。新加坡亿万富豪沈财福是一名马拉松运动员，也参加铁人三项运动。他是体育教育的坚定支持者。

没有体育运动的教育毫无意义。从根本上说，体育运动可以培养竞争精神，培养团队精神，培养纪律性，培养力量和耐力，教你学会如何赢，也教你学会如何输。

我认为这些都是人生的基本功课，因为这些都是你在人生中要经历的事情。在这方面，课堂理论不会教你太多。在学校的课堂上，你可以学到你想要的知识，学习知识的运用方法和适用场景。但怎么样才能过好这一生，是在课堂上学不到的。

要过好这一生，你需要用双手去工作，需要经历所有这些人生功课的考验。这一点恐怕只有体育运动才能让你明白。所以，我经常说，学位证书只是一张执业许可证。

> 从根本上说，体育运动可以培养竞争精神，培养团队精神，培养纪律性，培养力量和耐力，教你学会如何赢，也教你学会如何输。
>
> ——沈财福 # 亿万富豪金句

体育运动让你变得自信和坚韧。要驰骋商场，自信和坚韧至关重要。这是杰克·考因从自己的美式橄榄球生涯中得到的启示。

> 我认为体育运动带来的好处之一就是让人变得自信。但这种自信不是对身体的自信，你不会把别人打得鼻青脸肿。我认为，参加体育运动能让你学会与人产生情感共鸣，因为体育竞技是非常艰难的。

> 但无论如何，你永远都不会放弃。如果你是我的对手，我能磨垮你吗？体育和商业之间有着惊人的相似之处。我认为，成功的运动员也会成为成功的企业家，因为两者都是磨出来的，都需要经历艰苦的训练才能够脱颖而出。

> 体育运动带来的好处之一就是让人变得自信……你永远都不会放弃。
>
> ——杰克·考因 # 亿万富豪金句

体育运动教你做事全力以赴。奇普·威尔逊的父亲教导他在游泳比赛中要百分之百地投入。

> 做任何事都必须百分之百地投入，否则就没有意义，还不如干点别的事情。这是我在体育运动中学到的道理。

在体育比赛中，虽然你可能会遇到失败和挫折，但在潜移默化中你会产生取胜的意志。你会意识到，你还可以进步，还可以变得更好。

我问曼尼·斯托尔在体育运动中学到了什么，他说：

> 我学到了成功的动力、要不断进步、坚持不懈。在体育比赛中，有时你会受伤，但就算受伤，你也要坚持到底。在生意场上当然也会遇到挫折，你要始终保持积极的态度，克服一切困难，继续奋进。

如果你想成为一名企业家，如果你想取得成功，你心里必须具有强大的驱动力。

> 做任何事都必须百分之百地投入，否则就没有意义，还不如干点别的事情。
>
> ——奇普·威尔逊 # 亿万富豪金句

让我们不要忘记体育运动的其他好处。体育运动教你谦逊，教你对自己真诚。在体育比赛中，你无法欺骗自己。你的技能是你训练的结果，你的成绩会让你清楚地看到自己的水平，尤其在与他人竞争之时。

团队运动则教你评估他人，教你领导团队。

健康生活

体育运动并不是健康生活的唯一要素。亿万富豪经常提到的其他要素包括冥想、不吸烟和健康的饮食习惯等。

在我采访的 21 位亿万富豪中，只有一位吸烟。其余的要么一生从不吸烟，要么早已戒烟。

习惯三：开卷有益

书籍是世界知识的宝库。

我问曹德旺，如果让他对全球读者说一句话，他会说什么。他的回答是："我希望年轻人多读书，多读关于如何正确做事、如何做一个好人的书。"

要知道，曹德旺小学还没读完就辍学了。他从未从任何学校毕业，读书写字全靠自学。他取得今天的成就，完全是靠自学。他知道的所有知识都来自他阅读的图书和自身经历。正是靠自己不断学习，他获得了 2009 年安永全球企业家奖，成为世界上最优秀的企业家。

阅读与运动一样，是亿万富豪经常投入时间的活动。几乎所有受访者都说阅读是他们每天坚持的习惯之一。他们通常在早上去办公室之前阅读，有些人还会在睡觉前阅读。

书阅读得再多也不够。2016 年安永全球企业家奖得主曼尼·斯托尔在童年时就酷爱阅读。他的阅读习惯是跟着父亲耳濡目染学来的。

> 在 12 岁之前，我每周大约读五本书。如果是我感兴趣的图书，我会废寝忘食地阅读。晚上我会等父母关灯睡觉，然后偷偷地在被子里打着手电筒看书，直到凌晨两三点。

奇普·威尔逊从 18 岁开始大量阅读，就像他做的每一件事一样，他在阅读上也付出了百分之百的努力。"我当时在阿拉斯加从事管理输油管道的工作，我的职责只是监控一个设备。这份工作非常枯燥，所以我在近一年半的时间里几乎每天都读一本小说。到 19 岁时，我大概已经读完了世界上最著名的 200 部小说。我想应该很少有人能做到这一点。"

在他的影响下，他的妻子和孩子也热爱阅读。"我们每天晚上早早上床读书，从不间断。我们每个人晚上都有阅读的时间。"

亿万富豪读什么书

你可能会有这样一个刻板印象：成功的商人会在早餐时阅读每日报纸或杂志的经济版面。这确实与事实相去不远，许多亿万富豪都有这样的习惯。

有些亿万富豪阅读本国的日报，有些人则阅读《经济学人》《金融评论》《财富》《泰晤士报》或《新闻周刊》等杂志。

但亿万富豪的阅读习惯通常比这更复杂。许多亿万富豪第一喜欢读商界内外的杰出人士的传记，传记的主角可能是历史上最伟大的领袖。

这类传记对利里奥·帕里索托的职业生涯起了决定性作用。

> 在开始创业时，我阅读了很多这类图书。所有我能找到的商界巨贾的传记，我都读过了。

　　我之所以能白手起家，正是因为我阅读了大量传记。我并没有念过行政管理、法律或其他相关专业，也没获得过电子工程学位。

　　我对每一个时代的成功人士都很感兴趣，我想知道他们是如何赚到第一桶金的。想象一下，一个一无所有的人，没有家人的支持，也没有朋友资助，除了自己的想法，他什么都没有，但他开始创业，赚到了100万美元。当然，那时候的100万美元比现在值钱得多，（笑）也许相当于今天的1000万美元了。

> 我之所以能白手起家，正是因为我阅读了大量传记。
> ——利里奥·帕里索托 # 亿万富豪金句

　　亿万富豪们第二喜欢阅读的是行业杂志和特定领域的图书。

　　最后才是商业类图书。

　　对于许多亿万富豪，商业类图书是创业试错游戏的唯一指南。穆赫德·阿利塔德就是这样学会做生意的："我从尝试和实践中学习。但我很快就开始找商业类图书来阅读。不管是销售还是其他方面的图书，我都会买来读一读、学一学。"

　　但并非所有亿万富豪都会阅读商业类图书，这一点可能有点出人意料。彼得·斯托达伦更喜欢阅读侦探小说，他在经商生涯中只读过一本商业类图书。还有几位亿万富豪喜欢读纯文学作品。

系统的阅读方法

　　建立一种系统的阅读方法非常重要。首先，不要漫无目的地阅读，要阅读那些对你有价值的书。在理想情况下，你可以根据自己的兴趣和导师的推荐，列出一份优先阅读图书的清单。然后灵活地运用这份清单，根据你当前面临的挑战选择要阅读的图书。

　　其次，要养成在一天中的某个特定时间阅读的习惯，可以是早上、午休时或者入睡前。最好每天都能安排时间阅读。

最后，要形成一套吸收知识的方法，包括标记有趣的段落，记录笔记、想法、创意，甚至可以基于阅读材料列出待办事项。

习惯四：勤于思考

亿万富豪们每天都会花时间独自思考。有些人通过冥想来思考，有些人则在运动等活动中思考。

我们将在下一个习惯中通过实例对此进行深入探讨。

习惯五：惯例和仪式

惯例和仪式也是一种习惯，如果长期坚持，必然会产生深远的影响。仪式化的习惯更容易保持，因此更具有可持续性，长期坚持就会产生复合效应。

不幸的是，像吸烟这样的不良习惯也会产生深远的影响，但这种影响却是负面的。这就是为什么必须建立并遵循有助于实现目标的惯例和仪式。

晨间惯例

要确保事业长盛不衰，最重要的例行程序是形成一套晨间惯例。在我采访过的亿万富豪中，几乎所有人都有一套自己严格遵循的晨间惯例。

金范洙就是一个很好的例子。他习惯利用早晨的时间进行深入思考和阅读。

> 我通常早上 5 点到 6 点起床，晚上 11 点半左右睡觉。
>
> 基本上……有一套例行程序，就像打高尔夫球一样，在准备过程中必须要完成某些动作，类似于完成清单任务，不需要耗费太多精力。因为阅读是每日惯例的一部分，日积月累，我

读完了很多书。洗澡也是每日惯例的一部分，我可以在洗澡时思考很多问题。

　　早上起床后，我会戴上帽子，戴上耳机去散步，散步回来后就去洗澡。我大概散步 30 ~ 40 分钟，然后洗澡时间也是 30 ~ 40 分钟，其间我可以想很多事情。洗澡之后，我会来到客厅，那里有很多图书，我会选择一本我喜欢的读上 30 ~ 40 分钟。剩下的时间我会在音乐室听 30 ~ 40 分钟的音乐，然后和家人一起吃早餐，再去上班。

　　我最重要的习惯是深入思考。在散步或洗澡时，我会花时间思考一些事情，这是我最重要的习惯。在这些时间里，我能厘清思绪，使很多事情变得更加清晰，也会产生新的想法。

奇普·威尔逊的晨间惯例是运动和读报。

　　我几乎总是在早上 5:30 起床，我是个老派的人，所以我会去拿报纸，从 5:45 读到 6:30。然后，我要么去进行跑楼梯训练，要么去爬温哥华的三座山之一，要么去找私人教练。我通常会在 8:30 左右回到家，先去送孩子们上学，然后吃点早餐。早上我会喝上两杯卡布奇诺，这样就够了，我可以到午餐时间再吃东西。

有些亿万富豪的生活习惯比较简单，有些则比较复杂。但如上所述，亿万富豪晨间惯例的基本构成是早起、运动、阅读和花时间独自思考。白天什么时候做这些活动并不重要，重要的是你要去做。把这些活动安排在日常活动中，你就不需要考虑自己是否想做，只管去做就行，这有助于持之以恒。将这些活动列入晨间惯例，你可以在早晨头脑清醒、精力充沛时马上"干掉"它们。一些亿万富豪会在晨间惯例中加入冥想、早餐或其他活动。

"每天开工"惯例

亿万富豪们在开始一天的工作时都有自己的惯例。这也是他们一进办公室就自动遵循的常规流程。

在很大程度上，"每天开工"先做什么，取决于公司的业务类型，也取决于公司的业务规模。弗兰克·斯特罗纳克以制造业为例进行了解释。

> 规模小的时候，我先去工厂看看。规模较大时，则从询问秘书开始："有什么新情况？有什么紧急事务？"然后，我可能与执行委员会或者其他人开会。因此，每天开工先做什么，取决于公司所处的发展阶段（业务规模阶段）。所有的发展阶段我都经历过。

有些亿万富豪首先会了解公司的最新情况，看看是否有什么事情需要他们立即处理；有些亿万富豪则专注于与人沟通，先在公司到处转一圈，与关键人物交谈；有些亿万富豪则会先看看报表。

奇普·威尔逊每天都有条不紊地开展工作。我问他到办公室后做的第一件事是什么，他回复如下。

> 我先坐下来，想一想今天的首要任务是什么。我今天要达成什么目标？然后看看我的日程表，问自己："我的日程安排能达成这个目标吗？"我其实在前一天晚上就已经在思考这些问题了，所以第二天到了办公室，我会重新安排当日事务。然后我会问："从昨晚到今天早上有什么变化吗？我需要做些什么？"我把真正需要做的事情插入日程表，安排一定的时间去完成。

习惯六：严于律己

我采访过的亿万富豪是我见过的最自律的一群人。他们对自己、对身边的人都提出很高的要求。

　　在体育运动中，只有严于律己并持之以恒地训练，才能取得好成绩。同样，在生意场上，只有严于律己并坚持不懈地去做该做的事，才能做出成绩。必须数十年如一日地坚持不懈，最终才能取得成功。

　　但亿万富豪绝不是超人或完美的工作机器。他们有时也会想偷懒，就像你我一样。唯一不同的是：他们意识到这个事实，并千方百计地克服自己的弱点，绝不会让自己懈怠。米哈·索罗坦白地告诉我他的心理。

　　　每天早上醒来，我都要做自己不喜欢的事情，但我每天都强迫自己去做。因为我不勤奋，所以我强迫自己勤奋做事。我做事缺乏系统性，所以我必须强迫自己有条不紊。

　　　我喜欢踢足球，不喜欢其他体育运动。但为了坚持踢球，我每天都强迫自己做其他运动，做俯卧撑、仰卧起坐，还要游泳。早上要运动40分钟，晚上往往还要再运动40分钟。我并不喜欢这样，但我还是完成了，就这么简单。一般来说，结束之后，我会感觉好受一些。但我不喜欢做其他运动的过程。要是不做其他运动也能达到同样的效果，我肯定不会做。

　　　我每天都要说服我体内的那些"懒骨头"，它们总给我找借口："今天我好像起晚了"，或者"我很匆忙，没有时间"，或者"我感觉不太好"。我反驳它们："不可能，不要欺骗自己，老兄，你只是想偷懒而已……"然后我就去做其他运动。就这样，我懂得了有因必有果，懂得了做事情要有决心。

　　亲爱的读者，你有什么好习惯？它们是你有意识地选择的习惯吗，能帮助你实现你的长期目标吗？你在日常生活和工作中有没有形成惯例和仪式？你在坚持创造财富的六个习惯吗？现在开始也不晚！

——心志不专者不会有意识地培养自己的习惯。

——百万富翁会有意识地养成一些好习惯，但无法持之以恒地坚持创造财富的六个习惯。

——亿万富豪孜孜不倦、不折不扣地坚持创造财富的六个习惯，在任何情况下都不会妥协。

CHAPTER 8

第 8 章

制定清晰的愿景

招募启事：工资微薄，旅途艰险，气候严寒，可能数月不见天日，危险重重，甚至有生命之虞，但如能安然归来，便可得到至上荣耀，人人称颂。

——欧内斯特·沙克尔顿（Ernest Shackleton），20 世纪最伟大的探险家，他率领的探险队曾被困南极十余个月，最终幸存下来亿万富豪都认为，拥有远大理想是成就非凡事业的关键之一。2009年安永全球企业家奖得主曹德旺认为他的成功之道可以用三个词来概括：信念、愿景和执行。奇普·威尔逊等众多亿万富豪都认为高瞻远瞩是他们取得非凡商业成就的优势之一。

设定愿景和使命

在设定愿景之前，先要了解自己。

谢尔盖·加利茨基小时候就梦想去踢职业足球，但他并没有这方面的天赋。意识到这一点后，他为自己找到了另一个愿景。

穆赫德·阿利塔德说："我的强项是从现在的情况出发为自己勾勒未来蓝图。我也很擅长帮助别人找到他们的发展愿景。"

你的愿景应该既能激励自己，也能激励他人。如果能激励自己，你在整个职业生涯中就会动力十足，无论遇到任何困难和挫折，你都不会退缩；如果能激励他人，你的事业就可以赢得他人的支持，从而扫除前进道路上的障碍。

每一位亿万富豪都是以一个鼓舞人心的愿景开始创业的。有些人一开始根据自己的个人欲望设定愿景，比如弗兰克·斯特罗纳克只想获得自由，包括经济自由。

纳温·贾殷有一个疯狂的愿景：登上月球。他也以此激励别人实现他们的登月梦想。"老实说，我认为我设定这个愿景与我出身卑微有关系。对我来说，登月计划的意义不仅仅在于登月本身，它还可以激励印度和全世界的人，让他们知道，就算出身卑微，也可以拥有宏大的梦想。如果我梦想登上月球，你会梦想什么呢？你的出身比我更好，如果我能实现登月计划，你能做到什么呢？我希望真正激励每个人全力以赴，实现自己最大的梦想。要知道，我们每个人都会做不同的事情，不一定非要登月，但一定要有自己的雄心壮志。"

现在，他正计划进行一次机器人登月任务，在未来 20 年内将进行一次载人登月任务。"对我来说，最终目标是改变'蜜月'的定义，'蜜月'就是带着亲密爱人登上月球。因为那是蜜'月'呀，不是蜜'夏威夷'，既然是蜜'月'，你为什么要带爱人去夏威夷呢？"

我采访过的所有亿万富豪都喜欢用"愿景"一词来激励他人，其中彼得·斯托达伦可能是用得最频繁的一个。他经营的是酒店生意，他做每一个酒店项目的第一步，都是创造和传达一个鼓舞人心的愿景。凭借神奇的愿景，彼得·斯托达伦在众多竞争者中脱颖而出，赢得了斯德哥尔摩一个大型酒店项目的合同。

> 我们大概有 10% 的成功机会。我问："还不错。有多少人受邀参加竞标？"他们邀请了 30 ～ 40 家酒店公司，如果我们有 10% 的成功机会，那就已经很不错了。有人有 20% 的成功机会吗？没有吧？所以我说："10% 的成功机会意味着我们领先别人 80%。"他们问我："何以见得？"我说："因为他们大多数人只有 2% 或 3% 的成功机会，而我们有 10%，所以我们已经领先了。"他们说："很好，到时候投标报告就这样讲吧。"于是我告诉我的团队："忘掉他们的一切要求，你们认为怎么做最好，就怎么做。要努力创造奇迹。"我们去现场做报告，告诉他们我们重新做了一份规划方案，把这里原有的酒店大楼推倒，新建一栋酒店，配有空中酒吧、游泳池、水疗中心，各种设施应有尽有。
>
> 在我们做报告时，他们越听越疑惑，脸上的表情仿佛在说："你们这是全新的规划，跟我们说的完全不一样啊。"我说："如果你们希望吸引来自纽约、日本的游客光顾酒店，那就按我们这个方案来做。"他们很惊讶："你说什么？"我们公司已经安排三个最优秀的人才来做报告，我本来一句话也不该说的。但他们问我："彼得，你有什么看法？"因为刚才三个人已经汇报了所有构思，所以我告诉他们说："我投标不是为了钱，而是为

了梦想。这个规划方案将决定酒店的未来。不管付出多少代价，我们都要创造奇迹。"我只有五分钟的时间，我用非常有力的语言让他们相信，对我们来说，这是一个不同寻常的、独一无二的项目。

这样的话我已经说过 50 遍了。

当我们从会议室出来时，其中一位大佬问我："彼得，你刚才说的话都是真心的吗？"我说："是的，都是真心话。"他说："很有说服力。"我说："确实如此。"他说："但你说你不在乎钱……其实你是在乎钱的吧。"我告诉他，虽然我在乎钱，但我希望让大家明白，我不会从一开始就计算利益得失。我们首先要创造奇迹，然后再计算需要投入多少资金。也许我们要对方案做一些更改，但我们做这个项目的出发点不是利益，而是激情和热爱，是创造传奇事业的雄心壮志。

如果你坐在台下，台上的人告诉你，"我会创造奇迹，我会打造出与众不同的事业。"你一定也会感到与有荣焉。

当然，彼得·斯托达伦竞标成功，而且兑现承诺，创造了奇迹。

重要的愿景和使命

要支持重要的事情，明确重要的愿景和使命。要专注于为人们创造巨大价值，专注于改造你周围的世界，专注于改善人们的生活。

对奇普·威尔逊来说，愿景是比自己更伟大的东西，也许永远不会实现，但是它会一直存在。"我的愿景一直是把一个平庸的世界改造成一个伟大的世界。"

米哈·索罗现在是波兰最富有的人，他骄傲地给自己的第一家上市公司起名为波兰生活改善（Polish Life Improvement，PLI）公司，同时这也是公司正在做的事情。"我当时相信，现在仍然相信，无论经济结果如何，我们的宗旨就是提高人们的生活质量和水平。事实上，我们正在改善我们周围的现实条件，无论是建造新的公寓、办公楼、购物中心，还是制造商品，我们确实改善了所有人的生活质量。在某种程度上，这不仅会影响到我们所在的地区，而且会影响到整个社会。"

许斯尼·奥兹耶金从良好的教育中受益匪浅，因此他致力于为弱势群体提供同样的受教育机会。除了众多慈善项目外，他还在伊斯坦布尔创建了一所大学。他说："我希望使这所大学成为土耳其最好的研究型和教学型大学之一，让学生和教授在这里一起创造出为土耳其出口增值的产品。这就是我今后的目标，要达成这个目标并非易事。我之前总是在想我还能取得什么成就，但这些天我开始想象这所大学日后能够取得什么样的成就。我想象我们的年轻教师正在做的创新研究将会如何影响我们的生活。我想象着日后我们的毕业生成为企业家，为我们的经济增加更多价值。"

但许斯尼·奥兹耶金的人生愿景更为远大："如果在未来10年里我能够再影响100万土耳其人，我将感到非常高兴。"

彼得·斯托达伦的整体商业愿景还包括环境和社会层面："我的商业目标是成为一家真正坚守三重底线⊖的公司，为此我每天都在努力。现在我还没有达到这个目标，几年后也不会达到。这意味着你要考虑三个方面的问题，一是利润，二是可持续发展，三是社会责任。三个方面同等重要，你要公布每一个方面的数字和目标。现在我们正在为此而努力，但要成为一家真正坚守三重底线的公司，我们还有很长的路要走。"

弗兰克·斯特罗纳克创造了"公平企业"（Fair Enterprise）的概念，并在他的麦格纳国际集团付诸实施。在这个制度下，所有创造价值的贡献者，无论是管理者、投资者还是员工，都能公平分享公司创造的成果，包括财富。公平企业的长期愿景是消除贫困。

人们早起工作的首要原因是什么？他们想让自己和家人过

⊖ 三重底线（Triple Bottom Line），就是指经济底线、环境底线和社会底线，即企业必须履行最基本的经济责任、环境责任和社会责任。——译者注

上更好的生活。

世界上有很多人深陷贫困泥潭。我认为，生命中最重要的两样东西是自己的生存自由和他人的生存自由。对吧？对底特律市内的孩子来说，自由没有什么意义。他们只有挨饿的自由、无所事事的自由。自由是最重要的，自由也意味着经济自由。如果没有实现经济自由，就称不上一个自由的人。实现经济自由的人非常非常少，这是不对的。

你听说过黄金法则吗？谁拥有黄金，谁就能制定规则。但我不想被别人支配。如果我不想被别人支配，那我也不应该支配别人。因此，关键问题是，我们如何才能拆除被人支配的枷锁？不是通过暴力革命，而是通过思想革命。这是一个道德问题，对吧？因此，"公平企业"的理念源于这样一种信念，即员工在道义上有权获得他们参与创造的部分利润。

陈觉中是 2004 年安永全球企业家奖得主，他的使命更朴实、更具体，但对每个人的生活同样重要。"我注意到，很多快餐店的食物其实并不好吃。要找到好吃的快餐店真的很难。"他做生意的使命是"经营很多供应可口美食的餐厅，让人们能够真正享受（食物）"。

蔡东青希望尽己所能，让世界更美好，让人们更幸福。他希望通过打造一家休闲娱乐公司来履行这个使命。"过去几十年，中国人民的生活水平不断提高。与此同时，人们渴望获得更多精神上的满足。我希望通过提供娱乐产品，如漫画、动画、电影、游戏或其他新兴形式的产品，为他们的生活带来更多快乐。这是我最想做的事情，也许这就是我的使命。"

金范洙正在挑战技术的极限。他发明了多种商业模式，为互联网和移动世界引入了新的范式。可以说，他正在打造世界的未来。他希望人们记住他"是一个以先锋的姿态寻找未来、创造未来的挑战者"。对他来说，成功就是"让世界变得比我出生时更好，至少让一个人快乐"。

蒂姆·德雷珀的使命是"把创业精神和风险投资传播到全世界"。他希望作为一个帮助世界加速进步的人而被世人铭记。

穆赫德·阿利塔德希望改善他周围的人的生活，并在全世界传播与人为善的仁慈态度。

> 我对口袋里有很多钱不感兴趣，真的不感兴趣。是的，我可能有几百万美元现金，但不会有几十亿美元，因为我真的不需要那么多钱。

穆赫德·阿利塔德为自己的公司写了一本厚厚的章程，里面包含《价值观守则》，他希望这些价值观作为公司的一部分，在他身后仍然留存下来，永远为后代服务。

> 我的想法是拯救世界。我知道，我说的话对人类而言只是沧海一粟，但我只是想有所贡献。其实，我并没有刻意努力，这就是我过去 30 年来一直在做的事情。因为公司不断发展壮大，我至少有 13 次卖掉公司的机会。如果那样做，就可以拥有一大笔钱，但我的抱负从来都不是赚钱。

他倡导的核心价值观是信仰和希望。

> 信仰是你我和其他人行动的基础。希望则可以把我们带向未来。然后我制定了这部《价值观守则》，确保其能够延续下去，而且它可以根据公司规模的变化进行调整。希望其他人也能从中得到启发。如果能够实现的话，我们的章程将直接影响23 000 个家庭。假如一个家庭有 4 个人，那就是约 10 万人。他们将会拥有信仰和希望，而且他们会很幸福。

有效地传达愿景和价值观

有愿景是一回事，能够传达愿景是另一回事。为了让你的愿景影响他人，你需要学会有效地传达愿景，向你的追随者传达你的价值观。

为此，你必须具备第 6 章介绍的"有效沟通"的技能，但光有它还不够。

首先，你需要明确你的愿景是什么，明确你想要实现什么目标。如果你连自己的目标是什么都不知道，又怎么能实现呢？

对沈财福来说，目标清晰是他成功的原因之一。"让我取得成功的决定性因素是什么？我常说，成功取决于两件事：你相信什么和你做了什么。我认为我一直相信自己，而且在决定做某件事情时，我大多数时候都清楚自己想做什么。"

其次，你需要确保愿景能被别人理解，明确你要传达的信息。简单就是王道。

迪利普·桑哈维认为这一点正是他的优势所在："我的核心优势是能够将复杂的问题简单化。我认为我一直都具备这种能力，也在不断加强这种能力。因为我的知识储备在持续增加，所以这项基本能力也会继续得到加强。"

最后，你需要清晰地向他人表达你的愿景。

有时，仅仅清楚表达自己需要什么就足够了。

米哈·索罗在波兰经济体制改革后不久就创办了一家建筑公司。那时候，波兰经济什么都缺。在建筑领域，水泥是必不可少的，但并不容易买到。

> 我来到一家水泥厂购买水泥，我坐在走廊里。我有一套解决问题的技巧，要送鲜花、巧克力，要笑脸迎人……当然，这些事情都是秘书做的。
>
> 有个人在走廊里至少走了十趟，但我根本没有想到那可能是个重要人物。他比我大不了几岁。我就坐在走廊里等着。终于，那个人问我："先生，你坐在这里那么久，要做什么呢？"我说："我在等水泥厂的厂长。"他说："我就是。"然后他请我进了他的办公室。
>
> 我们开始谈我在做什么，我靠什么谋生，我需要这些水泥

做什么。我给他讲了一个故事，我说我刚毕业一年，我的公司正在发展，我没有水泥，所以陷入了困境。

他说："好吧，你想买多少水泥都可以，但有一个条件——你必须在这里为我建一个大院，给水泥厂的员工及其家属居住。"当我想做成一件事的时候，有人跟我说，"做成这件事的条件是为我完成这样那样的工作"。我的大部分合同都是这样签订的，我的公司也是这样发展起来的。

顺便说一句，你听过这样一句话吗，"只要你帮助别人实现愿望，你就能得到任何你想要的东西"？以上故事正是这句话的完美体现。

还有一点很重要：愿景必须牢牢铭记。把愿景写下来；像穆赫德·阿利塔德那样印在书里；像大多数亿万富豪那样放在网站或公司宣传单上；像沈财福那样挂在公司入口处的墙壁上；甚至像彼得·斯托达伦那样镌刻在石头上。

每年，彼得·斯托达伦都会在瑞典的哥德堡举行一次大会，公司所有员工都会齐聚一堂，共同庆祝。在这场盛大的庆祝活动中，彼得·斯托达伦会拿起锤子和凿子，亲自将一条新的公司价值宣言镌刻在石头上，为公司再添一块"哥德堡价值法则石碑"。

当愿景实现时，你需要为之欢呼雀跃。"庆祝胜利"是彼得·斯托达伦的信条。"我喜欢庆祝活动！例如，酒店开业仪式不仅是一个派对，还是一次庆祝活动，祝贺许多人付出的艰辛和长期努力终于取得了成果，这是对所有参与者的衷心感谢，包括我们的员工、合作伙伴和当地社区。我相信，既要努力工作，又要尽情狂欢。北欧之选酒店集团（Nordic Choice Hotels）的全体员工都非常非常努力。"

讲故事的技巧有助于传达愿景。你希望世界了解你的哪些方面？你自己首先要非常明确，然后再去讲好这个故事。一个精彩的故事能更有效地传达你的愿景。彼得·斯托达伦就是一个讲故事的高手，我们在第6章中提到过他的这个能力。

吸引人才

如果你有了令人信服的愿景，而且学会了如何有效地传达愿景，那么现在就该用它来吸引人才，带领他们一起履行使命。愿景不仅对吸引员工非常重要，而且也是吸引商业伙伴和投资者的有效工具。

> 吸引人才，带领他们一起履行使命。
> ——拉斐尔·巴齐亚格 @ 亿万富豪研究专家 # 亿万富豪金句

利里奥·帕里索托聘用的公关经理塞尔莫·莱斯戈尔德（Selmo Leisgold）指出，清晰的愿景具有极大的吸引力。塞尔莫从利里奥一开始创业时就认识他，当时塞尔莫在里约的一家报社工作。与此同时，利里奥·帕里索托在巴西南部的南卡希亚斯（Caxias do Sul）开展录像带租赁服务的业务。在塞尔莫 26 岁的生日聚会上，有一位朋友把他引荐给利里奥，那位朋友告诉利里奥："塞尔莫很有趣，但就是没遇上什么好机会。"这次引荐是塞尔莫得到的最好的生日礼物。与利里奥的相遇改变了他的生活，也彻底改变了他的世界观。与利里奥交谈后，塞尔莫再也没有回到里约。这次交谈也让塞尔莫产生了为利里奥工作的想法，他要帮助利里奥实现其宏伟愿景。我能理解他为什么有这样的想法。我采访利里奥时，他已61 岁，但即使上了年纪，他身上也散发着一种不屈不挠的吸引力，让人不由自主地倾听，想为他效力，更何况他年轻时。

因此，有令人信服的愿景不仅能吸引人，还能让人死心塌地地追随你。

> 有令人信服的愿景不仅能吸引人，还能让人死心塌地地追随你。
> ——拉斐尔·巴齐亚格 @ 亿万富豪研究专家 # 亿万富豪金句

没有人就没有公司。正如杰克·考因所言："你必须具备吸引人才的能力，这是你不可或缺而且要努力提升的能力。"

> 你必须具备吸引人才的能力。
>
> ——杰克·考因 # 亿万富豪金句

杰克·考因认为吸引人才的能力是创业成功的关键之一。"因为我能够吸引一群年轻人，他们也认同我的愿景。再说一遍，并不是因为我多有天赋，而是因为我善于吸引优秀的人才并高效用人。我能够吸引一些在各方面比我更聪明、更有能力的人，让他们和我一起努力实现愿景。"

公司拥有的人才越多，员工的积极性越高，公司的发展就越好。一家具有伟大愿景、不断发展壮大的公司，能够吸引顶尖人才，激发人们的积极性。杰克·考因吸引了具有非凡创业精神的人才，其中有些人曾经自己创业并取得过成功，我曾问他是如何做到的，他说道：

> 就我们而言，最大的原因在于我们的愿景是从零开始打造市值数十亿美元的公司。你可以成为这一愿景的一部分，融入一个无法依靠单打独斗实现的伟大事业。至于赚钱的问题，就像我前面所说，你得付账单，要过体面的生活。如果赚钱是你的首要目标，你可能会到其他地方发展。我认为，吸引人才最重要的因素是让他们融入一个不断发展的远大理想。我们正在做的达美乐比萨现在是一家跨国经营的公司，公司在未来还会继续发展壮大。参与打造这样的宏图伟业比"我赚了几百万美元"更令人兴奋。尝过这种兴奋的滋味之后，就再也没有别的事情能让我们感到更快乐了。

> 一家具有伟大愿景、不断发展壮大的公司，能够吸引顶尖人才，激发人们的积极性。
>
> ——拉斐尔·巴齐亚格 @ 亿万富豪研究专家 # 亿万富豪金句

我问金范洙，他公司的核心员工是如何招募的。他的回答表明，在为公司组建团队时，愿景扮演着极其重要的角色。

　　刚开始时真的很难。幸运的是，虽然我没有招募到第一人选，但另一位颇有名气的朋友主动找到了我。那时候招募员工真的非常艰难，因为人们很难找出离开大公司加入一家新公司的理由，所以每次说服别人加入都十分艰难。即使只是面试一个中层管理职位的候选人，我也像是参加面试一样，得回答他们对我们公司的所有疑问，这个过程真的很痛苦。

　　之后，随着公司开始展现一些未来愿景，加上一些业绩数据支持，我可以向他们展示我们的发展潜力和未来前景，说服他们就变得容易多了，但在那之前一直很艰难。

　　我告诉他们，我们要打造一家属于未来新世界的重要公司，如果他们没有一定的了解，我们的愿景就很难实现。

愿景为你指引方向

员工需要的不是管理，而是一个共同的愿景。你的愿景会给你的团队一个明确的目标和方向。所以，企业要确定一个使命，激励员工朝着这个方向前进。

蔡东青很清楚这一点，他为自己的公司确定了"打造中国迪士尼"的使命。"我认为，经营一家公司最重要的是设定正确的战略方向，这样才能引导员工朝着目标前进。公司可能取得更大的进步，也可能遭受挫折。在战略方向问题上，错误的决定将会给公司带来巨大的挑战。"

你的愿景将帮助你的团队做出正确的决定。为什么？因为他们会顺应形势，开动脑筋来实现目标。当然，前提是他们与公司的使命保持一致。这就是蒂姆·德雷珀所说的"优秀企业"。

愿景要与时俱进

就像你的梦想一样，你的愿景也会随着时间的推移而变化。

杰克·考因告诉我："你的愿景会发展，会改变。我去年为今年设定的愿景，与我现在为明年设定的愿景并不相同。但可以说，我从一开始就有一个非常明确的想法，那就是创办企业。我曾说服30位投资人，告诉他们说：'相信我，不管我们做任何生意，是做炸鸡，做汉堡包，还是做飞机，我都会尽最大努力让你们的投资获得成功。为此，我准备卖掉我的房子，带上我的妻子和孩子，搬到地球的另一端创办企业，这就是我的核心愿景。'"如今，杰克·考因的愿景是打造一个跨国比萨帝国。

现在，陈觉中创立的快乐蜂已成为世界上最大的餐饮公司之一。他曾多次改变公司的愿景，第一次是在快乐蜂只有几家店的时候，他的愿景是成为菲律宾第一大餐饮公司。后来他说："我们已经是菲律宾第一了。我们需要更大的梦想，要挑战自己。"于是他给公司设定的愿景是发展成为亚洲首屈一指的餐饮公司。现在，快乐蜂已经是亚洲第一了。陈觉中再次召集团队，告诉他们需要有更大的梦想，因为他们以前的愿景已经实现了。他说："一旦梦想实现，那就不再是梦想了。"所以他设定一个新的愿景，要使快乐蜂在2020年成为全球五大餐饮公司之一。

我采访过的许多亿万富豪都说，摆脱贫困是他们的第一个愿景，然后这个小愿景一步步演变成更多更大的愿景。

蔡东青的第一个愿景是让他的家庭变得强大，不再受邻居欺负。后来，他的愿景变为在事业上取得成功。现在，他的愿景是打造出中国的迪士尼。

另一位中国亿万富豪曹德旺也曾多次改变自己的使命。

> 我们家很穷，这是事实，但我从未因此而灰心丧气。生活艰苦不是问题。我必须坚持下去，朝着成功的方向一步步努力前进。我从未想过放弃，从未想过说"我会被打败"。我的使命非常明确。首先是摆脱贫困，然后是过上更好的生活。这就是

我努力前进的方向。

现在，他的使命是为中国和世界生产最好的汽车玻璃。

亲爱的读者，你的使命是什么？你对未来有何愿景？你把愿景写下来了吗？你的愿景是否令人信服？你能清晰地向人传达愿景吗？能吸引最优秀的人才吗？

——心志不专者追随别人的愿景。

——百万富翁未能创造和传达一个有吸引力的愿景，所以只能招募有限的人才来帮他们实现一个模糊的使命。

——亿万富豪则能有效地传达令人信服的愿景，而且能吸引众多追随者。

CHAPTER 9

第 9 章

要做引领潮流的风

尼奥，我想解放你的思想。

但我只能给你指路，

你必须自己走过去。

——墨菲斯（Morpheus），《黑客帝国》(*The Matrix*)

你可以拥有最丰富的知识、最出色的技能、最优越的条件，但只要你不采取行动，你就不会有任何结果，你也永远不会成功。

> 只要你不采取行动，你就不会有任何结果，你也永远不会成功。
> ——拉斐尔·巴齐亚格 @ 亿万富豪研究专家 # 亿万富豪金句

采取行动

抓紧行动起来吧！

只有行动起来，你才能赚到钱。在机会遍地的时候，只要你有所行动，你就能赚到钱。米哈·索罗就抓住了 20 世纪 90 年代波兰历史上的这样一个时机。"当时机会遍地，几乎已经形成自由市场，很多人都抓住了机遇。那时候，最重要的是有所行动，有所作为。只要行动起来，只要积极活跃，到处都是赚钱的机会。"

> 只有行动起来，你才能赚到钱。
> ——拉斐尔·巴齐亚格 @ 亿万富豪研究专家 # 亿万富豪金句

行动就是这么简单，真的不需要什么高深哲学。我问蒂姆·德雷珀对希望像他一样成功的人有什么建议，他回答道："选定一个目标，然后勇往直前。"他是世界上最成功的风险投资人之一，深谙成功之道。

> 选定一个目标，然后勇往直前。
> ——蒂姆·德雷珀 # 亿万富豪金句

但是，即使是蒂姆·德雷珀，有时也会错失良机。他给我讲过这样一个故事。

　　我经历过一次 Facebook 公司的竞购战。Facebook 公司非常聪明。其时任总裁肖恩·帕克（Sean Parker）对我说："公司估值 2000 万美元，如何？"我说："好啊，没问题。"一周后，他们又改口说："估值必须到 4000 万美元。"我说："好的，可以。"

　　一周后，Facebook 公司的人又改变主意，他们说："得要 8000 万美元。"我忍不住啐了一声。我回去问我的合伙人："你们觉得怎么样？"他们认为可以接受。我说："好吧，我们就以 8000 万美元的价格成交。"然后 Facebook 公司的人又反悔了，他们说："不行，估值必须到 1.15 亿美元。"我心里想："那就算了吧。"就因为这句"算了吧"，我错过了上千倍的投资回报。

　　我的大部分失败都是因为没能当机立断采取行动，或者没有投资某些公司。我们收购雅虎的出价也是一次败笔。我应该在第一次出价时马上推进交易，直接就给他们开支票，并附上几句说明，允许他们将支票兑换成任何东西。很遗憾，我当时并没有这样做。

> 我的大部分失败都是因为没能当机立断采取行动。
>
> ——蒂姆·德雷珀 # 亿万富豪金句

　　大多数人都害怕失败，所以在应该采取行动时选择了退缩。没有行动必定会错失良机，所以他们仍然是失败者。千万不要让这种情况发生。2015 年安永全球企业家奖得主穆赫德·阿利塔德建议，与其为退缩找借口，不如直接行动起来。

> 与其为退缩找借口，不如直接行动起来。
>
> ——穆赫德·阿利塔德 # 亿万富豪金句

识别并抓住机遇

在机会出现时，如果你犹豫不决，你就不可能成为亿万富豪。弗兰克·哈森弗拉茨给我讲的故事清楚地解释了这个道理。在他刚开始创业的时候，他有个朋友错失机会，没能成为他的合伙伙伴。

> 我来到这个国家只有五年，英语说得不好，日常沟通也只是勉强够用，所以我要找一个合伙人。我想到一个好朋友，于是我问他："伯特，你愿意做我的合作伙伴吗？"他回答："好啊，要出多少钱？"我说："购买机器要花 2000 美元，那么你出 1000 美元，我出 1000 美元，我们一起合作，五五平分。"

但他们只是口头说说而已。伯特是个化学家，有一份很好的工作，他不想辞职。最重要的是，他的支票跳票了，所以两人没能成为合作伙伴。

> 如果当初他愿意出资 1000 美元，如今这笔钱的价值已经达到 20 亿。

错失良机的代价可能会非常高昂。你可能觉得自己一辈子都不会遇上这样的机会。但仔细想想！你一生中错过了多少机会？有多少机会跟你擦身而过但你却没有注意到？现在又有多少你没有察觉到的机会？你确定其中没有一个可以让你赚到 10 亿美元吗？

> 在机会出现时，如果你犹豫不决，你就不可能成为亿万富豪。
> ——拉斐尔·巴齐亚格 @ 亿万富豪研究专家 # 亿万富豪金句

利里奥·帕里索托常说："机不可失。"我问他这句话是什么意思。他说："我认为，机会有时确实会出现两次、三次、四次，但不可能年年如此。你必须知道什么时候应该抓住机会。千万不要错过大好时机，因为你不知道会不会有第二次机会。"

> 千万不要错过大好时机，因为你不知道会不会有第二次机会。
>
> ——利里奥·帕里索托 # 亿万富豪金句

就像米哈·索罗的故事一样，在国家的制度正在发生变化的时候，只有迅速把握机会才能占有资源。这就是"千载难逢的机会"。

当然，要想抓住机遇，就必须能够识别机遇。

纳温·贾殷能够审时度势，把握时机，建立了几家市值超 10 亿美元的公司。我问他是什么因素让他取得这样的成就，他说："我认为，你真正需要的是敏锐的观察能力，不是先知先觉，也不是后知后觉。后知后觉人人都懂——本可以做什么，在事情过去之后谁都知道。有些人声称自己有先见之明，可以未卜先知。但我可以告诉你，要成为一名伟大的企业家，你需要的是良好的观察能力，能够看清眼前的事物，能够识别这是不是一个机会。"

> 你真正需要的是敏锐的观察能力，不是先知先觉，也不是后知后觉。
>
> ——纳温·贾殷 # 亿万富豪金句

在白手起家的亿万富豪中，移民占的比例高得出奇。这听起来可能有悖常理，但移民成为亿万富豪的概率远远高于本地人。弗兰克·哈森弗拉茨认为，这是因为移民更善于发现机会。"作为一个国家的新移民，你会比本地人更能看清楚什么可用、什么可弃、什么可做。因为本地人一直身在其中，每天都能看到，已经习以为常，所以看不出什么是机会。"

> 移民成为亿万富豪的概率远远高于本地人。
>
> ——拉斐尔·巴齐亚格 @ 亿万富豪研究专家 # 亿万富豪金句

当你发现一个好机会时，不要犹豫，不要浪费时间，马上采取行动！

蒂姆·德雷珀在从事风险投资的经历中学到了如何识别绝佳机会并迅速采取行动。现在，只要看到机会，他就不会犹豫。

比如，他听说有一个点对点文件共享工具 Kazaa 陷入法律纠纷，不得不停止音乐共享服务，另起炉灶。那一刻蒂姆·德雷珀嗅到了商机。

> 我心里想："哇，这项技术用途极大，文件共享将会是非常重要的技术。不仅音乐可以共享，什么都可以共享！"

> 我请我父亲的一位同僚去找这个工具的研发团队，看看他们在做什么。然后他告诉我："蒂姆，你得飞去伦敦，你得亲自去看看。"于是我飞去伦敦和研发团队见了面，当场就开价收购了他们的共享 Wi-Fi 技术，然后我才把交易消息告诉我的合伙人。

合伙人再次表示反对。这一次，蒂姆·德雷珀没有理会他们的异议，完成了这笔交易。这个研发团队多次改变业务模式，最终创建了市值数十亿美元的 Skype 公司。蒂姆·德雷珀毫不犹豫地把赌注压在了这个研发团队上，并且最终赢得胜利。他是 Skype 公司的第一位投资者。

几年后，比特币的机会来了，蒂姆·德雷珀又毫不犹豫地采取行动。

2005 年，一位韩国朋友告诉蒂姆·德雷珀，他花了 40 美元给儿子买了一把"宝剑"，从此他就对虚拟货币产生了浓厚的兴趣。

> 他说的是《英雄联盟》游戏中的一把虚拟宝剑。（笑）一件非同寻常的事情就这样开始了。

然后，2008 年爆发了金融危机。

> 2009 年，人们纷纷"逃命"离场，这时候我们需要更多的英雄。我心里想："天啊，也许我们需要一种替代货币，而比特币是个非常有趣的替代方案。"尽管互联网有很多网络传输协议，但超文本传输协议（HTTP）仍然脱颖而出，所以我觉得比特币也应该在众多替代货币中脱颖而出。因此我决定支持比特币。

他投资了第一批比特币公司之一货币实验室（Coin Lab），从事比特币挖矿。不幸的是，在比特币交易所 Mt.Gox 破产后，这家公司失去了所有比特币。

2014 年，美国法警没收了网络交易黑市丝路（Silk Road）的比特币并进行拍卖。蒂姆·德雷珀毫不犹豫地用约 2000 万美元买下了当时拍卖的全部 3 万个比特币。

> 当时一个比特币的拍卖价格约为 600 美元。后来因为一些技术故障，价格跌到了 180 美元；接着还发生了很多其他事情。在那几年里，大家都觉得我是一个非常愚蠢的人。

2017 年，情况发生了戏剧性变化，比特币价格开始暴涨。即使在 2018 年有所下降，在撰写本文时，蒂姆·德雷珀持有的比特币的价值仍然高达 2 亿美元。

金范洙认为自己之所以取得成功，是因为他能够抓住机遇。在互联网时代开启之际，他抓住了范式转变的机遇。当时他创造了大众喜欢的互联网游戏，引入了免费增值（freemium）商业模式，获得了丰厚的利润。然后，当智能手机时代开始时，他再次把握机遇，创建了移动通信信使 Kakao，几乎垄断了韩国的私人通信市场。"我跳进那个新世界，理解重要的时代背景，与才华横溢的朋友们组成团队，抓住了大好机会。而且我抓住了两次，我想这就是我最大的成功。"

速度比完美更重要

在生意场上，速度胜于完美。追求完美会让你无法采取行动。不要等待合适的条件出现再采取行动。

创业就跟生孩子一样，你永远等不到最合适的时机。如果你不采取行动，就不会有任何结果。所以，不要等待时机，越早行动越好。

沈财福也有类似的观点。

我刚开始创业时，朋友们都说："你要做生意？最好的创业时机已经过去了。现在不是做生意的时候。"他们在 35 年前说的这些话，到今天人们仍然在说。1997 年亚洲金融危机来临，人们说这样的话。2008 年美国金融危机来临，人们还是老调重弹。我想说："并非如此，时机的好坏取决于我们看事情的角度。"

如今，沈财福已是亿万富豪，而他的朋友们仍在抱怨时运不济。

如果可以，就做第一个吃螃蟹的人，抢占先机才能给你带来竞争优势。

迪利普·桑哈维告诉我："我们之所以取得成功，原因之一是我们比竞争对手更早抢占先机。我们做的都是经营难度比较大的业务。我们开始制造精神病药物时，这类药物的市场规模还很小。心血管药物的情形也是如此。因此，我们从来没有遇到过大的竞争对手。只有当我们取得成功，开始快速发展时，才陆续有人涉足这些领域。因此，在形成风口之前进入一个行业，这是非常有用的策略。"迪利普·桑哈维借助这个策略打造出印度最伟大的制药公司，成为全球制药业最富有的人。

在金范洙看来，创业初期取得成功有两个决定性因素。"其一，你能够成为你所在领域的佼佼者；其二，你是第一个涉足该领域的人。你必须慎重考虑这两个因素。如果你是第一个吃螃蟹的人，因为这是前无古人的尝试，所以你要迅速进入并坚持下去，直到企业发展壮大。"

行动迅速是大多数亿万富豪的一项重要特质。他们的座右铭是"先行动，后深思"。

要培养事不宜迟的习惯。

奇普·威尔逊不想拖延任何事情。

不管你是明天死于空难，还是 80 年后寿终正寝，你都必须像只剩一天可活一样珍惜人生的每一个时刻。我们没有时间可以浪费。尤其不要和无聊的人或者爱抱怨的人说话，也不要理会一生都不会有出息的人，那都是浪费时间。毕竟人这辈子只能活一次。

我问奇普·威尔逊，如果对全球读者说一句话，他会说什么。他的回答是："人一生最多只能活四万个日子。"这句话应该能让你正确地看待自己的人生，让你产生紧迫感。他的人生哲学包含两大要素："我们没有时间可以浪费。不是功成名就，就是一事无成。"

> 必须像只剩一天可活一样珍惜人生的每一个时刻。我们没有时间可以浪费。
>
> ——奇普·威尔逊 # 亿万富豪金句

做决策要迅速。宁可早点犯错，也不要太迟做出正确的决定。但是你也要考虑后果，要仔细权衡你的决定是否会造成无法挽回的后果。这是什么意思呢？迪利普·桑哈维是这样解释的：

> 有些决定可以事后挽回，有些决定则无法弥补。我不会轻易做出后果无法挽回的决定，因为那样的决定一旦做出，就无法再纠正。例如，我可以做出花40亿美元投资一个项目的决定，这并不难，有什么后果我都可以接受。但比如解雇一个人或断绝一段关系的决定，我会在反复思量之后再做决断。

> 人一生最多只能活四万个日子。
>
> ——奇普·威尔逊 # 亿万富豪金句

卖掉你手中的草莓

斯堪的纳维亚酒店大王彼得·斯托达伦的草莓哲学（Strawberry Philosophy）是我写作本书时学到的最有价值的一课。彼得·斯托达伦在12岁时，喜欢到父亲的杂货店里玩耍。但他更喜欢的事情是在当地集市上卖草莓。

当时集市上有四五个卖草莓的人，竞争非常激烈。竞争对手拥有室内的摊位，不怕日晒雨淋，而我的摊位在室外，只有一张母亲给我的小圆桌。我连遮阳的地方都没有，只能打着一把单人小伞。但我卖草莓的劲头十足，热情高涨。

我必须把所有草莓都卖掉，因为草莓放到第二天就卖不出去了，会失去所有价值。只有新鲜的草莓才会有人买。

有时候我会羡慕竞争对手，因为他们有更大的摊位，有些对手甚至还有推车。有些对手还出售鲜花、苹果和其他商品。而我只有草莓可以卖。

烈日炎炎，而我必须一直站在那里卖草莓。所以有时我会向父亲抱怨："我真羡慕其他人，我羡慕他们的一切，我的草莓比他们小，我的摊位比他们小，我没有这个，我没有那个。"一天晚上，父亲对我说："彼得，我要教你一个道理——有什么就卖什么，因为你手里只有草莓可以卖。"

那天晚上，在进入梦乡之前，我最后想的一件事是："我父亲是个天才，终有一天我会接手他的商店。"

父亲的建议改变了彼得·斯托达伦的一生。

12 岁那年，我被当地报纸誉为"挪威最佳草莓卖家"。虽然不是正式头衔，但是他们在报道中给了我这个称号。我也觉得自己是挪威最好的草莓卖家。也许确实如此，因为我的销量是当时竞争对手的三四倍，甚至五倍。

销量好的时候，彼得·斯托达伦一天能卖出 2400 盒草莓，收入比他父亲的两家杂货店还多。

我会对顾客说："你要是做果酱的话，如果你买两箱，那么我可以额外送你一些草莓。"当顾客再次购买时，我会跟他们说："我的草莓非常好，超级新鲜，这是最好的草莓。"

草莓哲学是我成功的最大原因。你永远可以说："要是我有那家酒店，要是我有那家购物中心，要是我有那辆车，要是我有那么多钱，要是我……"你还可以列很多，但是你并没有那些东西。我们总是会羡慕竞争对手。你要推销酒店，但你手里并没有丽思大酒店（Ritz），你只能推销自己手里有的酒店。

我的成功思想是，永远从你手上现有的开始。永远不要纠结你没有的东西。专注于你拥有的，使之物尽其用。总之，利用你现有的一切把事情做到最好。

> 专注于你拥有的，使之物尽其用。
> ——彼得·斯托达伦 # 亿万富豪金句

这种思维方式成为彼得·斯托达伦的草莓哲学，帮助他取得非凡的商业成就。他的公司以"草莓"为名，他的人生格言是："有什么就卖什么，因为你手里只有草莓可以卖。"他喜欢称自己为"草莓卖家"，他的"草莓哲学"也刻在哥德堡价值法则石碑上。

像彼得·斯托达伦一样，卖掉你手中的草莓，而不是借口说什么"要是我有……"而坐失良机。

> 有什么就卖什么，因为你手里只有草莓可以卖。
> ——彼得·斯托达伦 # 亿万富豪金句

其他亿万富豪称之为资源利用的能力。沈财福认为资源利用是自己的优势之一，或者按他的话说，"在没有资源的时候实现资源利用"。

不要做随风飘荡的帆，要做引领潮流的风

大多数人认为生活是偶然的结果，他们自己只是环境的产物。亿万富

豪则认为自己是环境的推动者、创造者，而非受制于环境。

弗兰克·哈森弗拉茨相当"自负"。他最喜欢说的一句话是："没人能让我头痛，但我能让别人头疼。"这句话准确地说出了他的人生态度。

> 没人能让我头痛，但我能让别人头疼。
>
> ——弗兰克·哈森弗拉茨 # 亿万富豪金句

亿万富豪会主动出击，而不是被动反应。

杰克·考因的座右铭是："不要等待航船靠岸，要主动出海迎接。"这句话在他的职业生涯中体现得淋漓尽致，对于负面事件也同样适用。杰克·考因总结了他的人生教训："不要等到狗在门口叫起来，逼不得已才动手做事。"

> 不要等待航船靠岸，要主动出海迎接。
>
> ——杰克·考因 # 亿万富豪金句

主动出击花费的时间更少。如果你计算一下被动反应的时间成本，你就会明白这个道理。你会发现，主动出击其实比被动反应更容易。

> 不要等到狗在门口叫起来，逼不得已才动手做事。
>
> ——杰克·考因 # 亿万富豪金句

主动出击也是亿万富豪们对待未来的态度。

蒂姆·德雷珀希望看到比特币成功，因此他投资了 50 多家比特币公司，期望未来早日实现。"如果你有足够强大的驱动力，你其实可以推动事情发生。"在他创办的英雄学院（Draper University）的入口处，我们可以看到埃隆·马斯克的一句名言："与其见证未来，不如创造未来。"

> 与其见证未来，不如创造未来。
>
> ——埃隆·马斯克 # 亿万富豪金句

有好运气

经常有人问我，亿万富豪的成功与运气有多大关系？对亿万富豪来说，在正确的时间出现在正确的地点有多重要？在快速发展的科技行业，这个因素当然发挥着相对重要的作用。但请记住，我的绝大多数受访者都是在传统行业中战胜强大的现有竞争对手而成为赢家的。

尽管如此，如果你问我"成功需要运气吗？"，我的回答是"需要"，虽然这样的答案并不能令人满意。

要像亿万富豪一样在商业领域成就非凡事业，你确实需要一些运气。成功是无法保证的，只有失败才能保证。就连亿万富豪自己也承认自己是幸运的，尽管他们对幸运的理解可能与我们有所不同。

关于成功的秘诀，许斯尼·奥兹耶金说："我认为，成功不会取决于单一的秘诀或因素，而是几种因素的结果。就我而言，勤奋和运气是最重要的因素。"

弗兰克·斯特罗纳克认为，百万富翁和亿万富豪的主要区别在于运气和知识。

同样，曼尼·斯托尔也认为运气是百万富翁和亿万富豪之间的主要区别，但他强调运气可以自己创造。"百万富翁和亿万富豪的区别是什么？是运气，在正确的时间出现在正确的地点。但你可以通过勤奋、毅力和激情为自己创造好运。"

只要你能抓住机会，就能碰上好运。抓住的机会越多，幸运降临的概率就越大。所以说，行动也能带来好运。

> 行动也能带来好运。
>
> ——拉斐尔·巴齐亚格 @ 亿万富豪研究专家 # 亿万富豪金句

许斯尼·奥兹耶金就是这样进入银行业的。

我非常相信电影《滑动门》(*Sliding Doors*) 的故事。你可以打开一扇门，也可以打开另一扇门。走进不同的门，你会碰上不同的遭遇，这就是运气。打开另一扇门，你的生活就会完全改变。我也非常相信运气。幸运是很重要的。无论谁告诉你要在市场高涨时卖出股票或在市场低迷时买入，那都是胡说八道，这些道理美国人都非常了解。让你最终在股市取得成功的，其实是运气。

我 29 岁就成为一家银行的董事，这就是运气。

从美国回来后，我给三家著名公司写了求职信，其中一家给了我一份工作。在去签雇佣合同的途中，我走在街上，不经意间抬头一看，发现眼前一栋大楼上面写着库库罗瓦控股集团(Cukurova Holding)。

我记得这是我同学穆罕默德·埃明·卡拉梅迈特的公司，从高中毕业后我就没见过他了。由于距离约定的合同签订时间还有点时间，我决定去看看穆罕默德在不在，跟他打个招呼。碰巧他就在公司，而且他非常热情地欢迎我的到来。

我告诉他，我即将要去签一份雇佣合同，他说："你为什么不来我这里工作呢？我需要像你这样聪明的人才，你可以做棉花银行(Pamukbank)的董事，我们可以一起学习如何管理银行。"我被他的热情打动，当即决定接受他的邀请。

我对银行业一无所知，而且与穆罕默德已经有 12 年没有见面，但我还是接受了邀请。这就是我说我幸运的原因。有些人可能会说这是命中注定或机缘巧合。如果那天我没有经过那条街，没有偶遇穆罕默德，我的人生可能会截然不同。谁知道呢？

但许斯尼·奥兹耶金的确采取了行动，抓住这次机会去拜访了穆罕默德。结果是什么呢？在担任银行董事三年后，年仅 32 岁的他开始担任银行董事总经理，年薪达到数百万美元。又过了四年，他抓住机会要求成为银行股东。当请求被拒绝时，他再次果断采取行动，卖掉了房子，并且借了一大笔钱，自己创办了一家银行。

2006年，在创办金融银行19年后，他再次"走运"，以55亿美元的价格卖掉了这家银行。

> 选择时机要非常慎重。在银行业，尤其是新兴市场的银行业，有时会像过山车一样大起大落。2000年9月，金融银行的市值为7.11亿美元。仅九个月后，土耳其发生金融危机，金融银行的市值在2001年6月跌到8400万美元，到2004年底又增至35亿美元。从8400万美元飙升到35亿美元，所以我决定卖掉银行。八个月后，我们完成交易，金融银行的市值已达55亿美元。

这是土耳其历史上价格最高的收购案，许斯尼·奥兹耶金因此成为亿万富豪。

即使成功的概率很低，你也应该抓住机会。说不定会成功呢，但前提是你必须去尝试。

亿万富豪认为自己很幸运，而且觉得一切都会进展顺利。2004年安永全球企业家奖得主陈觉中告诉我："我认为我天生幸运，所以我做什么事都会顺顺利利，一定能得到好的结果。我们去做事情，如果进行得不顺利，我们就继续做一些调整。"

有时候确实也会倒霉，比如曼尼·斯托尔第一次投资股市的经历。

> 当年镍概念股票价格在几个月内从20美分飙升至280美元，人人都争相买入。在股价暴涨的时候，你买什么都能赚钱，买什么都不会出错。所以我赚了不少钱。
>
> 于是我决定直接进军股票市场。
>
> 第一步是成为股票交易员。那时候股市交易还没有电子化，必须由交易员用粉笔把交易行情写在黑板上。我当时住在珀斯，

但在墨尔本找到了一份股票交易员的工作。于是我卖掉了所有
期货，搬到了墨尔本。

卖期货得到的钱并不多，大概五六千美元吧。但我说的是
45 年前的事情，对当时的我来说，那是一笔财富。

在我从珀斯搬到墨尔本之际，股市崩盘了。我当时想："哇，
我真是聪明啊！我在市场最高点卖出，在崩盘前脱身。我是多
么聪明的投资人啊！"这完全是无稽之谈。我只是碰巧卖掉了期
货。我本来就是要炒股的，如果股市再晚几个星期崩盘，我就
已经进场了。但我只觉得自己很聪明。

我搬到了墨尔本，但股票交易员的工作没了。因为股市崩
盘了，工作也就消失了。但我不想回珀斯，要是再回去，那就
意味着我失败了。大家会说："他在墨尔本混不下去，又灰溜溜
地回来了。"

股市崩盘击碎了曼尼·斯托尔的职业梦想。他卖期货的钱在八个月
后就花光了，但这并没有阻止他前进的脚步。他振作起来，白天做审计工
作，晚上在酒吧做酒保。他努力赚钱，把钱攒起来创业。45 年后，他不但
成为亿万富豪，还获得安永全球企业家奖，成为世界上最优秀的企业家。

亲爱的读者，你呢？你会让厄运阻挡你迈向成功的脚步吗？

你是主动出击，还是听天由命？你要随波逐流，还是要创造趋势？你
能看到身边的种种机会吗？你是善于利用机会，还是在等待合适的条件出
现？你能做到物尽其用吗？你会如何为自己创造好运？

——心志不专者认为自己是环境的产物，只会听天由命，无所作为。

——百万富翁会等待合适的条件出现再采取行动。

——亿万富豪从不等待，反而主动出击，充分利用现有的一切条件。

CHAPTER 10

第 10 章

要敢于冒险

如果没有勇气尝试任何事，那么人生还有什么意义？

——文森特·凡·高（Vincent van Gogh）

要想在生意场上取得成功，就必须承担风险。

我对杰克·考因在他家进行访谈时，他告诉我："你必须承担风险，才能取得有价值的成就。如果你不承担一些风险，就算有所成就，也大不到哪里去。"当然，风险也不能太大，"凡事都要适度。但人必须冒险，同时必须做好承担风险的准备。如果不需要冒险，那就不是机会"。

> 你必须承担风险，才能取得有价值的成就。
> ——杰克·考因 # 亿万富豪金句

> 如果不需要冒险，那就不是机会。
> ——杰克·考因 # 亿万富豪金句

2015 年安永全球企业家奖得主穆赫德·阿利塔德认为，风险是成功不可或缺的条件。"我每年都要冒险，直到现在仍然如此，因为没有风险就没有成功。"

> 没有风险就没有成功。
> ——穆赫德·阿利塔德 # 亿万富豪金句

打造傲胜零售帝国的新加坡人沈财福是一位真正的斗士。在办公室接受我的采访时，他告诉我："如果你想赢，就要做好输的心理准备。"对他来说，人生的进步就是一个学习的过程。"如果不敢冒险，那就永远学不会。"

> 如果你想赢，就要做好输的心理准备。
> ——沈财福 # 亿万富豪金句

> 如果不敢冒险，那就永远学不会。
> ——沈财福 # 亿万富豪金句

对许斯尼·奥兹耶金来说，创业确实意味着冒险。

> 创业确实意味着冒险。
> ——许斯尼·奥兹耶金 # 亿万富豪金句

事实上，每家公司在创立时都面临着巨大的风险。纳温·贾殷说："你创办的每一家公司都会给你的声誉、你的财富、你的员工带来风险。你的员工相信你，所以才跳槽加入你的公司。他们未来的人生是否顺遂，取决于我有没有搞砸。因此，我不能失败。对我来说，这是一个巨大的负担，因为他们的生活将会因为我而发生改变。我看着他们妻子的眼睛，她们的眼神仿佛在说，千万不要搞砸了。"

> 每家公司在创立时都面临着巨大风险。
> ——拉斐尔·巴齐亚格 @ 亿万富豪研究专家 # 亿万富豪金句

金范洙明确指出，由于社会变迁，我们这个时代的人注定要冒更多风险。"在我年轻的时候，大家都认为受雇于一家好公司是最安全的人生道路，但我认为那个时代已经过去了。如今，在再好的公司工作也无法保证你能安稳做到退休，也不能提供任何长期保障。在现在这个时代，一定要敢于冒险，去尝试不同的事情，从中找到自己真正喜欢做的、真正擅长的事情。"

> 在现在这个时代，一定要敢于冒险，去尝试不同的事情。
> ——金范洙 # 亿万富豪金句

有趣的是，亿万富豪们并不认为智商是取得非凡商业成就的先决条件。他们强调，企业家具有冒险精神，但并非聪明绝顶。

> 企业家具有冒险精神，但并非聪明绝顶。
> ——拉斐尔·巴齐亚格 @ 亿万富豪研究专家 # 亿万富豪金句

谢尔盖·加利茨基在创业之前曾在一家银行工作，那时候他就发现了这一点。"我与银行的客户（他们都是企业家）沟通时，我发现他们往往不是最聪明的人，但他们的思维方式给我留下了深刻印象。他们虽然不是聪明绝顶，但是往往具有冒险精神。这一点给我留下的印象非常深刻。"

不要因为恐惧而不敢行动

无所畏惧是企业家最重要的性格特征之一。

对失败的恐惧是一种巨大的力量，所以要善于利用恐惧，不要让恐惧成为前进的阻碍。

杰克·考因的父亲一再强调，只要不怕困难挑战，勇于追逐梦想，就能实现自己的愿望。

奇普·威尔逊曾经怀着巨大的勇气冒着人生中最大的风险创立露露乐蒙公司。"我有两个孩子。当你以孩子的未来作为赌注时，那才是最艰难的抉择。"那时他刚刚卖掉前一家公司，手头有了一些钱。"我有房子，有生活保障。就算随便在星巴克找份咖啡师的工作，我也能过上安稳的生活。"但他把所有的资金都拿来创业，并抵押了房子，还把借来的钱全部投入到公司的运营中。"我当时真的很冒险。我有钱给前妻付赡养费吗？我的孩子们能吃饱饭吗？这是一个很棘手的问题。"

就算害怕被拒绝，也要行动起来。你不可能取悦所有人。无论你做什么事情，总会有人不喜欢。

> 你不可能取悦所有人。无论你做什么事情，总会有人不喜欢。
> ——拉斐尔·巴齐亚格 @ 亿万富豪研究专家 # 亿万富豪金句

我和纳温·贾殷在都柏林的谢尔本酒店谈话时，他跟我说的话很有见地：

> 如果你喜欢交际，你就会主动与人来往。但人都会害怕被拒绝。我是移民，我的英语显然没有那么流利。有时人们看我的眼神就像看疯子，因为他们听不懂我在说什么。所以从某种意义上说，人都会担心不被别人喜欢。

> 但在某种程度上，我已经克服了这个问题。我意识到自己无法取悦每个人。如果你想让所有人都喜欢你，你只能什么都不做，什么都不是，什么都不坚持。但只要你有所作为，就会有人讨厌。但你知道吗，别人喜不喜欢你根本不重要。

> 我意识到自己无法取悦每个人。如果你想让所有人都喜欢你，你只能什么都不做，什么都不是，什么都不坚持。
> ——纳温·贾殷 # 亿万富豪金句

你害怕被人嘲笑吗？不要害怕，因为亿万富豪们也会做一些可能看起来愚蠢或错误的事情。

在蒂姆·德雷珀看来，这种不怕失败的精神正是他的成功秘诀。

> 我愿意冒险尝试新鲜事物，不怕赔钱、出丑、丢脸或遇到麻烦，而且就算我做出这些事，隔日醒来仍然愿意继续工作。我认为，这就是促使我成功的力量。所以，人必须愿意去做一些可能看起来很愚蠢、可能会失败的事情。

> 人必须愿意去做一些可能看起来很愚蠢、可能会失败的事情。
> ——蒂姆·德雷珀 # 亿万富豪金句

他就是这样成为硅谷传奇风险投资人的。

我们公司在不怕失败上表现得非常出色，因为我们经常失败。事实上，我们的风险投资项目有一半可能会失败。那又如何？我们公司至今屹立不倒。

亿万富豪也是人，他们并非生来就是大冒险家，也并非无所畏惧。我问杰克·考因，如果重回 20 岁，他会做出哪些改变。

我可能会更大胆，可能会冒一些更大的风险。对失败的恐惧、对负债的恐惧会让人更加清醒，所以我会对自己更有信心，相信自己能走出迷宫。

同时要谨慎，不能落入破产的境地。企业经营的第一原则是：不要孤注一掷。如果你犯了错，说明你的判断是错误的。判断出错是很容易发生的事情。市场利率是很高的，光是支付利息就足以让我们破产几次了。事实上，做餐饮行业必须时刻审慎，尽责经营，如果有人在工作流程上出了什么差错，后果会非常严重，甚至可能出现食物中毒致人死亡的事件。这种风险时刻存在，所以必须妥善处理。

企业经营的第一原则：不要孤注一掷

我与杰克·考因在他家前院进一步探讨这个话题。他告诫人们不要孤注一掷，而且给我分享了他的人生经验。

你不必每次都破釜沉舟。不要孤注一掷。再好的计划也会出错，所以要分散风险。用棒球术语来说，你不必每次都打出全垒打，一垒和二垒安打也能让你得分。贝比·鲁斯（Babe Ruth）是美国职业棒球史上击出全垒打最多的球员之一，但他被三振出局的概率也很高。所以，你不必冒着极大风险去实现目标，凡事都要适度。不要低估复利的作用。

　　首席执行官的首要任务，是确保公司能存活下去。所以要清楚地知道，哪些威胁会让你出局？哪些决策一旦失误就会导致灭顶之灾？可承受的犯错的底线在那里？

　　但也要认识到，如果不敢冒任何风险，不敢接受任何失败的可能，那么你取得的成就也必然是有限的。

> 　　如果不敢冒任何风险，不敢接受任何失败的可能，那么你取得的成就也必然是有限的。
>
> 　　　　　　　　　　　　　　　　　　——杰克·考因 # 亿万富豪金句

风险可能会毁掉你的公司，所以不要赌上全部，要考虑到最糟糕的状况。

2016年安永全球企业家奖得主曼尼·斯托尔非常喜欢冒险，但即使面对看上去万无一失的投资，他也不会孤注一掷。

　　我喜欢冒险，这是我的天性。但做任何事情都不要孤注一掷！不管项目计划得有多好，看起来有多容易实现，或者多么十拿九稳，都不要把鸡蛋全部放在同一个篮子里。

我问他，在最开始一无所有的时候，他是否也坚持这个原则。他说：

　　既然一无所有，那你有什么可失去的呢？如果我在一开始就失败，我也没有多大损失。那么，就算冒更大的风险，也不至于毁掉我的人生。你明白我的意思吧？

> 　　不管项目计划得有多好，看起来有多容易实现，或者多么十拿九稳，都不要把鸡蛋全部放在同一个篮子里。
>
> 　　　　　　　　　　　　　　　　——曼尼·斯托尔 # 亿万富豪金句

在创办第一家公司之初，曼尼·斯托尔也曾经试过孤注一掷。当时他的礼品公司出售一种日本生产的叫"手摇风琴"的玩具。

> 我购进一批手摇风琴，卖得非常好。到了四月底，我准备再下订单。日本那边说："我们的产品的需求量很大。无论你想订购什么产品，我们可以都提供，但前提是你必须现在就下订单。你现在下多少订单，你圣诞节就有多少货可以卖，不会多也不会少。"这些话让我整整三个晚上睡不着觉。我知道我要订哪一种产品，就是那个手摇风琴，但我不确定能卖多少。我决定孤注一掷，把所有当时可以动用的流动资产都用来订购手摇风琴。可惜当时我没什么资产，如果有房子的话，我可能会拿去抵押，但我没有房子。

这笔投资给曼尼·斯托尔带来了丰厚的回报，但随着公司的发展，他开始变得谨慎，不再过度冒险，以免毁掉自己的事业。

你应该将风险控制在一个安全范围内。最关键的一点是不能耗尽现金流。

许斯尼·奥兹耶金在风险问题上非常保守，这是具有银行业背景的人士的典型特征。对他来说，"评估不利因素是非常重要的事情"。

> 评估不利因素是非常重要的事情。
> ——许斯尼·奥兹耶金＃亿万富豪金句

我问弗兰克·哈森弗拉茨做生意应该避免的事，他只用一个词来回答："过度扩张。"不要回避风险，但也要避免在财务上过度扩张，以免公司不堪重负而倒闭。"你可能有两三次侥幸过关，但总有一天你会超出负荷，无法挽回。所以，虽然我每天都在冒险，但我冒的险都在我能承受的范围内。把债务保持在可控范围内是非常重要的。"

评估风险回报比

企业家最重要的素质之一是具有评估风险的能力。杰克·考因就是这样认为的："风险也会致命。因此，判断要冒多大风险、何时何地冒险，是一件非常微妙的事情。如果没有风险，你的公司也不会走得太远。做生意必须承担风险。如果没有风险，那你就是在浪费时间。"

> 企业家最重要的素质之一是具有评估风险的能力。
> ——拉斐尔·巴齐亚格 @ 亿万富豪研究专家 # 亿万富豪金句
>
> 如果没有风险，你的公司也不会走得太远。做生意必须承担风险。如果没有风险，那你就是在浪费时间。
> ——杰克·考因 # 亿万富豪金句

正如利里奥·帕里索托所说："我需要风险。人活着就有死亡的风险。你无时无刻不在冒险。但是，如果是为公司做生意决策，那我必须把风险控制在能承受的范围内。"

2009 年安永全球企业家奖得主曹德旺建议"决策前先做好分析，评估具体项目可能存在的风险，只承担自己能够应对的风险"。

> 人活着就有死亡的风险。你无时无刻不在冒险。但是，如果是为公司做生意决策，那我必须把风险控制在能承受的范围内。
> ——利里奥·帕里索托 # 亿万富豪金句
>
> 只承担自己能够应对的风险。
> ——曹德旺 # 亿万富豪金句

冒不必要的风险是愚蠢的，并不会让你更接近目标。我曾问杰克·考因他做生意要避免什么事情。他回答说："要避免不必要的风险。风险有时是难免的，但不要做那些与最终目标无关的事情。"

> 风险有时是难免的，但不要做那些与最终目标无关的事情。
>
> ——杰克·考因＃亿万富豪金句

亿万富豪不仅考虑事情的负面影响，而且评估其发展潜能。

> 不仅考虑事情的负面影响，而且评估其发展潜能。
>
> ——拉斐尔·巴齐亚格＠亿万富豪研究专家＃亿万富豪金句

包括金范洙在内的许多亿万富豪总是"选择机会而不是风险"。

> 选择机会而不是风险。
>
> ——金范洙＃亿万富豪金句

杰克·考因警告说，一味地遵从课本知识也会带来风险："读过工商管理硕士的人，在做决策之前，总喜欢把"不应该做"的理由全部都找出来。一味地遵从课本知识就可能有这样的问题，做事过于谨慎，总想指出所有可能出错的地方，只顾着评估负面影响，看不到潜在的好处。"

那么，把控风险的制胜之道是什么呢？

很简单：接受经过深思熟虑的风险回报比最佳的风险，而不是"赌上一切"。换句话说，就是在可承受范围内选择能带来最多好处、最少坏处的风险。

> 接受经过深思熟虑的风险回报比最佳的风险，而不是"赌上一切"。
>
> ——拉斐尔·巴齐亚格＠亿万富豪研究专家＃亿万富豪金句

风险意识是主观的，并不一定与所涉金额相匹配。迪利普·桑哈维每天都要进行数十亿美元的风险投资，但他对此毫不畏惧。"人们认为我冒着很大的投资风险，其实并非如此，因为我能够有效地管理风险。我建立了一个合理分配风险的内部机制，可以根据收益来选择风险。"

你可能觉得这话听起来有些自命不凡，但它实际上说的是显而易见的事实。随着企业规模不断扩大，企业家对待风险的态度也会发生变化。沈财福对此解释得很清楚："随着年龄的增长，我变得更加小心谨慎。年轻的时候，我会先做了再说，现在我会考虑得更多一些。因为我可失去的东西更多，所以我对高风险投资的准备工作也做得更加充分。"

做生意就是不断地冒险。

蒂姆·德雷珀将风险管控意识融入公司日常经营，甚至写了一首歌《风险大师》（Riskmaster）来讴歌冒险精神。身为经验丰富的风险投资人，他制定了一系列管控风险的策略。他根据这些策略进行风险评估，最终决定入股特斯拉公司，成为特斯拉的早期投资者，那时候埃隆·马斯克还没有接任特斯拉公司首席执行官。他给我讲述了当时发生的故事。

> 我去试乘电动汽车。那辆车是一个叫伊恩·赖特（Ian Wright）的家伙用聚氯乙烯（PVC）管组装起来的，做工还十分粗糙。伊恩·赖特让我上车，然后飞车狂奔，迅速起步，迅速刹车，快得让我难以置信。此次试乘之后，我便对电动汽车的研发产生了高度兴趣。我心里想，天哪，行业界限将要被打破了。电动汽车变得比内燃机汽车更好，因为前者速度更快，刹车更出色，性能也更优越。

后来，蒂姆·德雷珀发现，特斯拉公司解决了导致早期电动汽车品牌菲斯克（Fisker）失败的电池爆炸问题。他结识了特斯拉公司的创始人马丁·埃伯哈德（Martin Eberhard），并对特斯拉公司投注了小额资金。

> 一开始我想投入更多资金，但我的合伙人都很聪明，他们

说："还是先少量投资比较好，因为电动汽车是很烧钱的。"

后来，特斯拉公司资金耗尽，这时埃隆·马斯克拿出 1000 万美元，宣布"要接管特斯拉"。结果人人都说："好啊！太棒了！"

提出"张狂"的提议，做出大胆的举动

亿万富豪们并不怕向他人提出"张狂"的商业提议。

1986 年，28 岁的蒂姆·德雷珀刚刚从商学院毕业。"我向萨特希尔风险投资公司（Sutter Hill Ventures）旗下的动视公司董事会提议由我出任首席执行官，并表示上任后将通过公开股票交易收购微软、莲花等上市公司和其他估值低的未上市软件公司。现在回想起来，他们真应该同意我的提议，但他们跷着二郎腿看着我，然后礼貌地把我送出门。"

2016 年安永全球企业家奖得主曼尼·斯托尔也采取了同样的策略。

> 在谈判中，我一直秉持着"先大胆要价，再讨价还价"的态度，直到现在仍然如此。所以，我会漫天要价，因为在讨价还价之前，你绝对猜不到别人会有什么反应。

先大胆要价，再讨价还价。
——曼尼·斯托尔 # 亿万富豪金句

白手起家的土耳其首富许斯尼·奥兹耶金曾是俄勒冈州立大学的学生会主席。他曾有一个大胆的举动：邀请美国前总统约翰·肯尼迪的弟弟、参议员罗伯特·肯尼迪在访问西部各州期间访问俄勒冈州立大学。他给罗伯特·肯尼迪写了一封邀请信。出乎意料的是，后者居然接受了邀请。这一大胆的举动让许斯尼·奥兹耶金受益匪浅。他亲自在自己的大学接待了这位明星般的政治家。在访谈中，他自豪地向我展示了他与罗伯特·肯尼迪一起站在舞台上的合照。当他申请就读哈佛商学院时，这段经历让他得

到了更多回报。

　　事实上，我对自己能被哈佛商学院录取感到非常惊讶，因为我的平均绩点只有 2.17，勉强能从俄勒冈州立大学毕业。要想从大学毕业，平均绩点不能低于 2。不过话说回来，我的推荐信是大学校长给我写的。他告诉我，当年毕业班有 3000 多名学生，他只写了一封推荐信。（笑）我把和罗伯特·肯尼迪的合影以及学生会竞选主席的材料都塞进了申请信封里。

　　哈佛商学院要求申请者至少有四年工作经验，尽管我大学毕业成绩不高，也没有任何工作经验，但哈佛商学院最终还是录取了我。

显然，他与罗伯特·肯尼迪的合影给哈佛大学招生部门留下了深刻印象。

要想成就大事，往往需要一次信念飞跃。你应该尝试走出舒适区，尝试不一样的事情。亿万富豪们会接受骇人听闻的疯狂挑战，甚至会尝试看似不可能的事情。

在没有智能手机的时代，纳温·贾殷就创立了 Infospace 公司，致力于提供移动互联网服务。"在人们眼中，这绝对是最疯狂的事情，永远不可能实现。我想建立一家互联网信息商务公司，人们都认为这绝对是最疯狂的想法。现在想想，我提出登月计划，人们也认为我异想天开。所以说，如果人们不认为你做的事很疯狂，那就说明你的梦想还不够宏大。"

> 如果人们不认为你做的事很疯狂，那就说明你的梦想还不够宏大。
>
> ——纳温·贾殷 #亿万富豪金句

不要害怕大手笔。如果你做成了一件大事，人们就会开始向你靠拢。对于蒂姆·德雷珀，他职业生涯的转折点之一就是出售 Hotmail。

Hotmail 是最早的电子邮件服务商之一，蒂姆·德雷珀是其第一位投资者。20 世纪 90 年代，Hotmail 的业务突飞猛进，迅速成为全球最大的电子邮件服务商。Hotmail 推出仅一年半之后，蒂姆·德雷珀就将 Hotmail 以 4 亿美元的价格卖给了微软。"那是一笔大交易，让我们名声大噪，媒体也开始关注和报道我们。这对我们来说是一个更好的起点，有利于我们筹集到下一笔资金，继续投资互联网领域。从那时起的五六年间，我们一直处于领先地位，实在令人振奋。"

不要害怕与众不同

彼得·斯托达伦建议，要想在生意场上取得成功，就得走一条人迹罕至的路，不要害怕与众不同。

但是，如果没有人支持你的信念，你该怎么办？亿万富豪们不会因此而退缩。

纳温·贾殷为自己的信念而战。我们在都柏林见面时，他给我讲了这样一个故事。

在微软工作才几个月，我便有机会参加一次讨论 Windows NT 系统的会议，比尔·盖茨也出席了会议，与会者还有公司所有高管。我当时只是一个中层经理，一个沉默寡言的年轻人。比尔·盖茨讲话非常直截了当。在研发人员正在介绍 Windows NT 系统时，比尔·盖茨忽然问我："你觉得这个操作系统怎么样？"我说："我觉得这个操作系统太大，太臃肿，太慢。"此话一出，会场一下子鸦雀无声。比尔专注而安静地盯着我 10 秒钟，然后说："确实如此！"

会议结束后，我的直属上司走过来警告我说："你知道吗？你是为我工作的，你刚才的所作所为绝对会让你付出代价。"我看着他说："马丁，也许我刚才的做法出乎你的意料，但奴隶制早已不复存在。我不是为你工作，我是为公司，也是为自己工作。所以不要再跟我说我为你工作这种话了。"他说："我可以惩罚你，给你个留职察看，到时候你就知道你为谁工作了。"他确实有这个权力。

你猜接下来发生了什么？因为我敢于向比尔·盖茨提出意见，我说如果按现在的方向做下去，结果必然是一个又大又臃肿又慢的操作系统，所以公司决定进行彻底修改，做一个精简的操作系统。代价是我差点被炒鱿鱼。不过创业者就是这样的，他们不在乎会不会被炒鱿鱼，只想实事求是，直言不讳，而且言出必行。这就是我的创业之道。

培养勇气、消除忧虑的六大策略

亿万富豪通常认为自己是无所不能的，有时甚至是无所畏惧的。他们从不停止冒险。

"敢为人先"说起来很容易，但应该如何培养勇气呢？

1. 要接受自己可能会失败的事实。在接下来的章节中，我将进一步说明，在成功之前必须先经历失败，而且要失败很多次。

2. 认识到自己只是微不足道的尘埃，而且生命非常有限。那还担心什么呢？

来自中国的 2009 年安永全球企业家奖得主曹德旺是这样理解的：

人的生命是有限的。每个人的生命都很短暂，每个人的力量都很有限，无论你如何努力，都无法改变这一点。与世界相比，与历史相比，个人是非常、非常无足轻重的。

3. 认识到做生意的风险来自无知。风险是对未知的恐惧，丰富的经验将帮助你摆脱这种恐惧。

纳温·贾殷解释得很清楚：

人都有风险意识。风险来自无知，是对未知的恐惧，如果你知道未来会发生什么，就不会觉得自己在冒险。就好比行走在一条黑暗的小巷，你会害怕转弯；而要是你有手电筒，你就不会感到害怕。

因此，如果你是一名企业家，而且已经创办了三家公司，那么创办第四家公司时就不会有什么风险。因为你已经知道接下来要经历的每一件事情。你知道你会有濒临死亡的经历，各种障碍会接踵而至，你认为板上钉钉的商业交易可能分崩离析，你认为绝不可能的交易也可能最终达成。所以重点是你什么都经历过，什么都知道。

> 人都有风险意识。风险来自无知，是对未知的恐惧。
> ——纳温·贾殷 # 亿万富豪金句

穆赫德·阿利塔德告诉我，他"在创业之初也感到非常焦虑，但勇气来自经验"。

> 勇气来自经验。
> ——穆赫德·阿利塔德 # 亿万富豪金句

4. 承担的风险越大，就越能更好地应对风险。要虚心若愚！

奇普·威尔逊从小在祖父母身边耳濡目染，因此培养了爱冒险的精神。他的祖父母也是企业家，从事家具销售业务。因为陷入首个共同基金电脑欺诈案，他们失去了一切，被迫住进拖车。

尽管有这样不好的回忆，但我永远热爱冒险。我相信，风险越大，回报就越大。失败了也可以从头再来，不会从此一蹶不振。

小时候的这些经历让奇普·威尔逊在十几岁时就做出大胆的举动。14岁时，他独自一人坐上飞机，揣着47美元去了加勒比海安提瓜岛（Antigua），试图以每天3美元的花销在那里活下来。然后，在17岁那年，他决定去阿拉斯加从事管理输油管道的工作。这个选择让他不到20岁就成为富豪，还因此放弃了大学教育。在外人看来，这是以人生作为赌注换来短期利益，但事实证明他日后得到了很好的发展。

> 风险越大，回报就越大。
>
> ——奇普·威尔逊 # 亿万富豪金句

5. 将人生视为冒险和挑战，把冒险看作乐趣。

在彼得·斯托达伦的人生哲学中，风险是不可或缺的要素："要认真生活，要敢于冒险；不要害怕失败或跌倒。你身上的每一块瘀伤都有一个故事，日后回想起来时你甚至会发笑。"

> 要认真生活，要敢于冒险。
>
> ——彼得·斯托达伦 # 亿万富豪金句

杰克·考因告诉我一句他的人生格言："随时做好冒风险的准备。人生就是一场冒险和挑战。年轻时，你经得起失败，因为你可以从头再来。当你年纪大了，你需要冒险的刺激才有动力。"

奇普·威尔逊分享了他有趣的见解。

创造和冒险都充满乐趣，也许这就是活着的理由之一。

> 创造和冒险都充满乐趣，也许这就是活着的理由之一。
>
> ——奇普·威尔逊 # 亿万富豪金句

6. 建立安全网，保护好身后的人，让自己有所依靠。这样你才能展翅高飞，减少忧虑，勇往直前。

纳温·贾殷的家人就是他的依靠。

> 无论发生什么事情，总有人在你身边爱你、信任你、支持你。这就是拥有家人的快乐，所以永远要把家人护在身后。只有没有后顾之忧，你才能拥有强大的内心力量去做自己以前不敢尝试的事情。

彼得·哈格里夫斯的安全网是他的专业性：特许会计师资格。

> 这是一项非常好、非常可靠的职业资格，对我非常有用，给了我安全感。如果还有一条后路，就不会那么担心失败，因为你知道自己还可以回到起点重新出发。

亲爱的读者，你愿意冒险吗？你是有足够的勇气去实现自己想追求的目标，还是因为恐惧而不敢迈出前进的步伐？你是否害怕与众不同，害怕提出"张狂"的提议或者做出大胆的举动？你是否有意识地处理风险？你又是如何处理的？

——心志不专者始终避免冒险。
——百万富翁不善于处理风险，要么孤注一掷，要么只接受好处有限的风险。
——亿万富豪擅长处理风险，选择回报大、成本低的风险。

CHAPTER 11

第 11 章

从错误中学习

错误是通往新发现的大门。

——詹姆斯·乔伊斯（James Joyce）

亿万富豪将人生视为一次冒险之旅。

在杰克·考因看来，"任何旅途都少不了障碍，人生就是一场障碍赛"。

米哈·索罗将自己的人生比作过山车：

> 我的人生就像过山车，在阿尔卑斯山脉高高的山脊上快速行驶。而我就像过山车的驾驶员，不断地处理进退两难的状况：要么脱轨，要么错过转弯。途中停靠站台的时间非常短，稍不留神，就可能错过一站。而且只要登上过山车，就只能在山上下车，当然，这也给了你机会换乘下一辆过山车。第一次上车时，我并没有想到山脊会那么高，途中还有那么多转弯和停靠站……

> 任何旅途都少不了障碍，人生就是一场障碍赛。
>
> ——杰克·考因 # 亿万富豪金句

障碍往往是变相的机遇

如果发生了不好的事情，你要从中寻找好的一面。也许你会找到你无法想象的好处，有时候甚至会因祸得福。

弗兰克·斯特罗纳克是汽车业巨头麦格纳国际集团的创始人，他的一次人生经历让他意识到，有时候失败也是一种幸运。22 岁那年，弗兰克·斯特罗纳克去福特汽车公司（以下简称福特）应聘工具和模具工人。

> 福特的新工厂正在招工。他们在面试时告诉我："我们觉得你经验不足。"所以我那次求职失败了。多年以后，我见到福特的总裁，跟他开玩笑说："那时我没去成福特，对你来说是幸运的事，否则今天福特的总裁就会是我了。"

　　如果弗兰克·斯特罗纳克成为福特的员工，他可能会成为一名非常成功的经理，甚至可能成为首席执行官，但他永远不会创立麦格纳国际集团并成为亿万富豪。

　　穆赫德·阿利塔德认为获得2015年安永全球企业家奖是他最大的成功。但如果不是因为一次意想不到的倒霉事件，或许他就不会获此殊荣。安永全球企业家奖的评选活动每年在摩纳哥举行。穆赫德·阿利塔德是蒙彼利埃·埃罗橄榄球俱乐部（Montpellier Hérault Rugby Club）的老板，还兼任球队经理。

　　　我本来不打算去摩纳哥，我跟他们说我去不了，因为我们的橄榄球队要参加季后赛，与在摩纳哥举办的安永全球企业家奖评选活动在同一周举行。

　　　对球队来说不幸的是，或者说对我来说幸运的是，在抵达期限的前一天，我们的球队就被淘汰了，所以我跟活动主办方确认，"我可以去摩纳哥"。于是我才去了摩纳哥。

　　　在倒霉的时候，你也可以发现惊喜。

　　　我来到摩纳哥冬宫酒店，先了解一下评审流程，然后进入一个富丽堂皇的房间，里面坐的都是评审委员会成员，包括加拿大铁路局局长和三菱公司董事长。然后评审开始，时间只有20分钟。首先是10分钟自我陈述，然后评选委员会给我提出各种各样的问题让我回答，这一环节也只有10分钟，所以回答必须非常简洁。

　　　做到回答简洁并不容易。讲故事不难，难的是讲好一个故事。你要用最少的字数讲好一个故事。

　　当然，穆赫德·阿利塔德讲故事的能力非常出色。他是获奖作家，知道如何讲好一个简短的故事。

　　　我有一定的心理准备。我知道说什么能让他们相信我经营的公司是"最好的公司"。

就这样，穆赫德·阿利塔德成为 2015 年安永全球企业家奖得主。

> 在倒霉的时候，你也可以发现惊喜。
> ——穆赫德·阿利塔德 # 亿万富豪金句

大多数人看到的是问题，而亿万富豪看到的是解决问题的机会，而且他们会借助机会为自己创造优势。例如，在制药行业，精神科医生得不到医药经销商的优质服务。迪利普·桑哈维解释了其中的原因：

> 精神科医生是最难约见的，你一等就是一两个小时，因为他们看每个病人都要花半小时，有些甚至长达一个小时。而一个小时已经够医药代表拜访五位普通医生了。
>
> 所以这项针对精神科医生的业务没有什么吸引力。但我们选择制造精神科药物，并制定了应对策略。我们的业务代表别无选择，必须取得成功。
>
> 如果你去了解一下所有成功的公司，你会发现，它们之所以成功，都是因为解决了某个问题。Facebook、领英、谷歌都解决了某个问题，甚至是一开始不为人知的问题。因此，解决一个问题，就能创造一个商机。

这种态度正是迪利普·桑哈维成为世界制药业首富的原因之一。

> 解决一个问题，就能创造一个商机。
> ——迪利普·桑哈维 # 亿万富豪金句

亿万富豪甚至将危机视为机遇。

穆赫德·阿利塔德在危机中寻找收购的机会。每当出现危机时，他就通过收购脚手架公司来扩大公司规模。"这是很容易的事情，因为在危机时期大多数公司都陷入了困境，而且我的目标都是欧洲公司，所以收购起来并不难。"起初因为没有多少资金，他只收购亏损且价格便宜的公司。在 30 年内，阿利塔德集团陆续增加了 230 多家公司，成为脚手架行业的世界领先企业。

彼得·哈格里夫斯认为，经济衰退对经济有净化作用，能让那些被烂公司绑住的优秀人才解放出来，"其中一些人转而开始创业并取得了成功"。

> 在危机中寻找收购的机会。
>
> ——穆赫德·阿利塔德 # 亿万富豪金句

在危机和危难中，我们能学到最多。

彼得·哈格里夫斯给了我一个很好的建议："你从任何事情中都可以学到教训，但我认为从逆境中可以学到更多。不仅如此，在糟糕的公司工作也比在好公司工作学到的更多，虽然这听起来很奇怪。"至少你会懂得哪些事情不该做。

不断尝试，乐于失败，但要从错误中吸取教训

不要指望第一次尝试就成功。你要一次又一次地尝试，一次又一次地失败。你只需要做对一次便可。一旦你最终取得成功，你就会"一夜成名"。

我问 2016 年安永全球企业家奖得主曼尼·斯托尔他最大的失败是什么。他回答说："一路走来，我有过很多失败，这是成功必须经历的过程。没有经历过失败，你就无法成功。只有什么都不做的人，才可能不犯错误。如果你想远离麻烦，可以去做公务员。"

在成长的道路上，你会经历很多次失败。只有接受失败，才能不断挑战自我。只有挑战自我，才能取得成功。这就是我从彼得·斯托达伦身上学到的经验。

> 没有经历过失败，你就无法成功。只有什么都不做的人，才可能不犯错误。
>
> ——曼尼·斯托尔 # 亿万富豪金句

在这一点上，传奇风险投资人蒂姆·德雷珀的观点更为激进。对他来说，"要想取得成功，就得愿意继续失败"。

> 要想取得成功，就得愿意继续失败。
>
> ——蒂姆·德雷珀 # 亿万富豪金句

谢尔盖·加利茨基完全不怕犯错。我问他，如果重新开始，他的做法会有什么不同。他回答说："没有什么不同，因为没有错误的人生是无趣的。不去尝试，生活也索然无味。人生不可能只有积极情绪，但你必须确保积极情绪比消极情绪更多，这样前者才能控制后者。不可能一天 24 小时都吃冰激凌和蛋糕，有时也必须吃点洋葱。"

> 没有错误的人生是无趣的。
>
> ——谢尔盖·加利茨基 # 亿万富豪金句

> 不可能一天 24 小时都吃冰激凌和蛋糕，有时也必须吃点洋葱。
>
> ——谢尔盖·加利茨基 # 亿万富豪金句

要做好屡屡失败的准备。你会犯很多错误，尤其是在开始阶段，你得确保自己能承受得起考验。

沈财福建议：

> 如果想做生意，就必须亲自动手解决问题，要做好面对"一切可能状况"的准备。要告诉自己，即使接二连三地跌倒、挫

败、失去，也不要放弃。这些都不是问题，只是成功路上必经的考验。只要以正确的心态去面对，任何困难都只是小菜一碟。

> 即使接二连三地跌倒、挫败、失去，也不要放弃。
>
> ——沈财福 # 亿万富豪金句

错误是无法避免的。犯错也没关系，但要从中吸取教训，避免重蹈覆辙。

2016年安永全球企业家奖得主曼尼·斯托尔在创办第一家公司的最初几年里就学到了做生意需要知道的一切。当时他做任何事情都是试错，自然犯了很多错误。"经过了那段日子，我对做生意已经无所不知，无所不晓。没有什么是我不知道的。"他犯过很多错误，甚至多到已经记不清了，"但同样的错误，我绝不会再犯"。

对曼尼·斯托尔来说，犯错没关系，但失败并非必要。"最重要的是吸取经验教训，同样的错误不要犯两次。"

许多亿万富豪将试验作为一种商业工具，常常在生意中验证自己的想法，甚至愿意尝试可能行不通的事情。

蒂姆·德雷珀创办英雄学院教导学生创业，为学生提供了一个安全的环境，让他们可以进行商业试验，也可以犯错。

> 我们鼓励学生更多冒险，不要怕失败。他们知道，在英雄学院是安全的，可以尝试各种事情。
>
> 我希望学生学会接受失败，勇于尝试可能行不通的事情。他们会说："我要试一试，各种事情都要试一试。即使行不通也没关系。"他们不会担心丢脸，也不会担心和别人不一样。教师使学生拥有独立的人格，同时具有团队协作精神。我认为这才是真正有用的教育。

金范洙以一种系统的方式来对待失败问题。对他来说，"做生意就是提出假设，然后加以证明"。"我通常会尝试各种我想到的事情，我有过很多提出假设但最后证明行不通的经历。"他把增长速度作为是否继续推进手头项目的主要标准。"你先试着做 6 ～ 12 个月，掌握了经营数据，看看大众有什么反响，然后你就可以决定是否继续做下去。"

> 做生意就是提出假设，然后加以证明。
>
> ——金范洙 # 亿万富豪金句

有的亿万富豪遵循一个简单的经验法则："只要不至于害死自己，那就去做！"

穆赫德·阿利塔德的公司通过疯狂收购迅速开辟国际市场。我问穆赫德·阿利塔德一开始就这样做是不是太冒险了。他回答说："其实做起来很容易。我们在西班牙和意大利的两个收购目标都是小公司，价格 100 万欧元左右，风险并不大。所以，我们的想法就是要在海外扩张。如果这两家公司破产了怎么办？不怎么办。我们当然会受到一些冲击，但终究会克服它们，做生意就得这样。"

要勇于尝试，如果不成功，那就做出改进。

2004 年安永全球企业家奖得主陈觉中的公司很早就开始开拓海外市场了。"我们在新加坡开了快乐蜂餐厅，但失败了。于是转战中国台湾地区，也失败了。虽然我们梦想成为一家全球性的公司，但那时候我们还没有准备好，所以这些尝试可能过于大胆了。从那之后，我们就一直在思考怎样才能做得更好。"

蒂姆·德雷珀的行动计划很简单："试验，调整，行动。"

> 试验，调整，行动。
>
> ——蒂姆·德雷珀 # 亿万富豪金句

解决问题

企业家是解决问题的人。

纳温·贾殷对创业有一套有趣的理论。

让我们从"什么是创业者？"这个基本问题开始吧。我们可以把世界上的所有人分为三类。

第一类人能思考问题，能说出问题所在。这是我们所有人都很擅长的事情，所以我们把这一类人称为人类。每一个人都能指出问题是什么。

第二类人能提出解决方案。他们会告诉大家，这个问题的解决方案是什么。我们把这些富有远见的人称为教授。

但是，只有第三类人会行动起来解决问题。他们会说："让它见鬼去吧。我就要去做这件事。"这些人就是创业者。他们可能是与你共事的同僚，可能是你的亲朋好友，也可能是创办企业的人。因此，创业精神的核心不一定是创办企业，关键是解决问题。

很多亿万富豪都认为解决问题是自己的强项之一。米哈·索罗认为自己是危机管理者："在危急时刻，我可以发挥很大的作用。"

问题是孕育商业模式的宝库。

> 问题是孕育商业模式的宝库。
> ——拉斐尔·巴齐亚格 @ 亿万富豪研究专家 # 亿万富豪金句

我问迪利普·桑哈维，对于希望像他一样成功的人，他有何建议。他回答说："我认为最重要的是找到一个有待解决的问题。"

迪利普·桑哈维还从他父亲那里学到要始终直面问题，不能逃避。

我和父亲一起做药品批发生意时，如果遇到我不想理会的人打来电话，我就不接。父亲问我："为什么不接他的电话？"
我说："我们得付钱给他，但今天没法付钱，我打算明天再给，
所以我先不理他。"

　　父亲说："不行，你应该先打电话给他，告诉他虽然你之前
答应了今天付钱，但今天实在不行，只能明天再付。遇到困难
不能逃避，必须勇敢面对。如果一遇到问题就逃避，你就无法
学会解决问题，别人也不会再信任你。"

> 　　遇到困难不能逃避，必须勇敢面对。如果一遇到问题就逃
> 避，你就无法学会解决问题，别人也不会再信任你。
> 　　　　　　　　　　　　——迪利普·桑哈维 # 亿万富豪金句

任何逆境都有解决之道。不要抱怨，要努力寻找解决办法。
穆赫德·阿利塔德的一生都布满荆棘。

　　我的人生遭遇许多逆境。母亲去世后，父亲不想让我和他
生活在一起，所以把我赶走。然后来到法国，又遇到另一个问
题，那就是语言不通，我无法与人交流。而且还要面对文化差
异。后来我想读大学，想取得好成绩，但在大学初期，我的生
活非常拮据，每个月只有约 20 欧元（合 25 美元）的生活费，吃
饭、穿衣、交通都得靠这笔钱。

　　后来，我开始创业，需要银行服务，但没有一家银行愿意
给我开公司账户，因为"你是移民，你是叙利亚人，你是阿拉
伯人，你是贝都因人，你学的是计算机科学教育，却想做脚手
架或混凝土搅拌机方面的生意"。所以银行认为，像我这样的人
创业，结果必定是灾难。

　　无论遇到什么样的困境，不管在人生哪个阶段，摆脱困境
的办法也总会有的。虽然不一定是好办法，但当你处于困境时，
问题就不是生活过得好不好，而是能不能活下去。这才是首要

问题，人总是要生存的。

我一生都在经历逆境。现在情况已经有所改善，但请相信我，逆境求生的精神仍然流淌在我的血液里，铭刻在我的心里，我绝不会忘记。

失败者在问题出现时首先会寻找罪魁祸首。亿万富豪不会如此，他们首先会寻找解决方案。米哈·索罗将解决问题作为他公司的守则之一："我们应该解决问题，而不是追究罪魁祸首。"

对亿万富豪来说，解决问题是努力拼搏的动力源泉。

曼尼·斯托尔热衷于解决问题。

问题越复杂，我就越喜欢。实际上，我们做生意就像下一盘棋，只是一场赛局而已。要牢记这一点：这只是一场赛局，不必看得太重。随着公司规模扩大，各项数目也会越来越大，但仍然是同样的棋局。

> 问题越复杂，我就越喜欢。
> ——曼尼·斯托尔＃亿万富豪金句

> 做生意就像下一盘棋，只是一场赛局而已。
> ——曼尼·斯托尔＃亿万富豪金句

米哈·索罗也有类似的态度。

我的驱动力来自解决问题，每天我都希望事情做得更好。在日常生活中遇到的问题引导我去寻找解决的办法。换句话说，这是一种自我驱动机制。我喜欢我的工作，喜欢我所做的事情。

> 我的驱动力来自解决问题。
> ——米哈·索罗＃亿万富豪金句

失败之后振作起来，努力改进，永不回头

失败也没关系，但要迅速振作起来，重新回到棋局中。不要让失败或意外阻挡你前进的脚步。

米哈·索罗总结了亿万富豪对待失败的态度："我们要有决心、有能力在失败后振作起来。要有承受失败的能力，因为失败是难免的，每天都可能遇到失败。每天都会发生一些不尽如人意的事情，我们必须接受，并尽最大努力去改善。最重要的是要有从失败中总结经验的能力。我们要不断学习，要自我完善。"

彼得·斯托尔达伦是一个跌倒后东山再起的完美例子。在抵达职业生涯巅峰的时候，他被购物中心解雇。就在他以为自己无所不能、所向披靡的那一刻，他失去了一切。

"好吧，那接下来我该怎么办？肯定不会再做购物中心，我已经受够了。"

我在寻找各种可能的选择，我觉得可以换一个赛道。私人医疗在挪威很早就出现了，可能是个不错的选择。接着我想到了酒店，想到从事酒店业。在过去的 20 年里，挪威酒店业并没有什么变化。酒店还是那么几家，经营者仍然是穿着深色西装、年龄 50 岁以上的老先生。而我当时才 30 岁左右，所以我决定进军酒店业。

我召开新闻发布会，打算把我选择的新赛道昭告天下。大家都以为我会谈论购物中心。我说："我的新赛道是酒店业。"大家一听便哄堂大笑。我说："我知道你们为什么笑，因为我的目标是做挪威有史以来最大的酒店公司。"他们继续哈哈大笑。然后我说："我知道你们为什么还在笑，因为我要做斯堪的纳维亚半岛最大的酒店公司。"他们更是笑得东倒西歪。有个人问我："彼得，你有几家酒店？"我回答说："一家。昨天破产出售，我刚买下来的。"

从那天起，我们平均每14天增加一家酒店和50名员工。在不到三年的时间里，我旗下的酒店从一家发展到100家，员工从寥寥无几激增到5000名。再也没有人敢嘲笑我了。

在我撰写本书时，彼得·斯托达伦的北欧之选酒店集团旗下已经拥有近200家酒店，包括凯隆酒店（Clarion Hotel）、康福特酒店（Comfort Hotel）和品质酒店（Quality Hotel）等品牌，成为斯堪的纳维亚半岛最大的连锁酒店公司。没有人再嘲笑彼得·斯托达伦口出狂言，现在人人都称他为"酒店大王"。

杰克·考因对失败的态度是："如果没有经历过几次失败，那就说明你还不够努力，说明你一直在懈怠，在偷懒。"

> 如果没有经历过几次失败，那就说明你还不够努力，说明你一直在懈怠，在偷懒。
>
> ——杰克·考因 # 亿万富豪金句

所以，永远不要回头，不要纠结于失败。相反，要专注于你现在能做的事情，采取行动改变未来。

我问杰克·考因，如果他再回到21岁，哪些事情他会换一种做法。

我的本性、我的态度都是积极的，总会看到生活积极的一面。如果能回到21岁，我很多事情的做法也不会有太多不同。有些事情我可能会更加努力一些，也许会遇到更多困难，但我认为最重要的是不要纠结于过去的失败，要坦然接受，然后继续努力做事。把精力投入到其他可以成功的事情上。但我也不是对失败不屑一顾，我说过，我们一路走来犯了很多错误。

> 不要纠结于过去的失败，要坦然接受，然后继续努力做事。
>
> ——杰克·考因 # 亿万富豪金句

许斯尼·奥兹耶金的建议是从错误中吸取教训，而不是纠缠不休。

我错过的机会比抓住的机会更多。但我从不后悔，因为我对自己所做的一切都感到非常满意。而且以我的性格，我绝不会回头多想自己错过了什么。相反，我会努力从错误中吸取教训。我从来不会纠结自己错过的机会，只会努力了解自己做错了什么。

> 我绝不会回头多想自己错过了什么。相反，我会努力从错误中吸取教训。
> ——许斯尼·奥兹耶金 # 亿万富豪金句

在这方面，弗兰克·斯特罗纳克的看法甚至更加激进："我认为根本没有失败这回事。如果某件事情没有成功，那就从中吸取教训。不要回顾，不要生气，只管向前看。"

弗兰克·哈森弗拉茨喜欢说："在前进的道路上，如果总是回头看，就会经常绊倒。"

> 我认为根本没有失败这回事。如果某件事情没有成功，那就从中吸取教训。不要回顾，不要生气，只管向前看。
> ——弗兰克·斯特罗纳克 # 亿万富豪金句

> 在前进的道路上，如果总是回头看，就会经常绊倒。
> ——弗兰克·哈森弗拉茨 # 亿万富豪金句

接受变化，拥抱变化

在我与亿万富豪的访谈中，变化是一个被反复提及的话题。我们生活在一个瞬息万变的世界，但大多数人都难以适应。他们希望一切保持不变，每天重复同样的事情。我们大多数人都很难接受变化，适应变化。

亿万富豪则完全不同。他们不仅接受变化，为变化做好准备，而且拥抱变化，利用变化。在大多数时候，他们是改变世界的推动者。

杰克·考因喜欢做生意，"因为做生意有一个美妙之处：每天都是不同的，每天都是挑战"。

弗兰克·哈森弗拉茨认为："每天都必须改变。如果不改变，那就只有死路一条。"弗兰克·哈森弗拉茨深知世界在不断变化，需要适应瞬息万变的环境。

> 可以肯定的是，一切事物都会改变。企业会改变吗？当然会。不求变就无法生存。我给你看一样我刚刚拿到的东西，一份商会以前出版的刊物。之前我跟助手说："你给我找找商会1964年的年鉴。"我是在那一年开始做生意的。助手在图书馆找到了这份年鉴。看看上面记录的数据，当年本地大概有100家制造工厂，你猜现在还剩下多少家？
>
> 只有3家。其他的都被淘汰了。为什么？因为它们没有求变。
>
> 我经商已经60年了。如果没有一丝战战兢兢，如果没有"我明天必须做得更好，我必须做出不同的或更先进的产品"的想法——如果不求变，生意就不可能做得长久。我觉得自己成功了吗？绝对没有！千万不要以为自己已经功成名就。

曼尼·斯托尔说，要不断调整自己，以适应持续变化的形势。他认为创新是成功必不可少的秘诀之一。

> 每天都必须改变。如果不改变，那就只有死路一条。
>
> ——弗兰克·哈森弗拉茨 # 亿万富豪金句

利里奥·帕里索托是一位蜕变大师。在从商生涯中，他曾多次改变自己的商业模式，使他的公司从一家收入远低于百万美元的小公司，蜕变成一个价值数十亿美元的行业巨头。起初，他从事电子产品零售。后来，他又进军录像带租赁领域。他创办的 Videolar 公司最初只侧重音像制品业务。然而，在波涛汹涌的市场浪潮中，他带领公司不断引领潮流。随着播放载体推陈出新，从 VHS、CD、DVD，一路发展到蓝光光盘，他一次又一次地重塑 Videolar，准确地发现一种技术的衰落，及时抓住下一个机会。与此同时，他也将业务重心从音像制品转向工业媒体产业。当存储介质市场最终没落时，Videolar 公司也面临着破产危机。利里奥·帕里索托不得不从股市投资中调集巨额资金，采取重要措施，努力将公司的重心转向石化业务。他的求变之策再度重塑自己的公司，使之成功转型大规模塑料材料和产品制造。

最后，我想以金范洙发出的警世之言来结束本章。

> 未来将会出现人类历史上从未经历过的状况。我们必须做好准备，从以前的世界和空间中走出来，进入未来的新世界。必须做好继续前进的准备，因为安于现状可能会成为一个非常危险的决定。
>
> 以前人类社会的变革有过渡时期、革命时期，但随着第四次工业革命爆发，一个不可预测、无法确定的未来正在快速逼近。我们需要让大家做好适应的准备，以便找到工作，以安全的方式生存下来。我认为，我们在这方面所做的工作还比较薄弱，所以我在寻找一种方法来帮助大家提升适应能力。
>
> 数字和虚拟世界正变得越来越重要，也越来越有影响力。除此之外，另一个完全不同的世界，也就是人工智能和机器人的世界，也已经开启，我们需要从更多角度更深入地认真思考这个问题。
>
> 对于这样一个全新的未来、全新的世界，我们还没有做好

准备。我们该如何迎接这个未来？我认为这是严肃的、重要的讨论。我认为目前这样的讨论还不够多，很多人甚至根本没有考虑过这样的问题。

跟得上新世界脚步的人将会适应得很好，但跟不上的人将会承受更极端的收入差距和生活水平落差。这些人没有见过这个世界，也没有了解过，甚至没有听说过……或许听人提起过，但如果无法适应，他们要面对的，将会是生存挑战。

亲爱的读者，你对生活中遇到的问题和障碍持什么态度？你是否把它们当成机遇？你是否勇于尝试、敢于失败并从错误中学习？你会积极想办法解决问题吗？在每一次失败后，你是否都能振作起来昂首挺胸地继续向前？最后，你接受和拥抱变化吗？

——心志不专者因为害怕犯错而拒绝行动。

——百万富翁会采取行动并试图避免犯错，但他们浪费太多时间纠结过去的失败。

——亿万富豪乐于失败，愿意接受失败并从中吸取教训，不断改进，继续前进，绝不沉溺于过去。他们知道犯错是难免的，所以他们不断地验证自己的想法，在试验中找到好点子并继续推进。

CHAPTER 12

第 12 章

坚持奋斗，直至胜利

我们最大的弱点是太轻易放弃。要想成功，最可靠
的方法就是再试一次。

——托马斯·A. 爱迪生（Thomas A. Edison）

要认识到，创造任何有价值的东西都不可能一帆风顺。在建立商业帝国的过程中，你必须表现出坚毅、决心和韧性。你会遇到无数必须克服的障碍，在面对艰难困苦时，你必须坚持不懈。即使屡屡失败，也要重新振作，百折不挠地继续前进，直到达成目标。

认真对待，全力以赴

如果想在生意场上取得巨大成就，你必须全力以赴。绝不能有"玩票"心态，必须认真对待。

我曾问 2016 年安永全球企业家奖得主曼尼·斯托尔对全世界梦想成为赢家的年轻人有什么建议。他说，一定要热爱自己的事业并满怀激情，而且"要全力以赴并做出必要的牺牲。比如，在体育运动中，你需要不断地训练；做生意也同样需要长时间的投入。不能半途而废，必须全身心地投入其中。因此，我给年轻人的建议是：找到你喜欢做的事情，并保持满怀热情，全身心地投入"。

> 不能半途而废，必须全身心地投入其中。
> ——曼尼·斯托尔 # 亿万富豪金句

要让自己置身于一个充满挑战的环境里。杰克·考因早年一直生活在加拿大安大略省方圆 100 英里的范围内。后来他搬到澳大利亚，在一个遥远的大陆创业。这是一个巨大的挑战，也是一个巨大的承诺。

> 要让自己置身于一个充满挑战的环境里。
> ——拉斐尔·巴齐亚格 @ 亿万富豪研究专家 # 亿万富豪金句

蔡东青说："既然目标已经确定，除了全力以赴，你别无选择。"

既然目标已经确定，除了全力以赴，你别无选择。

——蔡东青 # 亿万富豪金句

勇于竞争，敢于拼搏

在这个世界上，没有人会白白给你任何东西。你必须为你想实现的目标而战，同时也要为自己的权利而奋斗。因此，不仅要敢于做大梦想，还要敢于为梦想而战。

要有坚强的意志，还要知道自己想要什么。

弗兰克·哈森弗拉茨就是凭借这些拿到第一份合同并开始创业的。

当时我在羊桥工程公司（Sheepbridge Engineering）工作。有一天，我去找总经理，跟他说："我希望你开除我的上司，我实在无法与他共事。他很聪明，他做的很多事情都很令人钦佩，但他从不承认自己犯的错。"

固执也无可厚非，但不能固执到影响工作的地步。我的上司就是这么固执，绝不承认自己会犯错。我们为福特生产一个零件，但加工方法是错误的，可是我也得照做，因为我的上司坚持要用这个方法。

我对总经理说："你把他开除了吧，否则我就不干了。"总经理说："那你就别干了。"

弗兰克·哈森弗拉茨知道有更好、更便宜的方法来生产这个零件。

于是我对总经理说："和我签合同，转包给我生产吧，只需要给我原材料就行。"他说："这个主意不错。"这就是我拿到的第一份合同。我买来机器，在地下室安装好，在家里、车库、地下室开工。他提供材料，我购买机器生产，我们就这样做起了生意。

如果想赢，你最好变得强大。

我问谢尔盖·加利茨基有什么成功秘诀，他回答：

> 最重要的是，你要比竞争对手更坚定。做生意是比拼内心力量的竞赛。

> 最重要的是，你要比竞争对手更坚定。做生意是比拼内心力量的竞赛。
>
> ——谢尔盖·加利茨基 #亿万富豪金句

正如彼得·斯托达伦所说，帮助你取得胜利的不是身体的力量，而是精神的力量。

> 帮助你取得胜利的不是身体的力量，而是精神的力量。
>
> ——彼得·斯托达伦 #亿万富豪金句

所以，要培养精神力量，永远不要让别人在心理上压倒你。

2009年安永全球企业家奖得主曹德旺认为，做生意是一场无休止的战斗。

> 有时候，你会遭到别人的批评，甚至被人利用。这就是生活，一切都是生活。人性就是如此。如果你比别人优秀，哪怕只有一点点，就会有人试图贬低你，这很正常。如果你的实力太弱，你就会被大人物打倒。想要再站起来并不容易，因为他们会一次又一次把你打倒。以前，我们曾被强敌打倒，后来我们奋发图强，不断壮大自己的实力。等到我们真正厉害起来，就再没有人能够打倒我们了。

> 不要害怕与人竞争。

弗兰克·哈森弗拉茨非常喜欢竞争。我问他的梦想是什么，他说：

> 我打牌想赢，打高尔夫球想赢，做什么都想赢。听起来可能有点自负，但竞争是好事。我们不应该回避竞争。竞争会让我们变得更强大，让我们思考"怎样才能把事情做得更好"。所以我喜欢竞争。

亿万富豪喜欢竞争，更喜欢赢得竞争。
2016 年安永全球企业家奖得主曼尼·斯托尔一直以竞争为乐。

> 有一项所有学生都可以申请的奖学金，能否申请成功取决于你 15 岁时的考试成绩。我的学习成绩并不好，但我为了赢得奖学金而努力学习。没别的原因，我就想赢。我知道这听起来很疯狂。我努力学习不是为了别的，就是为了与人竞争。我想成为本州少数几个获得这项奖学金的孩子之一。这是很有面子的事情，就像体育生赢得比赛，就会受到其他学生的崇拜一样。我就是因为想成为赢家而去争取拿奖学金的。

只有 1% 的学生能拿到这项奖学金。
后来在大学里，拿奖学金已经不能满足主曼尼·斯托尔的好胜心了，于是他去打台球、斯诺克和德州扑克。

百折不挠

彼得·斯托达伦可能是我认识的最不屈不挠的人之一。这种品质其实很难得，我自己也是一名超级马拉松运动员，对此深有体会。他从来都不接受"不"这个答案，并引以为豪。当我们在著名的奥斯陆"神偷酒店"共进午餐时，他向我讲述了追求妻子贡希尔的故事。

> 我试了两年，但她始终不想和我约会，因为她在小报上看到了太多关于我的八卦报道。最后我对她说："你总得给我点什

么吧，就给我一次机会吧。"她说："行，如果你跑步赢了我，你就可以约我吃晚餐。"我说："这很公平。"她觉得我是"一个矮矮胖胖的家伙"，而她个子很高，跑起来像只羚羊一样快，而且她每天都跑步。所以她心里想："我天天都练习跑步，跑赢他是很容易的事情，更何况他还比我年长16岁。"

于是我们开始比赛。她一开始跑得非常快，真的非常快。我心想："天啊，看来我要输了。"但我不能认输，我得坚持跑下去。我的想法是"必须保持和她一样的速度"，于是我跟在她身后半米处，一直和她保持相同的速度。

然后我们遇到一小段上坡路，于是我想："我应该测试一下自己还有多少后劲。"我稍稍加快了速度，听到她沉重的呼吸声……我心里想："你开始感觉到难受了。"我便告诉自己："跑到最长的山坡时，要在坡底就开始大幅增速。"

于是我们又开始上坡。这段山坡并不陡，但有400米长。我迅速跑起来，听到她跟在后面喘着粗气。跑到一半时，我又进一步加速，而她突然开始减慢速度。于是我转过身往回跑，并问她说："怎么了？哪里不舒服吗？继续跑有没有问题？"她回答说："好吧，我输了。"（笑）比赛大概进行了6公里，我们原本打算跑10公里的。

结果是我赢了，而且我得到的不仅是跟她共进晚餐的机会，因为我对她说："除了共进晚餐，你也得输点什么给我。毕竟如果我输了，我就得不到共进晚餐的机会。而现在你输了，所以你还必须答应我一件事。"于是两周后，她不得不扮演我的秘密未婚妻，陪我去芬兰参加婚礼。（笑）

在那次跑步比赛中，她多次问我："彼得，说实话，你还能坚持多久？"我总是回答："我不知道。"我只知道一件事："我必须赢，不管付出什么代价。"

她的意志也非常坚强，拼尽了全力跟我比赛。我从她的呼吸声就能听出来，她真的已经濒临极限。在最后的一两公里，她一直处于红色警报区。我当时说："我喜欢现在这个速度，现在开始是我想要的速度了。"事实上，我也快到极限了。但我想，我至少还能在极限状态下跑两三公里。如果我真的冲到底，我也能撑得住。虽然会难受得要命，但我能承受。

　　进入红色警报区后，我告诉自己说："这速度很好，感觉也不错。"就这样，我把她逼到了体能耗尽的地步。

利里奥·帕里索托做任何事情都能取得惊人的成果。我问他的成功秘诀是什么，他回答说："绝不接受别人的拒绝。"

　　一旦你接受拒绝，你就输了。当你听到"不"的时候，不要接受，一定要找到其他办法。

　　我从别的州来到巴西最大的城市创业，我还想与好莱坞的制片厂做生意。你能想象有多难吗？

　　这一点也不容易。我谁都不认识，而且人家还有点傲慢，不想理我，因为我只是个推销员，所以很难预约到时间跟人家谈生意。

> 绝不接受别人的拒绝。
>
> ——利里奥·帕里索托＃亿万富豪金句

但利里奥·帕里索托并没有因此而退缩。

　　我最初非常希望能拿下华纳公司这个客户。但是华纳公司负责巴西业务的是一个非常傲慢、很难打交道的巴西人。所以我遭到多次拒绝，连续几年都是如此。但终于我说服了他。直到去年我关闭唱片公司，他还在代表华纳公司和我合作。刚开始的时候，我跟他打交道真的非常困难。

最后，利里奥·帕里索托成功说服了六大影视公司与他独家合作，将该行业 90% 以上的巴西市场掌握在自己手中。

他告诉我，这件事情让他明白，要把"不"理解为"可能"。

坚持不懈，坚韧不拔

有想法很容易，但要把想法变成一门有利可图的生意却很难，需要长年累月的毅力、决心和韧性。在访谈中，亿万富豪们经常把这个过程比作马拉松。

正如许斯尼·奥兹耶金指出的，把创业比作一场马拉松有很大好处。

> 你必须相信自己，然后努力拼搏，坚持到底。我近来喜欢给年轻人讲马拉松运动员的例子，告诉他们人生是一场马拉松，而不是百米冲刺。就算中途摔倒，你仍然有机会赢得比赛。我之所以告诉他们这些事情，是因为那也是我的人生体验。我的人生既是一次过山车，也是一场马拉松。

> 人生是一场马拉松，而不是百米冲刺。就算中途摔倒，你仍然有机会赢得比赛。
>
> ——许斯尼·奥兹耶金 # 亿万富豪金句

使财富从零增加到数十亿美元是一个非常漫长的过程，而且中途会遇到诸多波折。出发的时候，你看不到下一个转弯后面的路，甚至不知道这条路有多长，而且手头的任务似乎无法完成，感觉就像吃一头"大象"一样。彼得·斯托达伦问我：

> 你觉得你能吃掉一头"大象"吗？可以的，但是要一口一口地吃。不要去想那是头大得吓人的"大象"，只要一口一口地吃掉它就好。

主流媒体总是报道亿万富豪的一些辉煌事件和戏剧转折，仿佛这些才是他们成就非凡的原因。但事实上，高级别的成就很少来自引人注目的突破，而是朝着正确方向迈出的许多步伐日积月累的结果。

成为亿万富豪绝不是可以一蹴而就的事情，而是一个漫长的过程，需要长期反复地做正确的事情。因此，要做好数十年坚持不懈地奋斗的准备。

弗兰克·斯特罗纳克用一言概之："成功不会一蹴而就，必须日复一日地努力工作、努力工作、努力工作。"

> 成功不会一蹴而就，必须日复一日地努力工作、努力工作、
> 努力工作。
> ——弗兰克·斯特罗纳克 # 亿万富豪金句

生意成功不可能不请自来，必须靠自己去创造。正如穆赫德·阿利塔德指出的："你必须创造出成功所需的一切。成功不会从天而降，不要妄想一觉醒来就能成功。不是这样的，成功是创造出来的。这是其一。其二，要建立一个成功的组织需要很长的时间。你必须要建立一个成功的、可持续的、辉煌的组织。但是即便如此，这个组织也有可能迅速土崩瓦解。这便是商业游戏的规则。"

> 生意成功不可能不请自来，必须靠自己去创造。
> ——拉斐尔·巴齐亚格 @ 亿万富豪研究专家 # 亿万富豪金句

> 成功不会从天而降，不要妄想一觉醒来就能成功。不是这
> 样的，成功是创造出来的。
> ——穆赫德·阿利塔德 # 亿万富豪金句

正因为需要长期坚持，成功才那么难。这也是大多数百万富翁无法持续取得成功的原因。要想成为亿万富豪、取得非凡成功，你必须坚持不懈，一刻不能放松。

我问米哈·索罗他现在做生意的态度与创业初期有何不同，他回答说：

> 刚开始时，我每天都在为生存而战，如今也仍然如此。在某种程度上，我并没有什么改变。每天早晨，我会到办公室做事，充分利用好每一分每一秒。这和我刚开始创业时并没有什么不同。

我问他对读者有什么建议，他回答说：

> 要有计划、有梦想，而且要坚持不懈地努力将其实现。不要轻易放弃。要努力突破自己的薄弱环节和局限性。

> 要有计划、有梦想，而且要坚持不懈地努力将其实现。
> ——米哈·索罗 # 亿万富豪金句

杰克·考因十分强调到公司上班的重要性。

> 每天都要出现，每天都要去公司。普通人做这件事情也会变得越来越难。随着时间的推移，大多数人都无法坚持，最终不再出现在公司，因此也没有成功。

一次失败和最终失败是不同的。只有在一次失败后放弃，才是最终失败。千万不要经历了一次失败就认输。不要轻易放弃，一定要坚持。失败与成功只有一线之隔，关键在于是半途而废还是坚持到底。万一跌倒了，不要放弃你的目标，只需要选择另一条路就行。如果遇到失败，那就再试一次，直到成功为止。只要不放弃，就不算真正失败。

我问纳温·贾殷对待失败的态度，他说：

> 首先，有时候用失败这个词并不正确。你应该说，你正在
> 尝试一件事情，可能还没有成功而已。只有当你彻底放弃时，
> 那才是失败。在那之前，所有情况都只是成功路上的分岔路口。
> 所以，事情还没有成功并不意味着失败，只能说明某个具体想
> 法行不通而已。

> 只有当你彻底放弃时，那才是失败。在那之前，所有情况
> 都只是成功路上的分岔路口。
>
> ——纳温·贾殷 # 亿万富豪金句

在创业后期需要有韧性，在创业初期也是如此，因为在创业之初就必
须经受严酷的考验。

苏联解体后的短期内，创业者面临着更加艰苦的条件。谢尔盖·加利
茨基当时在俄罗斯创办马格尼特公司，如今该公司旗下拥有 17 000 家超
市。他回忆道：

> 在最初几年，我们赚不到钱，还得养家糊口，所以压力很
> 大。我那时候还年轻，又是人生中首次创业，所以一直担心自
> 己能否应付得来。我时不时也想要放弃，认为"我做不到，我
> 高估了自己的能力"。

> 当时我们的分销业务利润不高，但我们必须交税，还得和
> 不交税的对手竞争。此外，我们做过很多错误的决定，非但没
> 有改善公司的状况，反而雪上加霜。

> 那时候俄罗斯没有创业文化，没有创业榜样，我们只能从
> 自己的错误中学习。此外，当时的社会氛围也非常复杂。当社
> 会崩溃时，我们这里不仅帮派横行，有时政府和当局的行为也
> 很激进。

谢尔盖·加利茨基家门口曾经被人放了一个葬礼花圈，还曾经有人向他的办公室扔了一枚手榴弹，甚至有歹徒携带自动武器闯进他的商店里。

简而言之，刚开始创业那段日子并不好过。但年轻人可以战胜一切，因为年轻人不知天高地厚，不知道害怕。

必须坚持下去，直到成功为止。

在成为连续创业者和亿万富豪之前，纳温·贾殷曾是微软公司的早期员工。在微软的日子里，他有机会与后来成为世界首富的微软创始人比尔·盖茨共事。我们在都柏林见面时，纳温·贾殷分享了他对比尔·盖茨的看法，与主流媒体所报道的故事截然不同。

比尔·盖茨是我认识的第一个白手起家的创业者。他从零开始创造了整个行业，就算是人们嗤之以鼻的事情，他也能从中看到不一样的价值。

在那个年代，一般人只知道大型主机、小型主机，但他却说："我要做台式电脑。"市场上一些大公司都在问顾客"你想要什么？"，而顾客也只会说："我想要更好、更快、更便宜，而不是与众不同的产品。"

但突破从来不是这样发生的。每个聪明人都知道，每个伟大的想法一开始都是异想天开，直到发生突破，才会变得显而易见。这时候人人都看得见，所以都会说，自己早就知道这个想法可以实现。

重点是，比尔·盖茨促使突破发生，并开创了一个全新的行业。而且他非常脚踏实地。在微软创立早期，我有幸与他共事，那时候我就发现他充满动力、富有激情，而且信念坚定。

他锲而不舍追求的许多事情，大多数人都无法坚持到底。他要开发电脑操作系统，但是 Windows 1.0 彻底失败了，Windows 2.0 彻底失败了，Windows 386 也彻底失败了。但他一直没有气馁，直到 Windows 3.0 版本问世，从此世界彻底被改变。

我采访过的多位白手起家的亿万富豪，其人生格言都是"永不放弃"。

> 永不放弃。
>
> ——拉斐尔·巴齐亚格 @ 亿万富豪研究专家 # 亿万富豪金句

穆赫德·阿利塔德的人生始终是一场艰苦的战斗。

我从呱呱坠地就陷入困境。命运可能会把你人生中很多扇门都关掉。我的人生可以说是一个奇迹。看看我的出身：一个来自沙漠的贝都因人，什么都没有，每天早晨在茫茫沙漠中醒来，没得吃没得喝，日子无比煎熬，但我最终还是活了下来。

如果苦难没有把你杀死，那就会让你变得更坚强。

对穆赫德·阿利塔德来说，苦难是成功不可或缺的因素。"没有苦难就没有成功。要想成功，就必须吃苦。"

> 没有苦难就没有成功。要想成功，就必须吃苦。
>
> ——穆赫德·阿利塔德 # 亿万富豪金句

面对逆境，你必须坚持到底。

写书也是如此。有多少企业老板读过经济类图书？不是所有企业老板都会阅读的。

读经济类图书的人又有多少会阅读小说？比例并不高，可能只有 10% 或者 20%。

那些人里有多少写过关于经济的文章？只有很低的比例。

他们之中又有多少人写小说、写文学作品呢？几乎为零。

但是，穆赫德·阿利塔德不仅是2015年安永全球企业家奖得主，还是一位备受赞誉的作家。他的作品包括几部关于商业和经济的图书，还有五部小说。他的自传体小说《贝都因人》（*Badawi*）获得了多个文学奖项，成为许多法国学校的必读书。

知道什么时候该坚持，什么时候该放弃

不管在生意场上还是在生活中，你都经常面临进退两难的处境。

如果你在通往目标的道路上屡屡失败，该怎么办？何时该放弃，何时该继续坚持？

首先，要认识到每一家成功的公司都经历过失败。因此，如果你相信自己的事业，就不要放弃。

纳温·贾殷给我举了他创立Infospace公司的例子。

> 每家公司都会遇到障碍。没有经历过死亡之谷的公司是不会成功的。每家公司都有过濒临死亡的经历。当公司走出谷底时，就会变得更强大、更优秀。
>
> Infospace公司就是一个很好的例子。我用自己的资金创办了这家公司。有一段时间，我银行账户里剩下的钱还不够发一个月的工资。当时我告诉员工，我们只有一个月的时间来扭转局面，如果我们无法找到更好的商业模式并做出成绩，我们就会倒闭。
>
> 我们当时正在尝试提供分类服务，帮助人们寻找待售房屋。一位业务员来找我说："有个人愿意把所有房屋信息免费提供给我们，他没有让我们把赚到的钱分给他。我们应该把他的数据拿来用，我们可以做广告，肯定可以赚钱。"
>
> 我们已经没有资金周转了，现在我必须想办法赚钱。我告诉他："让那个人付钱给我们。"业务员说："他已经免费给我们提供数据了，为什么还要他付钱给我们？"我说："因为我想要

那笔该死的钱。告诉他，如果他想把待售房屋在我们这里挂牌，就得付钱给我们。"

业务员打电话告诉他："我老板说你必须付钱。如果你想把房屋发布在我们网站上，就得付钱。"对方沉默了。沉默是金，沉默会让人不舒服。良久之后，电话那头终于说话了："要多少钱？"我们终于有了一笔生意！由于公司每个月的花销是 1 万美元，所以我让业务员答复："每个月 1 万美元。"对方想了一下，继续问："能不能第一个月付 5000 美元，然后第二个月开始付 1 万美元？"我说："成交。"

我想说的是，当濒临死亡时，你一定会想出可行的商业模式。这在资金充裕的情况下是办不到的。如果资金非常充足，你永远不会问那个人可以付多少钱。

在此之前，数据提供者是不用付费的。但纳温·贾殷意识到房屋在线上挂牌实际上是一种广告，从而拯救了自己的公司。Infospace 公司后来成为网络繁荣时期的巨头之一，市值达到 400 亿美元。

其次，分析进退维谷的原因，然后采取相应措施。

中国汽车玻璃巨头曹德旺向我解释了他的方法：

如果任何生意开始出现亏损，我会承认我们一定做了错误的决定。我必须立即修改决策，纠正错误。但在此之前，我必须找到原因，弄清楚究竟是战略的原因，还是执行的原因，还是因为市场环境的变化。如果是市场环境变化的原因，那就是我们没有做好市场研究，所以做出了错误的决定。然后我必须采取纠正措施，包括停止执行。

有时候，为了整个身体的生存，放弃一个肢体是更明智的选择。许斯尼·奥兹耶金建议，对于不成功的项目要尽量减少损失。

要做出艰难的决定。如果你发现道路的尽头一片黑暗，你就必须放弃。对于无法成功的生意，就不要坚持。当然，做生意必须有耐心，但如果你在隧道尽头看不到任何曙光，你就必须及时止损。虽然很困难，但一旦做出决定，你就会如释重负。土耳其有一句谚语叫"断臂求生"，你听说过吗？砍断手臂，身体不会消失。有时候你必须砍断手臂，才能求得生存。

> 如果你发现道路的尽头一片黑暗，你就必须放弃。
> ——许斯尼·奥兹耶金 #亿万富豪金句

当没有成功的希望时，要懂得放弃，不要欺骗自己。如果没有直接获利的可能，那就砍掉项目，及时止损。

彼得·哈格里夫斯一旦发现项目行不通，就会立即叫停，而且他有一套尽早发现问题的方法。

有一次，我和一位同事在公司里联手创业，我告诉他，他有两年的时间来实现盈利。但他不知道，如果六个月后还看不到盈利的可能，我就会关停项目。很多大公司都喜欢给项目设置两年期限，但他们从来不会评估项目是否真的有成功的可能，尽管在第一年内就知道不会成功，他们还是允许项目继续进行下去。其实，一旦知道项目行不通，你就应该立即砍掉。当你突然需要花费大量时间讨论一个项目时，你就知道这个项目不可行了。

不要在不可行的事情上浪费时间。

亲爱的读者，你是否已经做好在逆境中进行长期奋斗的准备？你是否认真对待自己的目标并为之全力以赴？你接受别人的拒绝吗？你是否具备走出死亡之谷所必需的毅力和韧性？你知道什么时候该坚持，什么时候该放弃吗？

——心志不专者遇到一次失败就彻底放弃，接受这就是最终失败。

——百万富翁不会轻易放弃，但有时难以坚持，而且往往在不可行的事情上浪费时间。

——亿万富豪非常顽强，然而只要意识到项目不可行，就会立即叫停，及时止损。

CHAPTER 13

第 13 章

不要循规蹈矩

讲理的人使自己适应世界，不讲理人的人坚持要
世界适应自己，所以一切进步得靠不讲理的人。

——萧伯纳（George Bernard Shaw）

有人说，只要学习所有规则并熟练运用或遵守规则，就能发财致富。这种说法其实是一个谬论：遵守别人的游戏规则也许会让你成为别人机器上的完美齿轮，但这种循规蹈矩一定会让你庸庸碌碌，无法真正实现财富自由。

亿万富豪选择自己的游戏，制定自己的规则。他们不会遵守他人制定的游戏规范，不追随潮流，也不跟随他人。他们会创造潮流，让其他人来追随。

白手起家的亿万富豪必然是特立独行之人。有些亿万富豪甚至自称为独行侠或"孤狼"。你可能会说："对呀，站在巅峰的人确实是孤独的。"但他们之所以能站在巅峰，正是因为他们拥有独立思考和自我判断的能力。

要有反叛精神

亿万富豪具有反叛精神，绝不盲从权威，这一特点往往在他们的童年时期就已开始显现。

俄罗斯最大的食品零售商马格尼特公司的创始人谢尔盖·加利茨基回忆道："苏联时代的生活条件非常艰苦，我小时候的遭遇可以说是一种虐待，我从来都不喜欢这种不舒适的生活，总是思考怎么才能改变这种生活。"有一次，他逃掉了学生必须参加的"五一"游行，结果惹上了大麻烦。"事实上，我有很强的反抗精神。因为我的学习成绩并不好，我经常与老师们发生冲突。我并不觉得他们是权威。我也不认为他们是比我更有个性、能让我信服听命的人。"

加拿大体育服装制造商和零售商露露乐蒙的创始人、亿万富豪奇普·威尔逊 12 岁时父母就离婚了。那时候，小小年纪的他因为缺钱而忍饥挨饿，不得不奋起反抗。他意识到，为了生存，他必须自食其力，不能依靠任何人，甚至不能仰仗父母。这种独立的精神成了他的"制胜法宝"，他也靠着这种精神创办了几家成功的企业。

有些亿万富豪从小就表现出对现状的蔑视，比如美国软件业亿万富豪纳温·贾殷。

纳温·贾殷曾在印度一所耶稣会学校攻读工商管理硕士学位。那时候整个城市都严格禁酒，他很不喜欢。他从不喝酒，但他不喜欢这种规定，于是他决定闹出点动静，要和院长（他称院长为"典狱长"）喝一杯。他解释说："我决定要闹一闹，因为这项禁酒令不对，他们无权对我做什么不做什么指手画脚。我想不想喝酒这件事情应该由我来做决定，而不是由他们来命令我不能喝酒。"

结果呢？纳温·贾殷被校长梅格拉特神父（Father Megrat）召见，要他说明是否喝酒，他承认自己喝了酒。于是校长告诉他，因为他行为不端，学校要开除他。但信奉耆那教（Jainism，一种古老的印度宗教）的纳温·贾殷却耍起了花招："神父，你可能是对的，但我不是基督教徒，你是基督教徒。你以神父的身份问我，我向你告解。如果你想利用我的告解达到任何目的，那就随你的便吧。"

这话让校长措手不及："你知道我永远不可能利用任何人的告解。"纳温·贾殷马上回答："我当然知道，不然的话我为什么给你说这些呢？"

他喝酒的行为最终没有受到惩罚。

打破社会规范

亿万富豪追求自力更生，不受制于社会赋予他们的角色。他们选择突破常规，挑战旧有规则，自己另辟蹊径，不走别人走过的路。

世界脚手架领军人物穆赫德·阿利塔德出生于叙利亚一个贫穷的贝都因人家庭。他的部落铁了心要让他接受成为牧羊人的命运。但他奋起反抗，绝不向命运屈服，第一步就争取去学校读书，尽管祖母不许他上学。

穆赫德·阿利塔德的家人还为他安排了一桩门当户对的婚事，逼他娶一个穷苦的贝都因女孩，这样他就只能认命做一个牧羊人了。穆赫德·阿利塔德采取法律行动，上法庭要求取消这桩婚事，理由是这桩婚事违背了他的意愿。他的部落想主宰他的全部人生，他的婚姻、他的吃穿、他的人生目标。但他拒绝任人摆布，努力打破部落传统的束缚。

加拿大汽车零件制造商弗兰克·哈森弗拉茨也具有叛逆精神。他说："其实我们都是异类。"有一次，他对赛艇产生了兴趣，希望到另一家工厂与即将参加奥运会的赛艇运动员一起训练。然而，所有训练中心都是工厂的俱乐部，只允许工厂内部人员使用。只有入职那家工厂，他才能参加训练。于是他申请调去那家工厂。但在匈牙利当时的制度下，改变工作单位是不允许的。他违反了这个规定，因而受到了严厉处罚。当时的制度制定者认为，只要有一个人违反规定，就会危及工厂的"五年计划"。他受到的处罚包括终身禁止继续接受教育、减薪 10%、返回原来的单位工作。减薪的惩罚不是什么大问题，禁止接受教育才令人头疼。即便如此，他还是想办法去当了兵，在军队里得到了上校的支持，得以重新接受教育，最终在服役期间完成了学业。

离开不利于发展的环境

在《福布斯》杂志的富豪榜上，移民在白手起家的亿万富豪中所占的比例非常高。我采访的很多亿万富豪都选择离开自己的国家，脱离不利于他们发展的环境，挣脱社会最初赋予他们的角色，最终成就非凡事业。

在本书受访的 21 位亿万富豪中，有 5 位是移民：

- 弗兰克·哈森弗拉茨：离开战后的匈牙利，前往加拿大。
- 弗兰克·斯特罗纳克：离开战后贫困的奥地利，前往加拿大。
- 纳温·贾殷：从印度移民到美国寻找更美好的未来。
- 穆赫德·阿利塔德：曾是叙利亚最优秀的学生之一，在获得在法国学习的权利后移民到法国。
- 杰克·考因：相信自己能在澳大利亚找到商机，于是离开加拿大前往澳大利亚。

移民的子女也努力超越艰苦谋生的上一代，在自己出生的国家大展宏图，比如陈觉中、利里奥·帕里索托和曼尼·斯托尔。

白手起家的亿万富豪深信，绝不能将自己的未来建立在任何他无法控制的事情上，包括出生的社会背景、周围的环境、家庭赋予的角色或社会的诋毁。

避免受雇于人

许多亿万富豪总是避免长期受雇于人。他们总是寻求独立自主，喜欢自食其力。由于天性桀骜不驯，他们去做普通雇员往往有始无终。某些从当雇员开始的亿万富豪的内心总有一种无法抗拒的冲动，最终会忍不住挣脱束缚，自己动手创业。

利里奥·帕里索托就是一个很好的例子。在巴西利亚被公司解雇后，20岁的利里奥·帕里索托来到新巴萨诺（Nova Bassano），在一家肉类加工公司的人力资源部工作。但这并不能满足他不安分的心，于是他继续读书，完成了中学学业。与此同时，他还购买了一辆大众牌康比（Kombi）面包车兼职做起客运生意，把旅客从新巴萨诺送到100公里外的帕苏丰杜市（Passo Fundo）。

现在两地往返一趟尚且需要花三个半小时，那时候需要的时间就更长了。由于路途遥远，利里奥·帕里索托每天到家通常已是深夜，第二天上班时仍然疲惫不堪，于是便躲到朋友办公室里面的房间睡觉。每当厂长来找他时，大家都会帮他掩护，跟厂长说利里奥在厂里和员工谈话。厂长两年之后才发现真相，于是马上把他炒了鱿鱼。

随后，利里奥·帕里索托在巴西银行的公开竞聘中胜出，得到了一份终身雇用的工作，不但工资高，而且有全额退休金等保障。这是一份人人梦寐以求的工作，有幸得到的人屈指可数。但是，为了实现自己的医生梦，他辞掉了这份工作，放弃了一个人人称羡的铁饭碗。

从医学院毕业后，利里奥·帕里索托成了一名医生，但这条路还是行不通，因为他发现自己实在无法在医院工作。

他终于意识到自己不适合做一名雇员。于是他不再找工作，转而专注于他在学生时代就开始尝试的事业。

走前人没有走过的路

亿万富豪不怕与众不同，也不怕在新领域先行一步，不管引起多大争议，他们依然勇往直前。

20 世纪 80 年代初，中国开始进行经济体制改革，曹德旺是中国改革开放以来创业最早的企业家之一。有一家国有工厂无人敢接手，作为中国第一批民营企业的厂长，曹德旺把这家工厂买了下来。1993 年，他成为同行业中首位带领公司在证券交易所上市的企业家，两年后又率先在公司设立独立董事会。2004 年，他成为第一个在美国打赢反倾销诉讼的中国商人。在 2008 年金融危机后，他曾将国家的补贴返还国家，是中国第一位（可能也是唯一的）将国家补贴返还给政府的企业家。

硅谷传奇投资人蒂姆·德雷珀善于开拓商业新领域。他被称为病毒式营销（viral marketing）的开创者，彻底改变了初创企业的发展模式。他是世界上最早的电子邮件服务商之一 Hotmail 的初期投资人。当时，Hotmail 的创始人在寻找扩大用户群的方法，但是几乎没有营销预算。蒂姆·德雷珀建议在用户通过 Hotmail 发送的每封电子邮件末尾添加一个注册链接，"附言：我爱你。点击获取 Hotmail 免费邮箱"（P.S.: I love you. Get your free e-mail at Hotmail）。

起初，几位创始人仍有疑虑，蒂姆·德雷珀花了几周时间说服他们相信这样做的好处。最终，团队同意添加这个注册链接，但删掉了"我爱你"这几个字。这就形成了所谓的"病毒式循环"（viral loop），用户通过 Hotmail 发送的每封电子邮件都同时成为推广 Hotmail 的邀请函。仅在几个小时内，Hotmail 的用户数就呈指数级增长。在六个月的时间里，Hotmail 的注册用户数就从零增加到 100 万，仅仅三周之后又新增 100

万，此后用户数更是"扶摇直上"。

在俄勒冈州立大学读书时，许斯尼·奥兹耶金是大学里唯一的土耳其学生，还成为有史以来第二位进入哈佛商学院学习的土耳其学生。尽管在创办银行时资金不足，但他仍然成为土耳其有史以来唯一以专业人士身份向财政部申请银行执照的商人。不仅如此，他还在银行业取得了惊人的成功。

在韩国，金范洙开创的移动通信信使 Kakao 几乎覆盖了 100% 的智能手机用户。不仅如此，金范洙还曾经多次涉足未开拓的商业领域。早在没有固定网络标准的 20 世纪 90 年代，金范洙就发明了一种游戏系统，玩家可以联网玩俄罗斯方块（Tetris）或者韩国象棋（Korean Chess）。这一颠覆性概念便是当今网络游戏的先驱。

后来，网络泡沫破灭，资金出现短缺，金范洙的公司急需收入来源。他想出了适合游戏行业的"免费增值"商业模式——玩家可以免费玩游戏，但附加功能需要付费。他解释说："玩家可以免费使用大部分游戏功能，但如果想获得高级功能或服务，则需要每月支付 4 美元。"在推出高级会员计划时，他们还担心能否成功，因为当时的付费网络游戏并不受欢迎，甚至导致有些游戏公司陷入财务困难。"但在开通服务的当天，我们的收入就达到了 79 000 美元。我们便知道这个计划成功了。"

在公司接下来的发展中，金范洙先驱者的地位得到了进一步巩固。他开发的 Hangame 是首个提供虚拟物品和头像的网络游戏平台。接下来他创办的公司是移动通信信使 Kakao，并找到了通过这种服务赚钱的方法：为第三方游戏提供支付平台并收取佣金。此后，韩国游戏市场增长了 20 多倍，他的理念也成为全球成功的新商业模式。

最近，金范洙解决了另一个行业难题。现在移动用户已经习惯了一切内容免费，但金范洙找到了一个向用户销售付费内容的方法。经过两年的探索，他创建了 KakaoPage 平台，用户可以免费阅读漫画等图书或观看其他网友制作的卡通片等视频。巧妙的地方在于：如果想比免费用户提早一周阅读下一章或观看下一集，那就需要付费。这是一个用户、创作者和 Kakao 三方共赢的商业模式。

创造趋势

奇普·威尔逊创办了四家生产不同类型服装的公司。起初，他的重点是普通时装，但后来他成立了西海岸冲浪公司（Westbeach），主营冲浪衣和沙滩服，领先这一类服装趋势 5 ～ 7 年。接下来，在滑冰成为潮流之前，他又创立了一家滑冰服装公司。他说："每次我把想法提出来，总是没人相信。所以我一直都是随心所欲，想做什么就做什么。"

西海岸冲浪公司一直以冲浪和滑板产品而闻名。后来，奇普·威尔逊注意到公司的销售额开始下滑，而滑雪运动正在兴起，他便想到为这一新兴客户群生产滑雪服装。"然而，公司的人只想着冲浪和滑板运动，完全不想改变。"

奇普·威尔逊将公司更名为西海岸滑雪板公司（Westbeach Snowboard），开始生产具有"帮派"风格的宽松滑雪裤。他说："1987 年时做滑雪产品的公司只有三家，到 1993 年已经发展到约 500 家。"由此可见，他的这家公司遥遥领先于潮流。

随后，他发现没有人对女性运动服装给予足够的关注。就在那时，他偶然发现了瑜伽运动，便凭直觉进入这个新领域。1998 年，根据自己在技术材料和运动服装方面的经验，他开发出一种紧身面料，女性穿在身上会显得腿部和臀部线条非常好看。露露乐蒙公司就这样诞生了。

奇普·威尔逊在温哥华唯一的瑜伽课程地点成立了第一家瑜伽服饰店。几年后，露露乐蒙发展成为一个大型运动服装品牌，旗下拥有 300多家连锁店，收入达数十亿美元，足以与耐克（Nike）和安德玛（Under Armour）等品牌分庭抗礼，他自己也借此次创业成了亿万富豪。

奇普·威尔逊始终毫不松懈地坚持预测"下一个风口"。尽管他经商已经取得非凡成就，但当他试图将露露乐蒙品牌推向"正念"世界时，他再次遇到了强大的阻力，休闲运动服装品牌 Kit and Ace 便应运而生。该品牌借鉴运动服装设计的最佳原则，致力于生产适合日常穿搭的服装产品。

奇普·威尔逊还是创新商业模式的天才。1980年，他开创了一种服装零售的垂直商业模式。他回忆说："当时没有人这样做，几乎所有人都说我的方法不对，但我的方法似乎总能成功。"

与众不同的思维

所有亿万富豪都具有与众不同的思维，这是刻在他们骨子里的特质。他们独立思考，挑战现状，拒绝因循守旧；他们另辟蹊径，在主流之外寻找自己的真理。

彼得·斯托达伦建议："当人人心满意足、到处歌舞升平时，你应该心怀恐惧；当人人都害怕时，你应该勇往直前。如果你做的事人人都在做，那你永远也不会成功。如果你现在才发明出一种新的牙膏，那就太晚了。你要做一些与众不同的新事情，但你也可以改变一个古老的行业，就像我在酒店业所做的一样。"他告诉我："不要害怕与众不同。要全力推广自己的理念，不要听信他人。"

亿万富豪从自己的角度看问题。他们看到的是事物可能的样子，而不是事物本来的样子。

当彼得·斯托达伦看到哥德堡市原来的邮政大楼时，他说这个地方非常适合建酒店。但他遇到了强烈的反对意见："不，不，不，这是有100多年历史的旧邮局，已经关闭15年了。"

彼得·斯托达伦坚持己见："它会成为一家酒店的。"

"不，彼得，不行的，我们有严格的管理规定，你不能对它做任何事情，不能做任何改变。"

彼得·斯托达伦还是把旧邮局买了下来，并排除了所有官僚规章障碍，然后对建筑和区域进行了改造并取得了巨大成功。事实上，该酒店所在区域已经发展成为新的城市中心。

如果你只是一个追随者，或选择在残酷的竞争中硬碰硬，那你绝不可能成为亿万富豪。相反，你要找到系统中的漏洞并加以利用。另外，不要相信那些看似显而易见的真理，要避开那些"一望便知"的选择。

谢尔盖·加利茨基对此有着清醒的认识："不要相信显而易见的重要决定，也不应该相信简单的决定。你要怀疑一切，即使是最显而易见的决定，也不能相信。这一点才是成功的关键。"

弗拉基米尔·戈尔德丘克是谢尔盖·加利茨基的商业伙伴，他也向我证实："谢尔盖·加利茨基从不相信任何事情。他始终怀疑一切，对任何情况都有自己的见解。"

亿万富豪从来不会让别人的看法左右自己的行动或自我价值。利里奥·帕里索托说："当然，人人都喜欢掌声而不是抱怨。但在某种程度上，我认为亿万富豪并不在乎得到的是掌声还是抱怨。他们心里有一套自己的标准，独立做出自己的判断，也做好了接受批评的心理准备。他们知道，就算今天获得了掌声，明天也有可能陷入困境。今天人们抱怨你，也许明天他们就会为你鼓掌。所以，亿万富豪有足够的人格魅力，能做到宠辱不惊。如果我做错了，我也不需要任何人来告诉我，我有自知之明。最严厉的批评其实来自我自己。"

为自己而活

对亿万富豪来说，个人独立似乎是人生重要的原则之一。他们不仅自己坚持这一点，也教育子女自力更生。他们希望自己的孩子成为真正懂得独立思考的人。

与大多数父母相反，彼得·斯托达伦反复告诉子女，在学校的成绩并不重要。他向子女强调："做任何事情都要开心。选择你自己的人生道路，而不是我让你走的道路；按照自己想要的方式为自己而活。想做什么就去做，只要你做的事让你感到快乐就行。"

陈觉中也用类似的理念教育子女："我希望孩子们懂得享受生活，根据自己的需要和喜好去过自己的人生。人生不是为了追随别人的信仰或社会的信仰。你要为自己热爱的事情而活，任何事情都可以。"

许斯尼·奥兹耶金经常在自己创办的大学的毕业典礼上勉励学生："不要盲目听从别人的话，要做自己想做的事情，否则你会后悔的。如果你做了自己想做的事情却得不到幸福，也没关系，毕竟你还是对自己负起了责任。如果你听别人的话去做却感到不快乐，那就是你自己的错了，因为你当初就不该听别人的话。"

注意特立独行的潜在弊端

亿万富豪的特立独行也有其潜在的弊端。

在本章的前半部分，我提到亿万富豪如何按自己的方式行事，不轻信别人的建议。但是，一方面，我们不应该为了特立独行而放弃与他人合作。

在 Hangame 成为韩国第一大游戏公司后，实力相当的竞争对手 Netmarble 公司曾向金范洙提议共同开发一些项目。"我当时认为我们是最顶尖的公司，不需要他们的帮助，于是就冷淡地把他们打发走了。"

金范洙以为两家公司之间的差距会与日俱增，但事实并非如此。Hangame 拼尽全力才勉强维持着领先地位，如果与 Netmarble 合作，Hangame 也许会有更卓越的表现。"但我无法摆脱偏见，我以为我的公司更加强大，靠自己就可以做那些项目。经过这件事，我开始明白，不要自己单打独斗，有时候与人合作可以把事情做得更好。"金范洙认为拒绝与 Netmarble 合作是他在商业生涯中犯下的最大错误之一。

另一方面，在有需要的时候，不要回避寻求帮助或咨询建议，尤其在那些自己实力较弱的领域。你必须了解自己，然后采取相应的行动。不愿意求助可能会让你犯下不该犯的错误，或者被庞大的工作量压得喘不过气来。

奇普·威尔逊认为，不愿意求助可能是限制自己发展的一个主要因素。"我想所有的事情都自己做，所有的错误都自己负责。我不要任何人为我犯下的错误承担责任。这样想确实会限制自己，因为我发现有些人确实很想助我一臂之力。"

　　读完本章之后，你应该明白，亿万富豪都不是循规蹈矩之人。他们从小就懂得打破规则，表现出特立独行的个性。多年来，他们学会了相信自己的直觉，即使身边的人都认为他们的想法很疯狂，劝他们不要冒险，他们也要逆流而上。

　　知道什么时候该飞跃前进，什么时候该急流勇退，这一念之间可能会带来公司破产倒闭与大赚数十亿美元的不同结局。那么，你有足够的勇气做一个特立独行的人吗？

　　　　——心志不专者不知道或不理解规则，也无法按规则行事。
　　　　——百万富翁了解所有规则，也能熟练运用规则。
　　　　——亿万富豪理解所有规则，而且知道规则是人制定的，因此他
　　　　　　们会寻找系统的漏洞并加以利用。同时，他们也会创造新规
　　　　　　则、新范式。

CHAPTER 14

第 14 章

因为热爱，所以勤奋

据我观察，很多人之所以取得成功，是因为他们在
别人荒废时光时还在努力拼搏。

——亨利·福特（Henry Ford）

工作没有捷径。你付出的努力越多，成功的概率就越高。所以，一定要勤勉不懈。

人们常说，"巧干胜过苦干"。这是无稽之谈。做事既要发挥聪明才智，也要兢兢业业，只有这样才能与其他人竞争。只有勤勤恳恳，才能拥有竞争优势。

谢尔盖·加利茨基创立了马格尼特公司，旗下拥有 17 000 家超市，是俄罗斯最大的食品零售商。当他坐在红木办公室里接受我的采访时，我问他对希望像他一样成功的人有什么建议。他回答说："不要以为自己比别人厉害。只有比别人更加勤奋，才能取得比别人更大的成就。"在他看来，商人最重要的特质之一就是勤奋。"你必须非常勤奋，因为你的智商未必能超越常人。只有更加吃苦耐劳，才能打败竞争对手。"

> 不要以为自己比别人厉害。只有比别人更加勤奋，才能取得比别人更大的成就。
>
> ——谢尔盖·加利茨基 # 亿万富豪金句

> 你必须非常勤奋，因为你的智商未必能超越常人。
>
> ——谢尔盖·加利茨基 # 亿万富豪金句

勤勉不懈

2015 年获得安永全球企业家奖的世界脚手架行业领导者穆赫德·阿利塔德有如下感悟。

无论你多么才华横溢，多么高瞻远瞩，你都必须勤勉不懈。我在蒙彼利埃有一家橄榄球俱乐部，在欧洲地区数一数二。2014年，我们还赢得了欧洲杯。有些球员很有天赋，但训练却不刻苦。我告诉他们："光有天赋是不够的，还必须刻苦训练。"经过刻苦训练，我们的球队终于取得了优异成绩。所以一定要勤勉不懈！

> 无论你多么才华横溢，多么高瞻远瞩，你都必须勤勉不懈。
>
> ——穆赫德·阿利塔德 # 亿万富豪金句

杰克·考因在父亲身上学会了正确的态度。他父亲经常教他说："只要你足够努力，你就能实现任何想实现的目标。"

> 只要你足够努力，你就能实现任何想实现的目标。
>
> ——杰克·考因 # 亿万富豪金句

虽然听着像是老生常谈，但大多数亿万富豪都说，他们之所以取得成功，最重要的原因之一就是勤勉不懈。

许斯尼·奥兹耶金的人生座右铭就是"勤奋工作"。他告诉我，以前读书的时候，班里总有人比他聪明，但他永远比他们更用功。即使是现在，他也从不认为自己是最聪明的人。但他相信，只要自己努力，就一定能取得胜利。他在给年轻学生提供建议时，表达的核心信息也是勤奋："只要你相信自己，只要你勤奋工作，你就能像我一样成功。"

利里奥·帕里索托认为："价值观是由性格决定的。只要你努力工作、刻苦钻研，你就能取得胜利。"

> 只要你努力工作、刻苦钻研，你就能取得胜利。
>
> ——利里奥·帕里索托 # 亿万富豪金句

在中学入学考试失败后，沈财福也学会了这个重要的人生道理。他开始明白，只有刻苦学习才能取得好成绩。

同学们都顺利升入中学，只有我需要复读。于是我醒悟过来，复读时我每次考试都是全班第一。因为我下定决心，一定要"卷土重来"。

奋斗不息

对读者们来说，勤奋可能只是一个模糊的概念，而且不同的人可能对何谓努力工作有不同的理解。让我们具体看一看什么是努力工作吧。

努力工作的内涵包括两个方面：高强度的工作和长时间的工作。

在巅峰时期，许多亿万富豪在醒着的每一刻都在工作。这意味着每天工作长达 18 小时，周末每天也要工作约 8 小时。他们从不休假，尤其是在创业的最初几年。计算下来，他们每周工作 105 小时，时长是每周工作 35 小时的三倍。显然，如果你每周工作 105 小时，你取得的成就肯定要比每周工作 35 小时大得多。因此，要投入时间工作，而且坚持不懈、奋斗不息。

有时你要连续加班几天，或者干脆睡在公司里，就像弗兰克·斯特罗纳克在创业之初那样。

我刚创立第一家工厂时，有时候接了订单，为了按时交付产品，我就得加班加点工作，最多那次我连轴转 72 个小时。甚至到创立第二家工厂时，我仍然会这样加班工作，我的毅力和耐力都很不错。

在创业最初那几年，我几乎每个周末都要加班。我只有一个愿望：永远不再挨饿，实现财务自由。我看到我的努力有了回报，我看到我的梦想在逐渐成为现实。于是我告诉自己，再打拼 10 年我就财务自由了，到时候我就可以做自己想做的事情了。

曹德旺在创业之前和父亲一起卖水果。他还记得那时候自己每天睡眠不足，工作任务十分繁重。

那时我每天的睡眠时间只有五个多小时。后来我创办福耀玻璃，在头 20 年里，我每天的睡眠时间都不超过 6 小时。我的工作是全天候的，没有空闲的星期六，也没有空闲的星期天，每天都是工作日，每天都在努力工作。

在创办第一家公司时，曼尼·斯托尔在周末也要工作。到现在他仍然每天花大量时间忙公事："大多数时候我会忙到晚上，回家后还会继续工作。"

穆赫德·阿利塔德至今仍然坚持周末工作。

曹德旺、曼尼·斯托尔和穆赫德·阿利塔德在不同年份分别获得安永全球企业家奖。显然，如果你想成为世界上最优秀的企业家，你必须全年无休地工作，尤其是在创业的最初几年。

假以时日，当公司高管团队已充分就位、各司其职时，你可能会允许自己周末不工作，但在创业初期肯定不行。

弗兰克·哈森弗拉茨说："我只工作半天——从早上 7 点工作到晚上 7 点。"这句话也许最能体现亿万富豪对努力工作的态度。虽然已经年过八旬，但他仍在管理公司事务，而他的同龄人早在十多年前就已经开始享受退休生活。而像许斯尼·奥兹耶金这样年过七十的亿万富豪，每周的工作时间经常超过 60 小时。

> 我只工作半天——从早上 7 点工作到晚上 7 点。
> ——弗兰克·哈森弗拉茨＃亿万富豪金句

要想在生意场上取得成功，就必须投入时间。

穆赫德·阿利塔德告诉我："想成功就得努力工作。每天工作两小时是不可能成功的，绝对不可能。"

> 想成功就得努力工作。每天工作两小时是不可能成功的，

绝对不可能。

——穆赫德·阿利塔德 # 亿万富豪金句

亿万富豪总是希望自己能多做些事情。我问蒂姆·德雷珀希望在生活中有什么改变，他说希望有更多的时间，这样他就可以完成更多的工作。

在刚开始的时候，没有什么工作是简单的。

弗兰克·哈森弗拉茨到加拿大后的第一份工作是洗车。

弗兰克·斯特罗纳克在找到一份工厂工作之前，在一家医院做洗碗工。

纳温·贾殷认为，有工作总比没工作好，这是他的经验之谈。

我曾在硅谷工作，但公司突然要搬到洛杉矶，我不想搬过去，所以我很快就失业了，而那时候我刚结了婚。

于是我四处找工作，不放过任何一个求职机会。不管是什么级别的工作，也不管工资有多低，工作环境有多糟糕，我都要去试一试。我妻子看着我说："你受过良好教育，你是高级经理，为什么要应聘这种工作呢？"我说，因为我现在的状态是"没有工作"，有工作总比没工作要好一些，有了这份工作后，我再去找更好的工作。在我找到第一份工作之前，任何工作都比"没有工作"更好。

找到第一份工作后，我再继续求职，直到找到我想要的工作为止。工作能给我带来尊严，让我拥有自尊。对我来说，即使工资微薄，靠自己工作生存也比靠领取失业救济金过活强。我绝不接受靠救济过日子的生活。

因为我现在的状态是"没有工作"，有工作总比没工作要好一些。

——纳温·贾殷 # 亿万富豪金句

孜孜不倦

要想事业有成，就必须孜孜不倦。亿万富豪以勤奋作为自己的竞争优势，争分夺秒地发展自己的事业。

杰克·考因告诉我，体育运动已经将勤奋的习惯深深刻在他的骨子里。

> 我读大学时是非常优秀的橄榄球运动员，曾经入选全明星球队。我不是最出色的运动员，但我自问比任何人都努力。训练真的非常重要，虽然我不是最佳球员，但没人比我练得更刻苦。我会努力使自己的体能达到最佳状态。

勤奋工作能增加运气。彼得·哈格里夫斯喜欢说："我越是努力工作，就越幸运。"

我在摩纳哥遇到美国著名亿万富豪马克·库班（Mark Cuban）。他告诉我，做生意就像一项终极运动，没有终点，没有中场休息，也没有规则，而且总有人想把你淘汰出局。因此，如果想在这场比赛中获胜，你就不能松懈，哪怕是停下一秒钟也不行。

> 我越是努力工作，就越幸运。
> ——彼得·哈格里夫斯 # 亿万富豪金句

谢尔盖·加利茨基也持同样的观点。

> 在许多科学领域，科学家们努力探根究底，一旦得到结果，他们的工作就结束了。但商业世界不会有这种事情。在生意场上，一旦你稍不留神，就会有人来"吃掉"你。你不可能说："明年我可以休息，可以放松放松、享受享受。"实际上，任何时候你都不能放轻松。

走艰辛之路，不要走捷径

成功之道在于做困难的事情，而不是走容易走的路。

蒂姆·德雷珀告诉我：

> 我始终觉得，成功之道就是做困难的事情。要去解决富有挑战的难题，而不是走一条更容易的路。只要坚持迎难而上，不断向前进发，结果往往会成功。容易走的路通常不会给你带来什么好结果。所以要先挑战困难的事，在克服困难之后，再去做比较容易的事。

> 要去解决富有挑战的难题，而不是走一条更容易的路。
>
> ——蒂姆·德雷珀 # 亿万富豪金句

扪心自问，你要选择的是悠闲自在的生活，还是服务他人、探索冒险的生活？安逸的人生是虚幻的。但如果选择艰辛之路，最终你将会得到回报。

在获得工程学学士学位和人事管理与人力资源工商管理硕士学位后，纳温·贾殷偶然发现有一个能力测试，据说难度非常大，他的一些朋友已经参加了测试。

> 朋友们测完后都说，这是他们遇到的最难的测试。我看着他们说："得了吧，我们可都是聪明人，这种测试能有多难呢？"有个人说："你从来没有参加过这样的测试，所以你不知道那有多难。"当时我们在一起吃午饭，我盯着他的眼睛说："可恶，我偏不信邪……"吃完午饭，我正式告诉朋友们："我要去参加那该死的测试，我倒要看看能有多难。"

> 结果我通过了测试，成绩还非常优秀。隔天早上，有一家叫巴络斯（Barous Corporation）的电脑公司给我打电话。对方

说："我们看了你的测试成绩，我们想给你一份电脑程序员的工作。"我说："对不起，我这辈子都没见过电脑，甚至连电脑是什么都不知道，我这样的情况怎么能编写程序呢？"对方跟我说："根据你的测试结果，你绝对有电脑编程的天赋。你知道 bit 和 bite 的差别吗？"我说我当然知道。他说："有什么差别？"我说："bit 更小一些。"他说："这就对了。"（笑）他接着说："我们会教你怎么编写电脑程序，我们想聘用你，把你带到美国，但我们给你的薪资不会很高，只能每个月付你 500 美元。"

结果纳温·贾殷就来到了美国新泽西州。以印度的生活水平来看，月薪 500 美元似乎已经很不错了，但事实证明，这点儿工资在新泽西州几乎活不下去。而且，他以前从未经历过寒冬。

> 房子里没有保暖设施，寒风呼啸，我没有御寒衣物和靴子，只能穿着皮鞋在雪地里行走。我觉得自己受够了，美国不是我可以生存（生活）的国家。这是一场噩梦，这场试验应该结束了，我想回到我的祖国。

但是，纳温·贾殷还是留了下来，继续挑战自我，最终得到了巨大回报。不久，他前往加利福尼亚州。后来他受雇于微软公司，待遇非常丰厚。之后，他创办了 Infospace 公司，该公司后来发展成为网络时代的巨头之一，他自己也跻身亿万富豪之列。此后他又创办了许多其他公司。他成为一个富于远见的先驱者，全世界怀有雄心壮志的创业者都以他为榜样。

你是想漫无目的地度过一生，还是想有所作为？你是想一味消费，还是想创造价值？你是想做一名旁观者，还是想亲自参与人生竞赛？

露露乐蒙的创始人奇普·威尔逊告诉我：

> 我认为，关键的问题是，我的生命有何价值？我是想游戏人间，还是想创造价值？我的选择是在生命结束之前全力以赴地创造价值。

我是想游戏人间，还是想创造价值？

——奇普·威尔逊 # 亿万富豪金句

全速前进，不遗余力

如果你想超越他人，那就千万不要懈怠。要全速前进，全力以赴。要想成功，就要付出额外的努力。只有这样，你才能在商业竞争中获胜。

彼得·斯托达伦可能是我认识的精力最充沛的人。我问他保持旺盛精力有何秘诀，他回答如下。

这是一个非常好的问题。在消耗大量能量的同时，你也会得到很多能量。这和体育锻炼的道理是一样的。人们认为体育锻炼会消耗大量能量。不，恰恰相反，锻炼会让人获得很多能量。我早上做完运动、跑完步之后，无论是精神上还是身体上，我都充满了能量。这是开启每一天的最好的方式。我的狗很开心，我的妻子很开心，我也很开心，无论天冷、天热、下雪、下雨都没关系。所以，每当有人说："但你工作那么忙，怎么有精力……"，我就会告诉他们，其实正好反过来，因为我去锻炼，我才有精力工作。

在消耗大量能量的同时，你也会得到很多能量。

——彼得·斯托达伦 # 亿万富豪金句

蒂姆·德雷珀每天都全力以赴，没有丝毫懈怠，到晚上入睡时已经精疲力竭。

我总是竭尽所能，在每天结束之前完成大量的工作，然后再躺下来休息。

如果你不愿留有遗憾，不想一辈子都在纠结"要是……会如何"，那你就一定要全力以赴地投入。这是奇普·威尔逊在参加蝶泳比赛时学到的经验。

我经常讲自己10岁时参加游泳比赛的故事。大家总是快到终点时再全力冲刺，希望最终能有更好看的成绩。但我爸爸说："为什么不从一开始就全力以赴呢？如果拿不到冠军，那就接受这个结果好了。但你总要试试看。"他告诉我不要有任何保留，从一开始就全力以赴。我听从他的建议，成功打破了一项加拿大游泳纪录。

我总是在想，如果我没有对每件事都付出100%的努力，如果我只付出了98%的努力却失败了，我会不会一辈子都后悔莫及，永远纠结自己当初为什么要保留那2%？我会不会到死的时候都在悔不当初？我永远都不希望自己落入这种境地。

有热爱才会勤奋坚韧

热爱自己的事业是商人最重要的品质之一，也是许多亿万富豪的一个成功秘诀。如果你热爱自己的工作，你就会激励自我、积极进取、坚持不懈。只有热爱才能帮助你度过创业初期的煎熬，克服期间遇到的重重阻碍。因此，要以热爱为追求事业的驱动力。

彼得·哈格里夫斯说过："在生意场上，热爱你所从事的行业会让你获得最大的优势。有了热爱，你就会乐在其中，工作几乎也是一种享受、一种爱好。我确实热爱自己的公司，热爱这个行业。除了这家公司之外，我还有其他小生意，但那些不是我热爱的行业。热爱与否，两者的差别非常大。"

在生意场上，热爱你所从事的行业会让你获得最大的优势。

有了热爱，你就会乐在其中。

——彼得·哈格里夫斯 # 亿万富豪金句

陈觉中也认为热爱很重要。

要热爱自己所做的每一件事情，至少要感兴趣。

杰克·考因表示赞同。

如果你对所做的事情感兴趣，你就分不清自己是在工作还是在娱乐。如果你真的喜欢，做起来就非常容易；如果你不喜欢，最终你也会失败。能够明确自己喜欢的事情，知道什么能让自己快乐，才是最重要的。

要热爱自己所做的每一件事情。

——陈觉中 # 亿万富豪金句

如果工作时能乐在其中，那就不需要花时间放松。

正因为如此，曼尼·斯托尔每天的工作时间可以长达 18 个小时。

我不觉得有什么压力。人对压力的体会各不相同，有好有坏。如果你热爱自己所做的事情，对它充满热情，那么就算每天工作 18 个小时，你也不会感到有压力。但是如果你讨厌自己所做的事情，讨厌办公的地方，那么你每天工作三小时可能都无法忍受，最终可能会到生病的地步，因为你觉得自己无比痛苦而且无法逃离。

如果你喜欢自己所做的事情，你就会越做越好，取得成功是自然而然的结果。弗兰克·斯特罗纳克给了我以下建议。

你必须做自己喜欢的、乐在其中的事情。只要是你喜欢做的事，你就会越做越好。如果再多付出一些努力，你就能脱颖而出。不管做什么事情都要努力成为佼佼者。只要足够优秀，赚钱就是轻而易举的事情。无论做任何事情，道理都是一样的。

如何找到热爱之事

如果纳温·贾殷能给 20 岁的自己打电话，他会建议自己找到热爱的事情。

> 要找到自己真正热爱的事情，最好的方法是想象一下，假如你已经拥有一切，比如 10 亿美元、幸福的家庭以及你一直渴望的事物，你会做些什么？要永远记住，赚钱是做自己热爱的事情的副产品。如果是自己喜欢做的事情，你会长期投入时间，越做越得心应手。只要你出类拔萃，自然而然就能赚大钱。

> 想象一下，假如你已经拥有一切，比如 10 亿美元、幸福的家庭以及你一直渴望的事物，你会做些什么？
>
> ——纳温·贾殷 # 亿万富豪金句

如果一分钱都赚不到，你还会继续做自己正在做的事情吗？

奇普·威尔逊斩钉截铁地回答"会"，其他大多数白手起家的亿万富豪也给出了同样的答案。

> 假设不赚钱，我也愿意做以前做过的那些事。我纯粹是热爱做事的过程。"我有一个新的想法，我发现了一个新的概念，但我不知道人们会不会喜欢。"所以我想把这个想法变成现实。为此，我愿意每晚加班五六个小时，去做别人不愿意做的事情。我会去商店实地调查，看看顾客是否真的需要以及愿意花多少价钱购买。

亿万富豪热爱自己的工作，享受工作的过程。弗兰克·哈森弗拉茨就是一个典型的例子。

平心而论，没有什么比我正在做的事情更重要，绝对没有。我没有别的事情想做，就算请我担任政府首脑，我也不乐意，因为我已经有一份世界上最棒的工作，而且已经做了很多年。

我已经有一份世界上最棒的工作，而且已经做了很多年。
——弗兰克·哈森弗拉茨 # 亿万富豪金句

以自己创造的事业和价值为荣

亿万富豪以自己的事业为荣，对自己创造的价值深感骄傲。

彼得·哈格里夫斯告诉我：

大家常常会忘记，如果没有企业，没有企业创造的利润和就业机会，人们就无法享受现在的舒适生活。我认为，大家应该为自己的企业感到自豪。我的意思是，在很多国家，歌手和演员得到的赞誉远远多于企业家，我觉得这真的很可悲。

事实上，彼得·哈格里夫斯对自己在业内无可匹敌的专业性感到非常自豪。

每当听到顾客评论"哇，你们的食物味道真好！"，陈觉中就会感到非常自豪。

顾客会给我们好评："我们去了你们的店，你们的食物味道真好。"每当收到这样的称赞时，我们都感到非常高兴。

同样，蔡东青也为自己的成就和他们带给顾客的价值感到自豪：

我们把一家玩具制造公司发展成一家全方位娱乐集团，业务覆盖玩具制造、漫画、动画、授权、电影、游戏、智能科学等领域，我们创造的角色给人们带来了快乐和回忆，而且已经融入到他们的生活之中。对于我们取得的这些成就，我感到非常自豪。

享受过程而不是结果

创业过程带来的快乐远胜于创业的结果。比起拥有公司，亿万富豪更喜欢创建公司的过程。比起拥有财富，他们也更享受创造财富的过程。

2009 年安永全球企业家奖得主曹德旺已经名利双收，但对他来说，"名利不是最重要的。事实上，我更享受的是自己创业的整个过程，那才是真正的其乐无穷"。

> 事实上，我更享受的是自己创业的整个过程。
> ——曹德旺 # 亿万富豪金句

通往成功和幸福的道路是找到自己擅长而且热爱的事情，然后享受做事过程的乐趣。

我和彼得·哈格里夫斯在他位于布里斯托尔的办公室见面时，他与我分享了以下见解。

> 我没有什么擅长的事情。我是说，我经常跑步，但我不擅长跑步。我从未赢过什么比赛，打壁球、打网球都没有拿过什么奖牌，也从来没有入选过校队或者类似的运动队。我唯一擅长的是做生意。我觉得，如果你找到了自己擅长的事，而且能去做，那是再好不过的事情。我的意思是，有些人虽然有自己擅长的事情，却不想去做，这真的很可悲。我认识一些有运动天赋的人，但他们不想当运动员。我找到了自己擅长的事，而且乐在其中。找到自己擅长的事情然后着手去做，就这么简单。

> 我唯一擅长的是做生意。我觉得，如果你找到了自己擅长的事，而且能去做，那是再好不过的事情。
>
> ——彼得·哈格里夫斯 # 亿万富豪金句

不喜欢就另谋出路吧

但是，如果不喜欢自己的工作怎么办？

在悉尼，我和杰克·考因站在他家的门廊上交谈，当时他就此问题指出：

> 我认为最重要的是做你想做的事情。如果你是逆水行舟，你肯定会觉得非常艰难。勉强自己去做事，肯定会痛苦不堪。你必须真正喜欢自己所做的事情。做任何事情都不会一帆风顺，如果你对所做的事情毫无兴趣，你自然会感到厌烦疲倦，稍有困难就想打退堂鼓。但如果乐在其中，你可能会变得越来越出色，在正向强化作用下形成良性循环，使自己的事业更上一层楼。成功会传染，失败也会传染。所以，要享受自己正在做的事情，如果无法乐在其中，那你可能入错了行，走错了方向，赶紧另谋出路吧。

> 要享受自己正在做的事情，如果无法乐在其中，那你可能入错了行，走错了方向，赶紧另谋出路吧。
>
> ——杰克·考因 # 亿万富豪金句

如果你已经得到自己想要的一切了呢？ 1993 年，曼尼·斯托尔创办第一家公司时就遇到这个问题。

> 我已经达成全部既有目标，所以我不想继续经营，想把公司卖掉，卖个六七百万美元吧。这笔金额对当时的我来说是一笔巨大的财富。但由于种种原因，公司没能卖出去，上市便成

为最后的选择。

我问他为什么想卖掉公司，他说：

> 我拥有的已经足够了。我的既有目标已经全部达成，我觉得人生已经圆满了。我也不是想退休，只是不想再待在礼品公司。我给自己设定了目标，在达成目标之前，我做任何事情都充满了激情和动力。
>
> 就像爬山一样，你想攀登高峰，于是你全力以赴，完成了不可能的任务。成功登顶之后，一切风光都尽收眼底。但是这个时候你会问自己：接下来做什么呢？这就是我当年的感受。

曼尼·斯托尔感到无聊至极。幸运的是，他的公司最终成功上市，18个月的托管期结束后，他终于可以拿着大笔现金从礼品公司脱身了。他希望自己的子女也能发现心之所向，找到自己热爱的事情。

> 很多人都在从事着自己讨厌的工作，或者做着自己不喜欢的事情，所以一生都碌碌无为。但是，人不应该这样浑浑噩噩地过一辈子。我们应该做自己喜欢的事情，享受工作的过程。这一点是非常、非常重要的。不要把生命力耗费在自己不喜欢、无法乐在其中的工作上。

> 不要把生命力耗费在自己不喜欢、无法乐在其中的工作上。
>
> ——曼尼·斯托尔 # 亿万富豪金句

亲爱的读者，你呢？你是否愿意全力以赴超越竞争对手？你喜欢自己的工作吗？你对自己的事业满怀热情并引以为豪吗？你做事是否兢兢业业？你能为了事业废寝忘食、不遗余力吗？你要选择一条艰辛的道路，还是试图走捷径？

——心志不专者懒惰而且缺乏激情，选择容易走的道路。

——百万富翁勤奋工作但无法持之以恒。他们不能全力以赴，容易被消费主义干扰，对自己的事业缺乏持久的热情。

——亿万富豪无比热爱自己的事业。他们比任何人都要勤奋，而且喜欢创造价值，不注重消费。他们选择走艰辛的道路并全力冲刺。

CHAPTER 15

第 15 章

快速行动，把握机遇

效率就是把事情做对，有效就是做对的事情。

——彼得·德鲁克（Peter Drucker）

彼得·哈格里夫斯认为：

> 要想取得无与伦比的成就，你就必须做对很多事情，要把公司经营得有声有色，要有效率，并知道如何善待员工。

天下武功，唯快不破。所谓"快"（F.A.S.T.），包含完美执行（Flawless execution）、绝对专注（Absolute focus）、速度（Speed）和时间管理（Time management）四个概念，简而言之就是效率。那么，你的执行效率如何，你够不够快呢？

执行为王

每个人都有想法，但最重要的是执行。

在生意场上，能脱颖而出的不是最有创意的公司，而是能在市场上表现最佳的公司。

斯堪的纳维亚酒店大王彼得·斯托达伦常说："执行就是一切。就算是哈佛商学院的教授，如果没有执行力，也永远不会成功。人们认为战略或市场定位是取胜的最关键因素，我对此不敢苟同。这两个因素对成功的作用只占 15% 或 20%。要取得成功，80% 在于执行，在于将想法变成现实的能力。"

> 执行就是一切。
> ——彼得·斯托达伦 # 亿万富豪金句

> 要取得成功，80% 在于执行。
> ——彼得·斯托达伦 # 亿万富豪金句

商人最重要的能力之一就是卓越的执行力。

中国汽车玻璃制造商福耀玻璃的创始人曹德旺认为自己的成功秘诀就

是"信念、愿景和执行"三个要素，其中最重要的是执行。执行力是他的经营理念的核心。

时间是关键，速度至关重要

要认识到你最重要的资产是时间，不是金钱。即使你失去了所有，你也总能赚到钱，但你却永远无法挽回失去的时间。与其对金钱锱铢必较，不如对时间争分夺秒。

亿万富豪们都知道速度对于做生意的重要性，也十分擅长迅速把握商机。波兰首富米哈·索罗告诉我："在我看来，速度是生意成功的关键参数之一。"

弗兰克·哈森弗拉茨就是以速度优势成功拿下一份价值数百万美元的合同，并成为通用汽车公司的客户的。

> 我经人介绍认识了通用汽车公司的一位业务代表，得到了一个参观通用汽车公司的机会，这真是天大的好事。在陪同我参观车间时，那位业务代表跟我说："这些产品我们想外包出去，我们不打算自己生产。"他说的产品是汽车的主轴。我问他："产量是多少？"他说："每天的产量是8000个。"我的天啊！产量那么大，我需要多少台机器？我马上给了他一个报价，然后问他："你需要考虑一下吗？"他说："不用考虑了，你的报价很合适。"就这样，我拿到了这份订单。这是我们公司拿到的第一份汽车行业订单，而且是一笔大订单，我们还为此建了一个全新的工厂。

这就是速度在生意场上的威力。

在1992年经济大萧条时期，奥斯陆著名的斯滕和施特罗姆百货公司申请破产，正是此时彼得·斯托达伦取得了职业生涯最辉煌的成就之一。斯滕和施特罗姆百货公司被称为挪威的哈洛德百货（Harrods），拥有近

200 年的历史，被誉为挪威零售业的先驱。

彼得·斯托达伦决定竞购这家百货公司。他的计划是将百货公司分成 52 个部门，在 9 个月内出分别租给承租户。

周一中午，竞标结果揭晓。彼得·斯托达伦胜出，他和团队聚在一起庆祝胜利。

> 这时，电话响了："彼得，你得马上来一趟百货公司。公司原来的管理层自以为胜券在握，所以早早召集了所有员工，想着竞标结果一揭晓就公布他们的计划。得知竞标失败，他们马上就离开了公司，留下聚集在一楼的员工。现在你得马上来公司，向所有员工公布你的计划。"

员工们要求他尽快提出解决方案，并逼问百货公司何时重新开张。当时年轻气盛的彼得·斯托达伦出人意料地宣布，百货公司将于周三下午 3 点重新开业，还承诺会举办盛大的开业活动。

> 我心里也在打鼓：现在已经是周一下午 1 点，我连在报纸上登广告的时间都没有了。我该怎么办呢？

而且，他已经为库存和品牌花光了所有资金。在没有预算的情况下，百货公司根本不可能在 48 小时内成功开业。他的团队也心急如焚，于是他告诉团队：

> 好消息是，我们有两个选择，而且这两个选择都能让我们在吉尼斯世界纪录中占有一席之地。第一个选择——坐以待毙，我们将会成为有史以来破产速度最快的公司。如果我们什么都不做，我们在重新开业之前就会破产。

他们当然不希望这样的事情发生。

> 第二个选择——我之前跟投资人承诺要在九个月内完成的

任务，现在我们必须在周三之前完成。

在这两天内，彼得·斯托达伦不仅签下了52个部门的承租户，还让他们搬进来，准备开张营业。

他向承租户出售库存和商店设备，第一天就收回了几乎所有投资。对他来说，这就像重新来一次小时候卖草莓的经历。

下一个难题是为开业活动打广告。虽然挪威最大报纸的截稿时间早已过去，但他仍然成功地刊登了两页全版的开业广告，因为他承诺在未来六个月内在该报再投放50页彩印广告。他接受采访的新闻甚至还上了头条。在采访中，他说这将是奥斯陆历史上最盛大的开业活动。

开业活动确实非常成功，顾客人潮汹涌，盛况空前。由于人流量实在太大，自动扶梯因过热而停止工作，消防部门也因担心发生火灾而下令打开大楼所有对外的门。

最后，斯滕和施特罗姆百货公司成功翻身，以前每年亏损650万美元，换了新业主后第一年就盈利550万美元。

彼得·斯托达伦和他的团队几乎在48小时内就扭转了局面！这是一个史诗般的成就，称得上前无古人，后无来者。挪威的各大商学院对此叹为观止，至今仍然将其列为教学案例！

马格尼特公司创始人兼首席执行官谢尔盖·加利茨基做生意的效率最让我印象深刻。马格尼特公司是欧洲最大的食品零售商，目前拥有17 000多家门店，每天都要新开五家超市。你能想象吗？你知道开一家超市需要投入多少资金、做出多少动作吗？我在第4章中介绍过开一家超市需要完成的一系列工作。他们到底是怎么做到的呢？

其实，他们在刚开始时也并非如此高效，但他们持续提升能力、技术和效率，最后终于达到了这个速度。

这种无限地提高效率的理念已深深扎根于马格尼特公司的企业文化。谢尔盖·加利茨基的商业伙伴弗拉基米尔·戈尔德丘克认为，公司的发展必须不断加快，否则就会被淘汰。

在竞争的道路上，止步不前就会被淘汰。你必须前进，必须奔跑，而且必须越跑越快。保持领跑地位是非常困难的，但你一定要做领跑者。

亿万富豪的六大效率策略

在追求效率的同时也要重视结果，不能为了做事而做事。
这是沈财福从学生时代就开始注意的问题。

在读小学和中学的时候，每次遇到什么机会，我都会想一想："如果我做这件事会怎么样？如果我做那件事会怎么样？如果不做又会怎么样？"我的朋友们却说："你想太多了，直接去做就是了。"这话没有错，但也不对。

随着年龄的增长，我发现，我会这样思考说明我有分析能力。我喜欢分析问题的习惯也是这样形成的，这种思考过程会帮助我决定是否做某件事情。

我会问自己："怎么做才能达到最好的结果？"我的朋友们不会这样思考，但我想得到最好的结果，所以我还会追问："这个结果是可持续的吗？"然而，很多人认为只管做就行，他们并不关心结果。

以下是让亿万富豪们事半功倍的六大效率策略。

设定目标

要把自己的目标写下来。奇普·威尔逊强调，做每一件事情都要规定最后期限和"满意标准"。

我做任何事情都会定一个"最后期限"，对于每一件事情都要明确在"最后期限"前必须达到的"满意标准"。我对自己也

是这样要求的，只要我承诺在某个日期之前完成某件事，我就
得抓紧去做。对自己也要言而有信，如果我说我要在某个时间
之前做某件事，那么我就必须去做，而且必须按照预定的时间
和方式去完成。

> 对于每一件事情都要明确在"最后期限"前必须达到的"满
> 意标准"。
>
> ——奇普·威尔逊 # 亿万富豪金句

沈财福给子女以下忠告：

> 人生是一段漫长的旅程。如果不保持专注，如果没有目标，
> 你们就会迷失方向。如果不勤奋，你们将一事无成。如果不自
> 律，你们就会惹来麻烦。

> 人生是一段漫长的旅程。如果不保持专注，如果没有目标，
> 你们就会迷失方向。
>
> ——沈财福 # 亿万富豪金句

定期做计划

和所有亿万富豪一样，米哈·索罗喜欢做计划而不是徒有梦想。

> 对于具体的事情，我没有梦想，只有计划。我会针对公司
> 和业务制订各种各样的计划。这些都是普普通通的计划，并没
> 有超出平均水平，很容易付诸现实。我的意思是说，计划就应
> 该是这个样子的。

大多数亿万富豪每天都制订日程计划，比如杰克·考因。

我使用日程安排工具，就像日历一样，记录工作进度、年度安排，也可以回顾以前的工作。我每天都会计划当天要做的事情，除此之外，我还会制定三四个想要实现的更大目标。

确定优先次序

亿万富豪们使用各种策略对事情进行优先级排序。首先要确定哪些事情是优先事项，其次要选择适合自己的优先策略，选定后便不再更改。

优先策略：先做最重要的事

这种策略可能是效率大师最喜欢的，许多亿万富豪也广泛采用。

韩国移动服务业霸主金范洙就是使用这一策略来确定项目和任务优先次序的亿万富豪。

我会不断审视我手头的事情：现在最重要的任务是什么？最重要的人是谁？我现在需要处理的最重要的任务是什么？我会从这些角度去思考，然后去做最重要的事情，把其他事情交给别人去做。这就是我的做事风格，所以我觉得没有必要去管理时间。如果我有很多时间，那就说明公司经营得很好；如果我很忙碌，那就说明事情进展得不是很顺利。

优先策略：先做最棘手的事

这是博恩·崔西称为"吃青蛙"（eat that frog）的策略。这个策略比第一个策略更受亿万富豪青睐。他们会优先选择做难度最大的事情。

对此策略，利里奥·帕里索托表示：

我会优先处理自己不喜欢做的事情。为什么呢？因为这样能使其他事情变得简单。如果把不喜欢的事情拖到明天再做，只会让明天的事情变得更难。所以，如果你有不喜欢的事情，比如你需要给某人打电话但你不想打，因为你知道那个人会抱怨，或跟你有过节，或你不喜欢他；或者你需要解雇一个可恨的员工，那么就优先处理吧。处理完之后，剩下的就是简单的、让人愉悦的事情了。

> 我会优先处理自己不喜欢做的事情。
> ——利里奥·帕里索托 # 亿万富豪金句

彼得·哈格里夫斯每天早上都会问自己两个问题："我最不想和哪一位交谈？我最不想做哪一件事情？"

无一例外，这些就是你每天最优先处理的事情。你应该立即和不想交谈的人说话，立即完成不想做的事情。这两件事堵住了你的思绪，只要解决了它们，你就能度过美好的一天。

优先策略：先做最紧急的事

你可能认为这是老派的做事方法，但实际上一些亿万富豪也通过这一策略取得了成功。

沈财福按照"紧急—合理—合乎逻辑"的步骤对事情进行优先排序。

蔡东青告诉我："通常我会根据事情的紧急程度来决定处理的优先次序。"

一些亿万富豪则会在必要时切换到紧急模式。

优先策略：先做最具潜能的事

有些亿万富豪制定了更为细致的优先策略，会首先考虑潜在收益更大的事情。

陈觉中是 2004 年安永全球企业家奖得主，他非常清楚地描述了这一策略：

> 有时我会先考虑紧迫性，但大多数时候，我会根据项目的性质来做决定。我们要考虑那些有更大潜在收益的大项目，先

全力以赴完成这些项目。

谢尔盖·加利茨基的优先策略则更加精细。他关注风险回报比，建议根据公司规模制定不同的战略：规模小的时候，关注最有利可图的事情；规模大的时候，重点关注最重要的事情。

保持专注

每个创业者要做的事情成百上千，要落实的想法更是成千上万。如果不对自己想做的事情保持专注并持之以恒，那么你就永远无法完成。因此，重要的是不仅要分清轻重缓急，决定自己需要做什么，还要决定哪些事情不需要做。另外，不要被紧迫感干扰。

正如杰克·考因所说，"要像一支步枪，而不是猎枪。要警惕更漂亮的女孩、新理论和让人分心的事物"。

蒂姆·德雷珀告诉我：

> 我父亲曾经教我，先挑战困难的事情，直到完成为止。要保持专注，直到将其完成，实现你想要实现的目标。直到现在，我仍对他的话深信不疑。

米哈·索罗在商业生涯中学到了两个重要原则。

> 要知道，人总能在生活中学到一些道理，这些道理会演变为我们为人处事的原则。我学到的第一个原则是："确定自己不做哪些事情。"也就是说，要集中精力做重要的事情。对于看起来很有吸引力的事情，你往往很难说"不"，但所有事情都做是不可能的，那样只会让你分心。而分心就是对重要目标的不专注，这实际上意味着你什么都想做，但最终却什么也没做成。我学到的第二个原则是："如果你无法理解某件事情，那么就不应该去做。"我的意思是，如果我不能迅速理解某件事情，比如某些市场、事物、事件，那就说明我不应该参与。

> 确定自己不做哪些事情。
>
> ——米哈·索罗 # 亿万富豪金句

> 如果你无法理解某件事情，那么就不应该去做。
>
> ——米哈·索罗 # 亿万富豪金句

奇普·威尔逊每天都在反思自己是否足够专注。

> 我很愿意放弃那些没有用的事情，我这里说的是日常事务。我每天都要处理生意上的事情，我会问自己："如果要超越自己，我该怎么做？"这样思考能帮助我分清事情的轻重缓急，从而放弃别人可能觉得重要但实际上并不重要的事情，把精力放在真正重要的事情上。

在 20 世纪 90 年代，曹德旺的公司开始准备上市，那时候他就明白应该专注于自己擅长的事情。尽管缺乏地产开发方面的专业知识，他仍然为当地政府建造了一个工业村，结果却陷入了 1994 年的危机，导致公司差点破产。

> 我花了很多很多年进行重组，处理所有损失。我从这些事情中学到，任何公司都必须做到专业才能取得成功。你必须非常专业，才能出类拔萃。不要什么业务都做，要做自己擅长的事业，专心致志做强，然后才能做大。

> 要做自己擅长的事业，专心致志做强，然后才能做大。
>
> ——曹德旺 # 亿万富豪金句

利用时间和精力杠杆

要意识到，你每天的时间和精力都是有限的，你无法将自己的工作规模化。这就是为什么时间管理和生产力战略只能发挥有限的作用。随着公司的发展，这些管理策略和战略很快就会失去动力，面临瓶颈。在这种情况下，你应该借助杠杆的作用，去寻求他人的帮助，提高时间、精力、技能甚至资金的利用效率。

杰克·考因解释如下。

> 你应该进入一个收益看杠杆倍数而不是看努力程度的行业。我经常跟人说，如是你想实现财富自由，就不要做牙医。对方总会反问我："为什么？"我告诉他们，如果牙医不钻牙，他就赚不到钱。牙医的一切收益都取决于他的钻牙技能。你选择进入的行业不能是一个只能靠没完没了加班才能取得成功的行业；你选择进入的行业，必须是一个可以通过与其他人合作或者找人帮忙来给你的时间和精力加杠杆的行业。

> 你要给收益加杠杆，不是依靠加倍努力。不要从事以努力程度衡量成功的行业。你自己的时间和精力是有限的，你需要给它们加杠杆。

测量你所做的每一件事

任何有测量标准的事情都能完成。因此，你在生意场上所做的每一件事情都要测量。

弗兰克·哈森弗拉茨是我心目中的效率冠军。与其他汽车零部件制造商相比，他的利纳马集团的利润率大约高出一倍。弗兰克·哈森弗拉茨的人生格言是："测量你所做的每一件事。"

他在自己的工厂引入了一个测量和成本改进流程并不断加以完善，由他亲自领导的成本突击队（Cost Attack Team，CAT）负责执行。

> 对我来说，最重要的一点就是我们要测量一切。从第一天起，我就对一切进行测量。我们目前可以在 1 分 20 秒内完成一项任务，如果要继续缩短时间，我们应该怎么做？不是更努力

地工作，而是努力寻找更好的工作方法。

例如，工厂里有一个两班倒的职位，白班是一个矮个子，夜班是一个高个子。那么，你要在工作台面前放一张什么样的桌子？如果你随便放一张普通桌子，高个子可能一直得弯着腰，矮个子则可能够不着。为什么不做一张可调节高度的桌子呢？没人想到这一点："这是工厂，为什么要想这些有的没的？"没错，这样做的成本是会高一点，但仔细想想，如果换一张可调节高度的桌子，那位矮个子就不用踩在凳子上工作了，这就是更好的工作方法。

弗兰克·哈森弗拉茨年轻时是一名赛艇运动员。我问他在体育运动中学到了什么有助于做生意的方法，他回答说：

凡事都要计时，凡事都要测量，而且要有纪律。如果不遵守纪律，没有团队精神，你就无法在赛艇队划船。即使你是队长，你也必须有团队精神。如果不测量自己的表现，你为什么要参加比赛？做生意也是同样的道理，你要测量你所做的每一件事。

比如，我会数一数我刮胡子需要刮多少下。你应该不会这样做，因为你留胡子，（笑）但我数过。

我听了感到不可思议，便问他需要刮多少下，他回答：

我以前需要刮 78 下。但现在我又老了几岁，脸更松了，皱纹也更多了，现在需要 83 或 84 下。

我问："那时间呢？你也计算需要花多少时间吗？"他说：

当然，我也计算过，大约两分半。我洗澡连带刮胡子一共需要一共 15 分钟。我一向都很准时，因为我测量过。

> 测量你所做的每一件事。
>
> ——弗兰克·哈森弗拉茨 # 亿万富豪金句

用聪明的方式工作

不仅要努力地工作，还要用聪明的方式工作。本书中受访的亿万富豪与我分享了他们使用的一些提高效率的工具。

处理电子邮件

和我们每个人一样，亿万富豪们也需要应付源源不断的电子邮件。有些亿万富豪已经制定了明确的应对策略。

穆赫德·阿利塔德管理着 200 多家公司。尽管如此，我每次给他写邮件，我都能在一两个小时内得到回复。我很惊讶，便问他是如何处理邮件的。他说：

> 我每天要看 300 多封邮件，量非常大。如果我当天不处理，隔天就很麻烦。幸运的是，大部分邮件都可以转给别人处理。这部分邮件我很快就看完了，但剩下还有 5% ～ 10% 的邮件必须由我亲自处理。每隔两个小时，我就会看一下收件箱，看看哪些是要紧的，哪些是不要紧的，哪些是需要转给别人处理的。例如你给我发的邮件，我知道这对你很重要，所以我尽量优先处理，我会优先给你回复。

曼尼·斯托尔处理邮件的速度也快得惊人。

> 我尽量按先后次序做事。但对于电子邮件，我会先处理最新的信息，而不是按先后次序。有时我会收到一连串的邮件，可能是几个人发来的，我会先看最后发来的那封。我想对某件事情发表评论或给出建议，但在同一天内会有 10 多封邮件发过

来，给我提供很多与事情有关的信息。所以我总是先看最新的
邮件。

当然，人们通常都是按先后次序处理的。这只是我处理邮
件的方式。这种方式能让我了解事情的最新情况。而且我尽量
当天处理完所有邮件，所以我晚上也会工作。

有趣的是，穆赫德·阿利塔德和曼尼·斯托尔都获得了安永全球企业
家奖（不同年份）。从他们的电子邮件处理策略中明显可见，他们都十分
善于安排自己的生活和工作。

复制成功经验

如果你发现了一种特别有效的做事方法，那尽可能地重复使用，重复
得越多越好。要复制这种方法，充分利用其优势。弗兰克·斯特罗纳克就
是这样从一家工厂发展到 400 多家工厂的。

刚开始的时候，我雇了一个工长。两年后，我问他："你怎
么变得判若两人了？"他说他想自己开工厂。于是我对他说："我
们明天找个时间谈一谈吧。"那时，我已经在银行存了些钱。第
二天，我告诉他："我们为什么不合作开一家新工厂呢？我来支
付初始成本。你占三分之一股权，我占三分之二。你可以拿底
薪，不用再加班。到了年底，我们按股权分配利润，留一部分
利润用于发展。"他说："你是说真的吗？"我说："当然。"于
是我们就去找律师签了合约。（笑）然后我用同样的方法，跟一
个又一个工长合作开厂。说来也快，我们现在拥有 400 多家工
厂了。

保持简单

弗兰克·斯特罗纳克是简约大师。要保持简单，尽可能降低复杂性，
这样可以提高效率。我问他成功秘诀是什么，他回答如下。

保持简单，不要搞得太复杂。我们公司规模十分庞大，光是我的部门就有 25 名律师。他们给我看一份 100 页的合同，我告诉他们说："把合同浓缩成 25 页再拿给我看。"

因势利导

迪利普·桑哈维建议顺应潮流，利用潮流的力量，而不是消耗你的力量去对抗潮流。

如果顺流而下，你毫不费力就能前进。如果逆流而上，你就要耗费很多力量。我坚信一定有办法以最小的努力得到最大的产出。如果你付出的努力是 X，得到的产出是 X 的 10 倍，这绝对是一个比只得到 X 的 1 倍的产出要好得多的方法。

运用最大速度原则

亿万富豪们能够让自己的公司迅速发展，在几十年内就创造出难以想象的价值，而其他人却需要上千年的时间，到底原因何在？答案是最大速度原则。

谢尔盖·加利茨基解释了个中缘由。

我始终觉得我的人生承担了极大的风险。然而，随着时间的推移，随着年龄的增长，每个人都希望减少风险，我当然也一样。我们需要积累经验和智慧，才能明白自己究竟能承担多大的风险。我称之为企业的冒险预备状态（preparedness），也就是说，要给企业施加不至于使之崩溃的最大压力，企业的发展才能达到最大速度。

例如，在创业最初的 5 ～ 7 年里，我们没有赚到钱，但我们仍然不断地开设新的分店。我们每个月翻开损益表，看到的不是亏损就是损益两平，很是吓人，但我们还是继续开设新分店。不过那时候我还很年轻，可能是 25 或者 27 岁。

> 要给企业施加不至于使之崩溃的最大压力，企业的发展才能达到最大速度。
>
> ——谢尔盖·加利茨基 # 亿万富豪金句

亲爱的读者，你呢？你的行动够不够快？你的执行效率如何？你会定期设定目标和制订计划吗？你能分清轻重缓急，保持专注吗？你如何给自己的时间和精力加杠杆？你是否测量自己所做的每一件事？你是否用聪明的方式工作？只有在这些方面做到位，你才有机会成为亿万富豪。

——心志不专者有想法，但无法执行。

——百万富翁能落实自己的想法，但缺乏效率。

——亿万富豪能高效地落实自己的想法，而且行动迅速、专心致志。

CHAPTER 16

第 16 章

用钱要精打细算

节俭包含所有其他美德。

——西塞罗（Cicero）

　　大多数人对亿万富豪和金钱都误解颇深。他们认为亿万富豪坐拥巨款，每天都换着花样花钱，除此之外什么也不做。事实并非如此。在"前因后果"中，我已经说过，每天持有 10 亿美元现金的机会成本就高达 13.5 万美元，这根本划不来。所以，亿万富豪的财富几乎都是他们持有的公司、其他公司的股票、房地产和其他资产。

　　亿万富豪认为钱不是给自己享用的，而是用来投资和创造的。在生意场上，钱是一种通用的能量，可以让他们把事情做成，把愿景变成现实。

对待金钱的正确态度

　　纳温·贾殷认为自己只是财富的托管人，而不是所有者。

　　我们可以用一种非常有趣的方式来看待人生成功。

　　我曾去参加一个活动，出席者是一群非常聪明的人。我在现场走动，逢人就打招呼："嗨，你好吗？"对于"你好吗？"这种客套话，除了"我很好，谢谢，你好吗？"，你根本不会指望有别的回答。（笑）但是有个人居然回答说："唉，我很沮丧。"我已经走过去一两米了，听到他这么说，我马上往回走几步，然后对他说："哦，我很抱歉。你遇到什么事情了吗？"他说："我在股市里的钱亏掉了一半，所以现在心情很糟糕。"当时恰逢 2008 年经济危机，股市崩盘。

　　我深深吸了口气，对他说："其实，那些钱并不属于你。你只不过是钱财的托管人而已，你看，所有者不是还留了一半的钱给你吗？这是希望你不要辜负他的信任，让你拿这笔钱去做一些好事。"

　　那个人滑稽地看着我，然后问："你为什么这么说？"我说："那你有没有试过对别人做好事？有没有试过不为钱财，只是真心想要帮助别人？如果你这样做的话，你会得到很多善意，也许所有者也会因此善待你。"

　　说完这些话，我就走开了。三四年后，我又遇见了他。我问他："你还好吗？"他说："我记得你，我现在过得很好，真的很好。"我说："哦，怎么说？"他说："我不仅过得很开心，我还把过去亏掉的钱都赚回来了。"我问："发生什么变化了吗？"他说："我的人生观改变了。当有人说需要帮忙时，我依照你的建议，不求回报地帮助他们。现在我变得更快乐，钱也赚得更多，真是太不可思议了。"

我们在电视上会看到亿万富豪过着豪华奢侈的生活的报道。实际上，许多白手起家的亿万富豪私底下都非常谦虚节俭。

弗兰克·哈森弗拉茨的个人需求并不多。"我每天吃一个奶酪三明治，喝一罐健怡可乐。大多数时候都是如此，我这些要求并不多，而且从 10 岁起就没怎么变过。"

哈格里夫斯·兰斯当公司的创始人彼得·哈格里夫斯从父亲身上学到了对金钱极度谨慎的态度。

　　我父亲是做小生意的。他在非常拮据的年代长大，那时候人们并不富裕，尤其是在第二次世界大战之后。我父亲花钱特别谨慎。我看到他精打细算，每周都要省出一笔钱来支付煤气费、电费等费用，以维持基本的生意经营。

彼得·哈格里夫斯做生意非常节俭。他的公司没有公车，我在布里斯托尔采访他时，看到他私底下开的车是一辆用了八年的丰田普锐斯。他也把这种低调节俭的习惯传给了子女。

　　我的两个孩子让我感到非常自豪，因为他们完全没有受到金钱的影响。他们是两个普通的孩子，过着非常简朴的生活。我女儿在伦敦实习了一年，住在伦敦的一套公寓里。她经常跟在我后面关掉我忘了关的灯，因为她要自己支付电费。

　　他们开的车都很普通，都是七年车龄以上的轿车，居住的地方也是很普通的公寓。如果去度假，他们会和朋友结伴同行平摊房费，坐飞机也选择经济舱。顺便说一句，我住的地方离布里斯托尔机场只有10分钟车程，所以到布里斯托尔机场搭乘廉价航空公司的飞机要方便得多。与其开车两个小时去希思罗机场，我们宁愿去乘坐廉价航空公司的飞机。

彼得·哈格里夫斯给我讲了一个故事，说他有一次去马略卡岛（Mallorca）旅行，在岛上的飒拉（Zara）商店买了一双打折鞋。

那双鞋的价格大约是35欧元。直到现在我还很喜欢这双鞋。我已经穿了10年，现在仍然是我最喜欢的一双鞋。鞋面还保持得干净锃亮，看起来就像新的一样。我敢打赌，这是飒拉这款鞋子现在仅存的一双。

在我所有受访者中，生活最低调简朴的可能要数纳拉亚纳·穆尔蒂。作为世界上人员规模最大的软件公司印孚瑟斯的创始人，他在创立公司时和妻子搬到班加罗尔，入住一套简陋的三居室公寓，至今仍然住在那里。

利里奥·帕里索托与纳拉亚纳·穆尔蒂相识，是因为他们都是2003年安永全球企业家奖的候选人。纳拉亚纳·穆尔蒂最终胜出。颁奖晚会要求男士必须穿燕尾服，但利里奥·帕里索托告诉我，纳拉亚纳·穆尔蒂是当晚唯一没有穿燕尾服的人。纳拉亚纳·穆尔蒂说自己没有燕尾服，因为他并不需要。他就穿着一套普通西装上台领奖。

纳拉亚纳·穆尔蒂告诉我，他唯一允许自己购买的"奢侈品"是图书。

这是一个净资产超过20亿美元的富豪的消费习惯，跟你想象中的很不一样吧？

学习如何管理金钱

如果你不知道如何管理金钱，你就不可能在生意场上取得成功。要驰骋商场，一定要学习财务知识。

记录个人开支是管理金钱的好方法。

土耳其首富许斯尼·奥兹耶金很早就养成了做预算的习惯，后来在大学里他又通过实践掌握了记账和理财技巧。

> 我是兄弟会的财务主管。我为兄弟会记账，兄弟会每个月付我 80 美元工资，对我来说这是一笔不错的收入。此外，我寒暑假都会去打工。我把自己花的每一分钱都记录下来，直到现在，我还留着那本记账的笔记本。无论是什么花销，我都记录在案。

许斯尼·奥兹耶金拿出他的旧笔记本，给我念道："剪贴簿 3 美元，笔记本 1.75 美元。"他的记录非常精确。"还有竞选用塑料板，我以前参加过竞选。你看，花了 2 美元。还有校友日支出。吉列剃须刀 1.55 美元，邮寄圣诞卡 1.96 美元，舞会抽奖券 1 美元。有了一点钱后，我就开始和女孩约会。和莎莉约会花费 2.15 美元，连袜裤 1.79 美元，鞋子 11.95 美元。那时候买什么都便宜。"

> 我给人们最重要的人生建议就是尽早开始学习记账和制定预算。养成这个习惯会让你变得非常自律。

> 我给人们最重要的人生建议就是尽早开始学习记账和制定预算。
>
> ——许斯尼·奥兹耶金 # 亿万富豪金句

有些白手起家的亿万富豪从小就学习如何理财、如何存钱。蒂姆·德雷珀早在九岁时就学习投资，理解金钱的价值。

> 我九岁时，父亲就让我投资。我用零花钱买了一股奥马哈互助保险公司（Mutual of Omaha）的股票。
>
> 那只股票没怎么涨。我又把 10 美元存进银行，但也没发

生什么变化。存款每年有 5% 的收益，有一段时间还达到 10%。我想："哇，这还真不错。以前是一块钱，现在变成一块一毛了。"

父亲很早就教我做投资，对我的影响很大。后来我开始做风险投资，想向联邦政府的小企业发展局（SBA）申请贷款。那时候我才 26 岁，贷款的条件之一是必须有 10 年以上的投资经验。我对他们说："我从 9 岁就开始投资了。"他们大笔一挥，说道："那就可以申请！"

因为从小就有做投资的经验，所以我能够很早就开始创业。我觉得有零花钱是件好事。零花钱真的很重要，有了零花钱我们才能明白金钱的价值。我还在花园里干体力活。我并不是喜欢干活，但干一分钟可以拿一分钱，所以这活我还是乐意干的。我总是想："一分钟过去了，我又赚到了一分钱。"

奇普·威尔逊从十七八岁开始工作，收入相当可观，但他直到 20 岁才学会如何妥善管理收入。

我在阿拉斯加管理输油管道，那是世界上收入最高的工作之一。那时候我大概 18 岁，可能还不到 18 岁，如果以现在的美元计算，我在一年半左右的时间里赚了 70 万美元。这是一笔令人难以置信的巨款。但我每天要工作 18 ～ 19 个小时，下了班也无处可去。我也从来没有休假。最后，我实在受不了这样的生活，不得不离开。

虽然赚了钱，但我没地方花。所以我把钱寄回老家，买了一栋三间套的房子。回来后我住了一间，把另外两间租了出去，这时候我才开始考虑现金流和房产的问题。

我最大的失误是在贷款利率高达 19% 的时候选择了按揭买房。因此，我银行账户里的存款只给我带来 2% 的利息，而我要支付的房贷利息却是 19%。我没有意识到，其实应该把银行存款拿来多还一些房贷，那样的话我就不用付那么多利息了。现金流才是王道。

解决这个问题之后，他的财富开始积累，不到 25 岁，他就成了富豪。

限制支出

要懂得削减成本，因为你削减的所有成本，都会百分之百地转化为利润；而同样的利润却需要用数倍于成本的收入才能赚到。

在我心目中，弗兰克·哈森弗拉茨是最懂得削减成本的。在女儿接任首席执行官后，他把精力投入到成本突击队的工作中。他创建这个团队的目的就是在企业内部寻找节省开支的环节。

假设你的利润是 10%。如果我在某个环节削减 16 万美元成本，我只需要投入一个小时即可。但是，如果依靠收入来赚 16 万美元的利润，我必须完成价值 160 万美元的工作。

因此，要实行成本控制，减少不必要的开支。

弗兰克·哈森弗拉茨每年都能为利纳马集团节省数百万美元成本。

你会发现令人惊叹的效果。在欧洲，我们在两周内就找到可以节省 270 万美元甚至更多美元的地方。这不是一次性节流，而是每年都可以节省的花销。如果这项工作持续五年，成本削减也将持续五年。要知道，目前普通汽车零部件公司的税后利润也就 3.5% ～ 5% 而已。而利纳马集团的税后利润却高达 8.5%。业内能做到这个数字的只有另一家公司，那就是博格华纳（BorgWarner）。你要问问自己，怎么样才能达到如此高的利润率？我们今年已经达成了。

弗兰克·哈森弗拉茨递给我一份财务报表，我一看就震惊了："哇！3700 万美元！这是每年的利润数字吗？"

是的，你总能找到不同的节流环节。你每年还得给客户返利 2%。因此，我们要节省更多成本才能维持盈利。

我让弗兰克·哈森弗拉茨给我举一个削减成本的例子。

昨天发生了一件蠢事。每台机器都有一条传送带，用来把产品送出来。我们看到第一个流程中的传送带在运转，但上面没有产品，或者数量寥寥无几。我的助手亚历克斯（Alex）说："哇，所有传送带都在运转，但每条传送带上的东西都很少。一条传送带是 5 马力，大约相当于每小时 4 千瓦的用电量。一千瓦时的电费是 11 美分，那么它一天的电费就是 44 美分乘以 24 小时，大约 10 美元。为什么不用电脑程序控制呢？可以编写一个电脑程序，让传送带每隔 30 分钟运行 5 分钟。"我说："没错，这是个好主意。"我们有 400 台机器，每天每台的电费是 10 美元，400 台每天就是 4000 美元。我继续问他："你还注意到什么问题？"传送带还会带出来一些冷却水。传送带运行时，很明显还有些水留在上面，这些水会流走，而一升水的费用是 9.5 美分。亚历克斯很聪明，他打趣说："要不我们给每个工人发一个容量一升的瓶子，把那些水带回家？"（笑）我说："亚历克斯，你年纪轻轻，怎么已经学会开玩笑了？"

但如上所述，节俭很容易变成吝啬，有时也确实如此。有这样一则逸事：弗兰克·哈森弗拉茨和十几个律师、会计师开会，其中一个人讲了一则笑话。弗兰克·哈森弗拉茨看着钟算了一下时间：讲这个笑话用了三分钟。专业人士的咨询费是按小时计酬的，弗兰克·哈森弗拉茨很快就计算出了这三分钟要支付的报酬。他便说道："刚才那个笑话花了我 150 美元。从现在起，如果是讲笑话，我们就不算工作时间，好吗？"在弗兰克·哈森弗拉茨眼中，削减成本是一件很严肃的事情。

杰克·考因给我讲起他和弗兰克·哈森弗拉茨在游艇上见面的故事。

那是我第一次见到他。我说："弗兰克，再来一杯？"他说："如果我不喝这一杯，可否折现给我？"（笑）我说："弗兰克，我现在终于知道你为什么如此成功，为什么你能建立这么伟大的公司了。"

不要透支，避免负债

生意场上最明显同时也是最容易忽视的一条规则就是："不要透支。"虽然是最基本的规则，但这也是最重要的规则之一，所以亿万富豪们都会不厌其烦地强调这一点。

斯堪的纳维亚酒店大王彼得·斯托达伦认为这个规则至关重要，所以他把"先赚钱，后支出"刻在了石碑上，使之成为他的哥德堡价值法则之一。

> 先赚钱，后支出。
> ——彼得·斯托达伦 # 亿万富豪金句

彼得·哈格里夫斯喜欢储蓄。即使在年轻的时候，只要赚了钱，他也会存起来。

做特许会计师必须签客户才能赚钱。没有客户，你就赚不到钱，甚至连基本生活都难以维持。但即便如此，我从来没有缺过钱，因为我用钱总是很小心。我赚得不多，但我在 21 岁时已经攒够了买车的钱，所以我买了一辆新车，这是非常难得的。如果只靠我当时的工资，我根本买不起。我一直很会存钱，也喜欢储蓄，所以我才买得起新车。我一生中只有过一次金额很小的抵押贷款，而且很快就还清了。我从不沉迷于花钱。我花的钱只占我收入的很小一部分。

彼得·哈格里夫斯告诫人们不要借贷，不要负债。

我认为，人们借的钱往往超过他们实际所需，有时甚至在不需要的时候借钱。我在布里斯托尔认识一个生意做得很成功的人，出于某种原因，他找了一个风险投资人注资自己的公司，但他并不需要这笔钱。我觉得，很多人在借钱之前，如果能再仔细想想，可能根本就不需要借钱。我们公司从不借贷，一分钱都没有借过。

事实上，他的哈格里夫斯·兰斯当公司正是凭借这一战略成为英国最大、最成功的金融服务公司之一的。

我认为没有人能够不通过借贷或收购打造一家富时100指数公司，这是史无前例的。我的意思是，创建富时100公司的人确实有，但他们一般都是通过大量收购或借贷来实现的，这意味着他们在公司持有的股份微乎其微。我们在上市之前从未放弃过股权。我拥有很多股票，这就是为什么我这么富有。但我们从未借过钱，也从未收购任何公司。我认为，我们在没有借贷和收购的情况下打造了一家富时100公司，这是前所未有的。

> 人们借的钱往往超过他们实际所需，有时甚至在不需要的时候借钱。
>
> ——彼得·哈格里夫斯 # 亿万富豪金句

纳温·贾殷从他不识字的母亲那里学到了金融方面的基础知识。

我上大学时，母亲叮嘱我的第一句话就是："你要离开家了，希望日后你能大有作为。你要记住一个简单的道理——赚多少钱并不重要，只要花的比赚的少就行。永远不要欠债，花的钱永远不要超过你口袋里的钱。"

这是纳温·贾殷一生中得到的最宝贵的建议。

我那时没有意识到，如果有机会的话，说不定她会成为最好的首席财务官。她说，不要花你没有的钱，花的钱永远要比挣的钱少。这就是她教我的利润的基本含义。

我从来没有欠过债，从来没有。这是我一直坚持的原则之一。我不会贷款买房。如果我买不起房子，那我就不买。我总是告诫员工，每个会计师都会说贷款买房是最好的，你不应该花手里的钱买房子，贷款还可以享受很多税收方面的优惠，不用缴纳那么多税，总之你可以得到一切好处。但我想问的是，到底什么是最重要的？是安心。买一个房子，付清了房款，知道自己永远有房子住，你才会安心。

说到底，欠债和亏损是纳温·贾殷在生意场上最忌讳的两件事，"因为那最终会要了你的命"。

> 赚多少钱并不重要，只要花的比赚的少就行。永远不要欠债，花的钱永远不要超过你口袋里的钱。
>
> ——纳温·贾殷 # 亿万富豪金句

弗兰克·哈森弗拉茨从小和兄弟姐妹一起在农场帮父母干活，那时候他就接受了基本的理财教育。

我们做一点家务就能得到报酬。我们每个人都要做家务活，即使我年幼的妹妹也要帮忙做饭。那时候她才 12 岁，当其他人都在外面干活的时候，她要给大家做晚饭。不过我们总能拿到一点零用钱。我爸爸常说："你们想致富吗？有一个办法可以做到：花的钱比赚的钱少。少花钱，多积累，就能致富。"当然，致富就是我们每个人的梦想。

> 你们想致富吗？有一个办法可以做到：花的钱比赚的钱少。
> 少花钱，多积累，就能致富。
>
> ——弗兰克·哈森弗拉茨 # 亿万富豪金句

你喜欢赚钱还是花钱

问问自己：你更喜欢赚钱还是更喜欢花钱？你是否将工作和生意视为赚钱的"必要之恶"，不得不借此来维持你的生活方式或实现你的梦想？还是说，做生意赚钱是你真正喜欢的事情，花钱对你来说并不重要？

以下论断是本书的核心主张之一。如果只能用一句话来概括你读完本书的收获，那么下面这句话一定是你最喜欢的：

归根结底，财务上成功的人（百万富翁）和财务上超级成功的人（亿万富豪）之间的区别在于，后者以**赚钱**为乐，却不喜欢**花钱**。

波兰首富米哈·索罗不喜欢花钱。我在他的办公室采访他时，他告诉我："我花钱一向很少，现在也不乱花钱。因此，我的重要记忆没有花钱这一项。我不是最会花钱的人。"他自嘲地补充道："在某种程度上，我在努力提高自己花钱的能力。"

> 归根结底，财务上成功的人（百万富翁）和财务上超级成功的人（亿万富豪）之间的区别在于，后者以赚钱为乐，却不喜欢花钱。
>
> ——拉斐尔·巴齐亚格 @ 亿万富豪研究专家 # 亿万富豪金句

如果你喜欢钱，那就别花钱，把钱都存起来！

这是利里奥·帕里索托希望我明白的一点。

人们在赚到钱之前已经在花钱。因此，他们成了金钱的奴隶。

你喜欢钱吗？如果喜欢，你会怎么做？——你会把你喜欢的东西留在身边。但现在的人不喜欢钱，因为他们在钱还没到手时就已经花掉了。

利里奥·帕里索托在六岁的时候开始学习珍惜金钱。当时他要在地里做工，剥玉米皮来卷烟草，做成玉米皮雪茄。

> 每天晚饭后，我们都要继续干两个小时的活。卖了钱后，父亲和母亲会把钱给我："这是你赚的钱。"
>
> 钱不多，甚至不够买一双鞋或一件衬衫。但收到钱后，我都会把钱藏在柜子的一个暗格里。我喜欢时不时去看看那些钱，先打开暗格，然后数一数。我喜欢看钱，喜欢摸钱。我爱钱，因为这是我的钱，这才是最重要的。这是我的钱，它只属于我。

利里奥·帕里索托也学会了存钱而不是花钱。

> 我们要存钱，因为那时候我们没几个钱。我们去医院看医生都要自己想办法付清医药费。

如今，利里奥·帕里索托已成为亿万富豪，是南美洲最富有的人之一。

> 如果你喜欢钱，那就别花钱，把钱都存起来！
> ——利里奥·帕里索托 # 亿万富豪金句

做生意要精打细算

私底下管理自己的开支是一回事，在生意场上控制公司的净利润则完全是另一回事。亿万富豪们已经制定一系列方法和工具，帮助他们有效地管理利润。下面我将与大家分享我从与他们的访谈中得出的几个经验。

要认识到，做生意的关键不在于营收，而在于利润。要优化利润率和净利润！

这是迪利普·桑哈维奉行一生的原则。

> 我父亲曾告诉我，银行的出纳员每天数很多钱，但更重要的是他到底能拿多少钱回家。所以，你的公司可能营收很高，但利润才是你要时刻关注的重点。

在我采访迪利普·桑哈维时，他的太阳制药公司（Sun Pharma）的利润率高达25%，市值是销售额的四倍。对其他印度公司来说，这简直是一个神话般的数字。

> 你的公司可能营收很高，但利润才是你要时刻关注的重点。
> ——迪利普·桑哈维 # 亿万富豪金句

奇普·威尔逊在打造加拿大传奇运动服装品牌露露乐蒙时就非常清楚营收与利润的关系，并借此使公司获益良多。

> 任何人都会说安德玛是一家营收更高的运动服装公司，但因为安德玛做的是批发业务，实际上露露乐蒙的利润率更高。这就是区别。你愿意在一家利润更高的公司工作，还是在一家业务更多的公司工作？
>
> 安德玛做的是批发生意，换句话说，他们以10美元的成本生产一件衣服，以20美元的价格卖给批发商，最后这件衣服在店里的售价会变为40美元。露露乐蒙则以12美元的成本生产质量更好的产品，然后通过自己的销售系统以38美元的价格出售。因此，露露乐蒙的利润空间要大得多。而且，你还可以看到苹果和特斯拉也采用了同样的模式，把技术产品做得更漂亮，然后直接卖给顾客。这是一种更好的商业模式。

虽然奇普·威尔逊后来不得不离开他创建的公司，但"在那之前，露露乐蒙已经是世界上每平方英尺[⊖]销售额最高的商店，也是除珠宝行业和苹果之外利润率最高的垂直零售商。我在露露乐蒙开创的成功模式是首屈一指的，我认为至今还没有人比我做得更好"。

> 你愿意在一家利润更高的公司工作，还是在一家业务更多的公司工作？
>
> ——奇普·威尔逊 # 亿万富豪金句

亲爱的读者，你用钱会精打细算吗？你的消费习惯是什么？你学会正确理财了吗？你是否负债累累或入不敷出？比起赚钱，你更喜欢花钱吗？你的公司财务状况如何？

　　——心志不专者喜欢花钱，把赚来的钱都花掉，甚至透支。
　　——百万富翁喜欢为了花钱而赚钱。
　　——亿万富豪不认为钱是供私人享用的，他们喜欢赚钱，不喜欢
　　　　花钱。他们建立经济高效的企业。

⊖　1 平方英尺 ≈ 0.093 平方米。

CHAPTER 17

第 17 章

不断提升自我

人必须有内心的混乱，才能生出跳舞的星星。

——弗里德里希·尼采

你要做好充分的准备，才能有出色的表现。

谢尔盖·加利茨基认为，要想取得成功，就必须做好某些准备："首先你必须做好准备，学习必要的知识，其次你必须相信自己。"

利里奥·帕里索托也认为，要想创造财富，就必须做好准备。

> 你必须做好准备，学习必要的知识。
>
> ——谢尔盖·加利茨基 # 亿万富豪金句

自我教育

教育非常重要。

利里奥·帕里索托认为，良好的教育是他取得成功的决定性因素。

> 我们家对教育非常重视。我记得父亲常说："我不可能给子女留下什么遗产，我唯一能做的就是让他们好好学习。"他说，只有好好学习的人才有机会出人头地。他一直跟我们强调这一点。遗憾的是，他没有钱供我们读大学。所以我来供弟弟妹妹读书，我出钱支持他们读完了大学。当然，我也为此付出了极大的努力，但我认为照顾弟弟妹妹的责任是我拼搏的最大动力。我一定要照顾好他们。

> 只有好好学习的人才有机会出人头地。
>
> ——利里奥·帕里索托 # 亿万富豪金句

但起决定性作用的并不是在学校学到的知识。学历和学识之间有很大区别。许多亿万富豪可能学历不高，但他们却具有非常出色的学识。

正如蔡东青所说：

> 在学校学到的知识不是成功的决定性因素。我很早就辍学

了，我也不善于从课本上学习知识。在商业社会，我觉得成功更有赖于吸收新知识的欲望和能力，以及诚信和责任感等个人品格与体现其的行为。

蔡东青的人生原则之一就是不断地学习和进步，要在做生意的过程中学习，每走一步都让自己有所提升。我问他如果重回 20 岁会对自己有什么建议，他回答道："要多学习！"

> 在学校学到的知识不是成功的决定性因素……成功更有赖于吸收新知识的欲望和能力。
>
> ——蔡东青＃亿万富豪金句
>
> 要多学习！
>
> ——蔡东青＃亿万富豪金句

我在第 1 章中介绍过曹德旺的故事。虽然他连小学都没读完，但他是我见过的最有智慧的人之一。他看上去像一位中国哲学家。随着年龄和阅历的增长，他似乎越来越像一位看透了一切的智叟，经过深思熟虑总结出一些清晰的人生道理和生意理念，而且也乐于传授自己的智慧和想法。

曹德旺没有从任何学校毕业，也没有上过大学。他家境贫寒，家里甚至连初等教育都负担不起。他完全没有受过正规教育，他这辈子学到的所有东西都是自学得来的。尽管如此，他现在已跻身中国最受尊敬、最富有的成功人士之列，不仅是一名白手起家的亿万富豪，而且获得了 2009 年安永全球企业家奖。我问他对年轻人有何财富建议，他的回答令人惊讶。

> 我给年轻人的建议是，他们应该增加智慧，不要只想着赚钱，还要获取智慧。

利用一切机会学习

要利用一切机会学习，说不定你所学的东西将来会大有用处。所以，无论何时何地，都要尽可能地多学习。

利里奥·帕里索托曾经参加过一些周末课程，从中学到了很多东西。事实证明，他在周末学校学到的技能对日后的职业生涯大有裨益，也使他有能力支付读大学的费用。

他曾经就读神学院，但因故被开除。他叔叔在巴西利亚的一所学校任职，他便去找叔叔，在叔叔的学校里当了两年门卫，薪水十分微薄。

当时学校在周末开设一些进修课程，都是些小规模课程，教一些特殊应用技能。我记得有技术设计、纳税申报等，这类课程很多。我上过一门关于工会工人立法的课，对某些公司人力资源部门的工作很有帮助。大多数周末我都会去上课。课程都是免费的，我只当是周末打发时间，但学习让我的想法变得更加清晰。

后来，我回到南里奥格兰德州（Rio Grande do Sul），在一家雇有 23 名员工的小型肉类加工厂找到了一份财务工作。每到月底，我给员工结算工资。

此外，在一月、二月和三月，我还提供所得税退税特别服务。因为我在巴西利亚学过如何优化报税服务，尤其是为卡车司机报税。根据当时的税制，卡车司机的所得税可以享受 3% 的退税。他们都以为自己缴纳的是最终税款，但我发现这只是预缴税款，到了年底还需要结算税额。大多数人都有余额可以退回，但他们不去申请，因为他们不知道可以申报退税。我跟他们说："我们要计算一下税额，也许你们能拿回一些钱。"他们很惊讶："不可能！那可是政府收的钱！难道还能从政府那里拿回来吗？算了吧！"第一年我跟他们说："我免费帮你们申报，如果拿不回来，我就不收费，但如果能拿回来，你们要给我付退税金额 20% 的手续费。"报税的截止日期是三月底。

到了九月、十月，找我帮忙申报的司机都陆续收到退税。

大家都觉得我是一个了不起的人物，因为我是唯一能从政府那里拿回钱的人。我从中赚到一笔服务费，加起来大概够我买一辆大众甲壳虫轿车（VW Beetle）了。

有了这笔钱，加上我已经存下来的钱，我又可以继续去读书了。

陈觉中利用一切机会向每个人学习。

我认为最好的学习方法就是保持开放的心态认真倾听，并提出正确的问题。我认为每个人都是我的老师，每时每刻都是学习的机会。即使只是与客户和员工交谈，我也可以从中获益。因此，如果你保持开放的心态，你就能学到东西，人们也会给你很好的反馈。

> 每个人都是我的老师，每时每刻都是学习的机会。
>
> ——陈觉中＃亿万富豪金句

学习世界的运转规则

百万富翁和亿万富豪的主要区别之一在于知识的多寡。亿万富豪了解世界的运转规则，而且他们对此的理解与百万富翁完全不是一个层次。如何建造摩天大楼？如何为工厂融资？如何与政府就购买矿山进行谈判？这些都是亿万富豪们要学习并找到答案的问题。

让我举个例子吧：我向沈财福请教收购美国零售商博克斯通（Brookstone）公司的情况，此次收购涉及复杂的财务工作，我问他是如何处理的，他回答：

我要和很多银行家打交道，所以我强迫自己去学习金融和会计方面的知识，包括所有的金融衍生工具及其影响、公司损益表、资产负债表和现金流量表，并学习如何从运营和财务的角度了解市场的运作方式。

我需要关注各种各样的问题。金融领域有很多东西值得探索。公司银行家、投资银行家、私人银行家，虽然都叫银行家，但他们各不相同，各有专攻。如果不知道如何区别应对，财务杠杆就会难以发挥作用，甚至可能导致交易出错，而一旦出错，就得付出代价。

学会做生意的三个步骤

你不能光靠在学校里或者从图书中学到的理论来做生意，这就像你无法通过阅读游泳手册学会游泳一样。要学会游泳，你必须跳入水中试着自己游起来。但在此之前，你最好先做一些准备，以免一下水就马上被淹死。

做好准备

要做生意，首先要尽可能多地了解做生意的基本知识。此外，还要尽可能多地了解自己所在的行业。

你可以听从许斯尼·奥兹耶金的建议，先在企业工作，然后再自己创业。

我建议我们奥兹耶金大学（Özyegin University）的学生毕业后先在企业工作，不要一毕业就创业或成为企业家。不过，要是他们有 Facebook 或 Twitter 这样厉害的商业点子，那就另当别论。（笑）他们应该先在企业工作，了解企业的运作方式，同时结识人脉、学习技能、建立关系网，还要广泛接触各行各业。

因此，首先要了解你从事的行业，从底层做起，然后逐步向上，以便能自下而上地全面了解你的行业。

这正是弗兰克·哈森弗拉茨倡导的方法：

从顶层做起就能成功的事业，据我所知只有一种，那就是朝地下挖洞。挖洞必须从上面开始，（笑）其余的事情，还是从下往上攀登比较好。

从顶层做起就能成功的事业，据我所知只有一种，那就是朝地下挖洞。

——弗兰克·哈森弗拉茨 # 亿万富豪金句

纳拉亚纳·穆尔蒂是 2003 年安永全球企业家奖得主，但他第一次创业就失败了。于是，他决定从基层雇员做起，学习本行业的核心技能。

1976 年，我在浦那（Pune）创办了一家名为 Softronics 的公司，但最终公司还是倒闭了。因为印度没有软件市场，电脑又非常昂贵，银行还不提供贷款，大多数公司也不信任小企业。

就这样，我第一次创业失败了。但这也并非坏事，因为我从中学到了非常重要的一课，那就是创业光有想法还不够，还要有市场。如果市场还没有准备好，再好的想法也不可能成功。

因此，我在不到一年的时间里就认识到自己的错误，明白了必须把重点放在出口市场上。所以我关掉 Softronics 公司，决定先去学习出口的技巧和经营中型企业的技能。于是，我加入孟买 PCS 科技公司担任软件主管。

但我知道自己迟早会重新创业的。在 PCS 科技公司，我管理一个由 200 多名软件工程师组成的团队，并且经常出国与客户见面。我从这段经历中学到很多东西，包括软件出口市场有哪些机会，如何在出口市场推广公司，如何组织一家以出口为导向的公司，等等。我非常感谢 PCS 公司为我提供了这么好的学习机会。

利里奥·帕里索托建议多阅读书报杂志，多去参加会议或行业博览会，不要只想着到处旅行购物。

　　如果你想了解一门生意，任何一门生意都好，你都可以通过阅读书报杂志来学习，再不然也可以上网搜索。不要把时间浪费在玩乐上。为什么不去参加会议和行业博览会呢？只要你愿意，只要你感兴趣，你就一定能找到了解特定领域的方法。

　　用开放的心态去了解周围的世界，多出去看看。我认为旅行也很重要，但人们大多数时候去旅行只是为了购物，除此之外什么也不做，什么也不看，什么也不学。

在本章后面，我将会介绍利里奥·帕里索托的一次纽约之行如何让他萌生出一个成功商业理念的故事。

向他人学习

向你钦佩和信任的人请教。

人生的第一个课堂永远是家庭。你的祖父母或父母是企业家吗？如果是，那就首先向他们取经。

其次是向你所在行业的杰出人士学习。有时他们也是你的竞争对手，但你仍然要与他们来往，并向他们学习。

许斯尼·奥兹耶金现在是土耳其首屈一指的亿万富豪。他向我坦言，他曾经得到土耳其传奇企业家和慈善家韦赫比·科奇（Vehbi Koc）的指点。

　　我在雅皮克雷迪银行担任总经理时，我和韦赫比·科奇恰巧住在同一栋公寓楼里。他是出了名地谦虚，他比我大 40 岁，每次我去拜访他，他都会非常认真地听我说话。现在回想起来，我真希望当年能让他跟我多说一些，这样自己也能多学一些。他是我们这个时代最有远见的企业家之一，许多人认为是他开创了土耳其的现代慈善事业。他创建了诸多重要机构，包括土耳其教育基金会（Turkish Education Foundation）、科奇大学

（Koc University）以及多家博物馆和学校。

弗兰克·哈森弗拉茨也非常积极地向他钦佩的业内精英学习。

> 我建立了一个制造学习小组，成员有10人，来自各个制造行业，不局限于汽车行业。我当时的要求是："每个人要做一次报告，讲讲你认为自己做得好的地方，讲讲别人可以借鉴的地方，吹嘘一下自己也可以。"自吹自擂也完全没有问题。但小组成员不能太多，10个人是最好的，通常会有六七个人出席。

你可以像彼得·斯托达伦那样，向经验丰富的人学习。

> 如果你心胸开阔，你就能从很多人身上学到东西。我就从公司不同级别的员工身上获益颇多。特别是在我职业生涯的初期，我很幸运能与比我经验丰富得多的人共事。我从他们身上学到了很多东西，他们教给了我很多经验，使我得以避开一些陷阱。

有些亿万富豪从意见相左的人身上学到的东西最多，比如蔡东青。

> 最有用的建议总是来自对我的想法提出异议并指出问题所在的人。这样的建议对我的帮助很大，能带来实质性的变化。

边做边学

我向杰克·考因请教学习做生意的最佳方式，他回答：

> 学习做生意的最佳方式是什么？显然是亲身实践。在课堂上是学不会做生意的。就像学游泳一样，你要亲自下水，要跳进水里学习如何踢水。要经得起烈火的洗礼，而不是依靠课堂理论。要想获得实际经验，从实践中学习才是有效的学习方式。

纳温·贾殷也认同这一点：

学习做生意的最好方法莫过于亲身实践。不管你读过多少书，也不管你和多少教授交谈过，学习做生意的唯一方法就是跟着优秀的导师做生意。

学习做生意的最佳方式是什么？显然是亲身实践。在课堂上是学不会做生意的。就像学游泳一样，你要亲自下水，要跳进水里学习如何踢水。

——杰克·考因 # 亿万富豪金句

无论你走到哪里，都要记住，经历是你人生中最宝贵的财富。蔡东青是这样解释的：

经历是人生中最有意义的东西，但只有带着目标，我们的经历才会让我们产生灵感和成就感。这个目标要与我们真正想做的事情相一致，这样我们才会一直享受经历的过程，不论是痛苦还是舒适，都能乐在其中。

学习做生意的最好方法莫过于亲身实践。

——纳温·贾殷 # 亿万富豪金句

保持好奇心

要想事业有成、生活幸福，保持年轻的心态至关重要。要保持好奇心，乐于接受新想法，努力探索新机遇。

彼得·斯托达伦认为开放的心态是商人最重要的性格特征，仅次于诚实。"一定要有开放的心态，要倾听周围的意见，而不是坚持认为自己有正确答案。"

纳拉亚纳·穆尔蒂认为，商人最重要的品质是对新想法持开放态度，能提出正确的问题。

正是因为保持好奇心，利里奥·帕里索托才找到了适合自己公司的完美营销模式。

　　我一直对世界充满好奇。有一次我带上一些钱去纽约，在那里第一次亲眼看到录像带和录像机。老式录像机重达10公斤，可以连接到电视上。在百老汇那边的商店，我看到一个推销员在外面录像，拍摄的画面马上就呈现在电视屏幕上。

　　有一点我看得很清楚：以后拍摄影片不需要再去店里冲洗底片了。以前的胶卷底片和相机底片一样，都需要冲洗。有了这款录像机，还需要冲洗吗？不需要！不仅不用冲洗，还可以重新录制，反复使用。

　　商店除了出售录像机等设备之外，也销售电影和百老汇演出的录像带。我买了满满两手提箱的电影录像带，回到巴西开了一家音像俱乐部。

　　我开的店最初是一家零售店，之所以叫作"音像俱乐部"，是因为顾客只要每月支付一定的费用，就能成为俱乐部的会员。只有成为会员才能租借录像带，不过必须按月付费。

　　这个生意的秘诀在于，顾客必须购买播放设备才能看录像带。因此，我也开始销售播放设备和电视。这一类客户购买力强，思想比较开放，愿意花钱购买规格更高的电视、效果更好的音响设备，于是我的销售额迅速增长。

　　音像俱乐部不是最重要的增长点。但音像俱乐部对于招揽顾客很重要，所以我把这部分设在商店最里面，顾客要挑选录像带，就必须穿过录像设备区。（笑）

通过这种方式，利里奥·帕里索托吸引了很多顾客，并促使他们购买相关设备。很快，他就占领了当地的电子设备市场。

不断精益求精

成功是一回事，但保持成功则完全是另一回事。只有不断学习、不断进步，才能在竞争中立于不败之地。成功的关键不在于高学历，而在于不断学习的过程。

曹德旺几乎所有的知识都是靠自学得来的。他连小学都没有毕业，最后却成为一名亿万富豪，还获得 2009 年安永全球企业家奖。这个活生生的例子告诉我们，无论出身多么贫寒，只要自己努力进取，最后都有可能获得举世瞩目的成功。我认真聆听了他的学习理念："如果不持续学习，你的路很快就会走到尽头。"

我从另一位中国亿万富豪蔡东青那里也听过类似的说法：

> 任何时候都要坚持学习，提升自我。我认为这才是持续成功的关键。要不断学习，不断思考。无论何时何地，都要坚持学习。

亿万富豪追求自我提升的步伐永远不会停止。如果你成为世界上最优秀的企业家，你可能会认为自己已经足够完美。穆赫德·阿利塔德是 2015 年安永全球企业家奖得主，我问他还有什么地方想做出改变，他的回答让我大吃一惊："我想做得更好，我想更进一步。"

米哈·索罗觉得，提高自己不需要什么激励。

> 有一股内在能量、内在压力一直向我低语："要继续前进，要更进一步。"

我问米哈·索罗有什么成功秘诀，他告诉我：

> 重要的是要有从失败中汲取教训的能力。要不断学习，实现自我提升。或者说，要能够接受下属比自己聪明，将下属身上的优点学到手，而且要能够不停地寻找优秀的人才，不断地向他们学习。

米哈·索罗建议，先"与自己的弱点和局限性斗争"。

陈觉中是不停地追求自我提升的典范。他在创业成功后继续到大学深造。即使是现在，作为2004年安永全球企业家奖得主，他每年仍然前往哈佛商学院进修一周。

> 我想继续深造，主要是为了提高自己，所以我报读了亚洲管理研究所（Asian Institute of Management，AIM）的课程。这是当时亚洲最受欢迎的商学院，学院位于马尼拉，我参加的是高级管理课程。后来，我还去哈佛商学院学习了一些课程。我相信人一定要自我提升，也有热情和兴趣去了解更多、学习更多，所以我开始学习这些管理课程。我认为我在商业方面还有很多东西需要学习，所以我每年都会回到哈佛商学院参加为期一周的课程。我也会时不时地读一些商业类图书。我自己学习还是商业方面居多，也会学一些通识课程。

奇普·威尔逊倡导终身发展。他读过许多课程，从中获益良多，其中的里程碑（Landmark）课程对他的从商生涯产生突破性影响，当时他已经创办第一家企业西海岸冲浪公司。

> 我当时有两个合伙人，彼此之间相处并不融洽，公司也赚不到钱。其中一个合伙人比我大10岁，有多名子女，想要贷款买房子，而我则想给公司增加投资，我们俩便产生了矛盾。另一个合伙人想做和事佬，但他讨厌冲突，所以他的调停没有发生任何作用。
>
> 我们一起参加了里程碑课程。学完课程后，我们达成和解，把过去的事情抛在脑后。为了打造更美好的未来，我们决定卖掉公司，但在卖掉公司之前，我们必须一起解决很多问题。为此，我们重新聚首，冰释前嫌，然后向前迈进。我认为这是我人生中的一个转折点：我意识到，我可以选择不同于以往的方

式来经营自己的生活，而且我有很多种方式可以选择，无论是作为商人、领导者还是作为父亲，都是如此。没有哪种方式是唯一正确的，我们永远可以找到很多种方式。

你不需要什么都懂，但你要在一件事上做到最好，并专注于此。

当然，人要自省才能成长。你首先要了解自己，知道自己有哪些才能、存在哪些不足。只有这样，你才能知道哪些地方需要发扬，哪些地方需要改进。

沈财福建议"专注于自己的强项，力求不断精进"。其他的事情你应该委托他人，或者寻找业务合作伙伴来分担。

和许多亿万富豪一样，迪利普·桑哈维也在不断改进，希望创造比以往更辉煌的成就。

我想做好自己正在做的事情，而且希望比过去做得更好。我通常不和别人比，但我会和自己过去的表现比。

专注于自己的强项，力求不断精进。

——沈财福 # 亿万富豪金句

对彼得·斯托达伦来说，不断进步是他努力拼搏的主要动力来源。

今天要比昨天做得更好，明天要比今天更进一步。

记住：人永远有可以改进之处。

谢尔盖·加利茨基向我坦言：

我不认为有什么理想状态，任何事情都不存在理想状态。我一直希望有所改进，这不是强迫症，我只是一个追求进步的人。我的妻子有时甚至跟我生气，因为我总想改进，总想改变，总想做一些改动。

人不可能无所不知，永远可以学到新东西。

我问 2015 年安永全球企业家奖得主穆赫德·阿利塔德，是否有那么一刻他觉得自己终于对一切都了然于胸，他答道：

> 我认为自己从未达到这样的境界。我只知道要学习，持续地学习。真的有人敢理所当然地说"我什么都知道"吗？其实并没有。我不认同这种逻辑。

弗兰克·哈森弗拉茨一开始对做生意知之甚少，几十年来，他一步一个脚印，不断发展自己的公司；这种持续进步的复合效应令人惊叹。

> 就像白天变成黑夜一样，我们的变化是巨大的，而且每天都在变化。我们今天的做事方式和 10 年前不一样，10 年前的做事方式和 20 年前也不一样。我们的行业日新月异，现在几乎一切都是自动化的。你看看我们的工厂，到处都是机器人。刚入行时，我对做生意知之甚少，但我每天都在学习。

最好像弗兰克·哈森弗拉茨那样把经验教训写下来。

> 无论我学到什么，我都记录下来，每年汇总成一份"经验总结"。我做这件事情已经有 50 年了。"经验总结"里面都是我们做错的事，这些都是我们学到的教训，我们确实犯了一些大错。我是说，我也犯过大错，所以每年我都会把犯过的错误记录下来。

随着公司的发展，你要学习的内容、要克服的挑战也会发生变化。要想更上一层楼，你往往需要改变视角，从别人的角度看问题。我问金范洙，他做出哪些改变才取得了现在的成就，他答道：

> 我认为，影响最大的是开放的心态，或者说从不同角度看待事物或者他人。归根结底，你要明白，如果只从自己的角度看世界，你能取得的成就必定是有限的，你要意识到还有不同的角度。我认为这一点非常重要，它对我的成功起了很大作用。

最重要的一点是，不要被自己的思维框架束缚。只有对新世界持开放态度，用新的视角去看待问题，你才能发现新的解决方案，建立新的关系。

最后，让我们用曼尼·斯托尔的智慧来总结本章吧。

我认为，我们降生在这个星球上，就是为了学习、成长和进化。在人生旅途中，我们都有理想和愿望，但重要的不是目的地，而是你在旅途中的所作所为。无论你想实现什么目标，你经历的旅途就是你的人生。人生的意义不是目标、成就、金钱、财富和权力。这些都不重要，重要的是你在人生旅途中做了什么。最终是这个过程决定了你灵魂的进化状态。不断向往更高的境界是一件美妙的事情。我已经不再有意识地追求进步了，因为追求进步已经像追求成功一样融入我的生命。

> 我们降生在这个星球上，就是为了学习、成长和进化。
> ——曼尼·斯托尔 # 亿万富豪金句

> 重要的不是目的地，而是你在旅途中的所作所为。无论你想实现什么目标，你经历的旅途就是你的人生。
> ——曼尼·斯托尔 # 亿万富豪金句

——心志不专者在完成学业后就不再学习提升，他们的学识很快就过时了。

——百万富翁获得财富后就不再学习提升，他们的学识会随着时间的推移而退化。

——亿万富豪永远不会停止自我提升，他们可能学历不高，但会通过持续学习不断提高学识。

CHAPTER 18

第18章

坚持诚信做人

如果事情不对，就不要做；

如果不是真话，就不要说。

——马可·奥勒留（Marcus Aurelius）

可以在坚持诚信做人的同时成为亿万富豪。事实上，要想在生意场上长盛不衰，就必须坚持诚信价值观。本书的亿万富豪就是这方面的杰出典范。

纳拉亚纳·穆尔蒂的人生格言是"问心无愧才能睡得踏实"。

不撒谎，不欺骗，不偷窃

在世界的某些地方，人们坚信，第一桶金只能是偷来的。事实上，许多人有"为富不仁"的观点，认为富人都是通过坑蒙拐骗谋取财富的。这种观点大错特错。

虽然通过骗人可以成为百万富翁，但这种财富是短暂的。欺骗者终会被人揭发，靠欺骗得来的财富最终还是留不住，他们自己也会遭到惩罚。所以不要损害自己的诚信。通过这种方式，你永远不会成为亿万富豪。

竞争可以激烈，但要公平，不要"插队"。

对于这一点，2016 年安永全球企业家奖得主曼尼·斯托尔说得非常好：

> 我认为，缺乏诚信的人可以成功一时，但无法成功一世。你一定会为缺乏诚信、做错事付出代价，这是绝对逃不掉的。就算不是经济上的损失，也可能赔掉家庭和健康。你一定会付出代价，这就是因果报应。我坚信因果报应——不是不报，只是时辰未到。你看那些为非作歹之徒，我知道他们都会付出代价。虽然我不知道他们会付出怎样的代价，但他们一定会付出代价。

在许多亿万富豪的企业里，诚信是企业文化的重要组成部分。

诚信也是企业家最重要的品质之一。很多亿万富豪都把诚信列为最重要的人格特征。

曼尼·斯托尔告诉我，永远不要欺骗客户：

　　早在第一次创业时我就意识到，要保持良好的客户关系，取得人们的信任，就一定不能撒谎。赢得信任是很难的，但只要你得到了一个人的信任，他很可能一辈子都会信任你，可是你一旦撒谎，他对你的信任就可能马上瓦解。我认为，一旦你失去了别人的信任，你就再也无法挽回。当然，对方可以原谅你，关系也可以维持，但对方不会再像以前那样相信你会永远跟他们说真话了。如果你一直说真话，生活就会容易得多。

　　因此，我比以前更懂得诚信的重要性。如果他们抓住你撒谎一次，你就没有机会了。所以，千万不要撒谎。

确实，诚信对于企业长盛不衰极为重要。

> 　　我比以前更懂得诚信的重要性。因为如果他们抓住你撒谎一次，你就没有机会了。
>
> 　　　　　　　　　　　　——曼尼·斯托尔 # 亿万富豪金句

不要拿属于别人的东西。不要参与腐败，即使某些人可能会因此阻拦你、妨碍你的业务，你也不要参与。

纳温·贾殷出生于印度的一个贫寒家庭，他给我讲了一个故事。

　　我的父亲曾经做过监工。我们家也可以不贫穷挨饿的，因为我父亲是监工，负责监督政府的建筑项目，这是一份不错的工作。但印度这个国家贿赂风气盛行，接受贿赂是一种普遍的现象。我父亲选择做一个诚实的人，拒绝接受贿赂。

　　根据潜规则，监工会告诉承包商："不要全放水泥，放一半水泥一半沙子就好了，省下来的钱分一部分给我们。"然后，监工会拿走属于自己的一小部分，其余的交给他的上级；上级拿走他自己的那部分，其余的再交给他的上级，这样链条中的每个人都能拿到钱。但我父亲没有这样做。

　　每隔一段时间，父亲的上级就会打电话问承包商："喂，我怎么没看到钱，监工自己独吞了吗？"承包商回答说："你知道监工要我做什么吗？""什么？""他让我按规范施工。你听过有这么干的吗？投标的时候，我知道可以不全用水泥，所以才出的低价。现在，他要我全用水泥，我裤衩都快亏没了，你竟然还问我为什么不给钱？"

　　政府公务员是不会被解雇的，所以父亲每年都会被调走。"他断了我的财路，因此他必须走。"所以我们每年都要搬家，从一个村庄搬到另一个村庄，直至搬到没有政府工程的最偏远的山村。从那以后，父亲不再受贿赂问题困扰。山村里几乎没有电，没有学校，没有桌子，也没有椅子，人们只能趴在地上写字。我就是在这样的山村里长大的。

　　我清楚地记得，在我八到十岁的时候，有一天我跟父亲说："你想做诚实的人，这是你的问题，但你也要负起养家糊口的责任。"当时我非常生气，但父亲看着我说："现在我不知道该怎么跟你解释。等你长大了，你就会知道，我给你的东西比大多数父母给的更重要，那就是诚信的价值。也许你今天还体会不到，但总有一天你会明白的。"这些话我至今铭记在心……

同样在腐败盛行的印度，纳拉亚纳·穆尔蒂创办了印孚瑟斯软件公司。他也拒绝接受贿赂这个"传统"。

　　我们用事实证明，在印度用合法、合乎道德的方式经营大型公司也是可以成功的。我从来没有试过行贿。20 世纪 90 年代初曾有人向我们索取贿赂，但我们拒绝了。虽然这导致我们的一些政府审批事项遭到延误，但一旦他们意识到我们绝不会屈服，他们就选择了支持我们，因为他们也希望身边能多几个好人。这是一个非常重要的经验。

拥有坚定的价值观

成功是坚定的价值观的副产品。

亿万富豪以价值观为基础建立自己的公司。

我问蔡东青做生意要避免什么事情，他回答说："我们不能仅仅为了做生意而做生意。我们做生意要有原则。"

> 我们不能仅仅为了做生意而做生意。我们做生意要有原则。
> ——蔡东青＃亿万富豪金句

彼得·斯托达伦认为，打造优秀公司的秘诀在于坚持四个价值观："正直、诚实、开放、值得信赖。"

谦逊

纳温·贾殷让我认识到最重要的事情之一如下：

> 谦逊是成功的标志。因此，只有当你变得谦逊时，你才知道自己已经成功。如果你还有一丝傲慢，那就意味着你还处于必须向别人或者向自己证明实力的阶段。事实上，不懂得谦逊的人都会吹嘘自己将要成功，只是还差一步而已。

> 谦逊是成功的标志。
> ——纳温·贾殷＃亿万富豪金句

亿万富豪们在接受采访时都表现得非常谦逊，这让我感到十分惊讶。你可以从他们的话语中体会到这一点。

迪利普·桑哈维是一位亿万富豪。他创办的太阳制药公司是印度最大的制药公司，他自己是全球制药业最富有的人。我问他一生中哪一件事情最引以为豪，他说：

就我个人而言，我认为自己并没有做什么值得骄傲的非凡事业。

陈觉中创建了快乐蜂集团，拥有一系列餐饮品牌和数千家餐厅，是亚洲最大的饮食服务公司。他还获得了 2004 年安永全球企业家奖。但当我问他什么是成功时，他回答说：

我想，成功大概就是……我们公司仍然持续运营，但我们并不认为自己有多成功。

曹德旺成长于中国一个贫困村庄，曾经是一个不识字的放牛娃。后来他创立了福耀玻璃，并将其发展成为世界上最大的汽车玻璃制造商，他本人也获得了 2009 年安永全球企业家奖。我们在第 1 章已经介绍过他的精彩故事，他的人生充满了激励人心的经历。然而，他告诉我：

其实，我只是一个普通人，每天做着普通的事情，没有什么惊天动地的精彩故事。

做好人而不是富人

迪利普·桑哈维的父亲曾经说过："金钱会让你变得更富有，但你要努力提升自己，成为一个更好的人。"迪利普·桑哈维告诉我，不要一开始就用金钱来衡量一切。

> 金钱会让你变得更富有，但你要努力提升自己，成为一个更好的人。
>
> ——迪利普·桑哈维 # 亿万富豪金句

同样，当我问许斯尼·奥兹耶金希望人们如何记住他时，他回答说：

我希望人们想起我时会说"他是个好人"，仅此而已。这句话蕴含着丰富的意味。你明白我的意思吗？不是说"他是个富人"，而是"他是个好人"

其他亿万富豪也给了我同样的答案。

近朱者赤

要与具有商业道德、品格高尚的人为伍。

我问弗兰克·斯特罗纳克如何选择商业伙伴，他回答道：

> 我选择品格高尚的人。

只与自己喜欢和信任的人做生意。

彼得·斯托达伦告诉我："我只和我喜欢的人做生意，我只和我信任的人做生意。如果我不喜欢、不信任他们，我就不和他们做生意。"

不要把时间花在愤世嫉俗、背信弃义的人身上。

脚踏实地

做人要脚踏实地，不要让金钱影响你的价值观、生活方式和人际关系。

尽管取得了巨大成功，迪利普·桑哈维始终保持谦逊。

> 我尽量不让金钱影响我的价值观、生活方式和人际关系。
> 当然，我也认识一些非常成功的人，但我最亲密的朋友都是同窗旧识。

同样，彼得·哈格里夫斯也仍然和年少时的朋友来往，经常和他们一起去当地的酒吧喝啤酒，并不会因为有钱而改变自己的生活方式。

许多白手起家的亿万富豪，如果你在街上遇到他们，光看他们的外表，你可能无法判断他们的财富。蔡东青就是一个鲜明的例子。如果只用一个词来形容他，那就是谦逊。他确实保持了朴实无华的本色。他脚踏实地，更没有忘本，衣着打扮并不奢华。他看上去文质彬彬，身体并不强壮，但内心却如璞玉般坚毅，为了实现目标坚持不懈，绝不轻言放弃。

多做好事

曹德旺告诫自己要多做好事，行善对自己有益。

> 对于每天自己要做的每一件小事，你都必须判断它是否对你的生活、对社会、对国家、对人类有益。如果有益，你就去做；如果无益，你就不做。如果能确保自己做的都是对他人有益的事情，那么你自己最终也会从中受益。

曼尼·斯托尔是一个注重精神生活的人。我问他如果对全世界的读者说一句话，他会说什么。他的回答是：

> 要做好事，如果做不到、不愿做或无法做，至少也不要做坏事。

> 要做好事，如果做不到、不愿做或无法做，至少也不要做坏事。
>
> ——曼尼·斯托尔＃亿万富豪金句

可靠才能赢得信任

可靠孕育信任，而信任是企业发展的驱动力。要做一个值得信赖的人。在生意场上，信任能让很多事情变得简单。

蔡东青认为可靠是他公司成功的主要原因。

> 我认为，正是可靠和魅力帮助我们赢得了合作伙伴的大力支持及持久合作。在商业世界，许多决策和交易都并非只是买卖，其中包含很多无形的东西，比如可靠、诚信、诚意和个性。

如果信用不佳，你连银行账户都开不了。所以，你要证明自己是值得信任的。

对穆赫德·阿利塔德来说，在从事脚手架行业之初，与银行打交道是一个巨大的挑战。他在法国获得了博士学位，在阿布扎比找到了一份很好的工作，赚了不少钱。接着他创办了一家电脑公司并将其出售，使自己的收入翻了一番。但对法国的银行来说，这些履历都不足以证明他值得信任。

　　银行不信任我。他们说："这家伙是个贝都因人，来自叙利亚，是阿拉伯人，曾经从事电脑行业，收购过几家破产的公司。"在接手梅弗兰公司（Mefran）时，我遇到的最大问题就是无法在银行开户。我并不是要贷款，只是为公司开一个银行账户而已。没有公司账户，一切工作都无法开展。

　　后来我用我的房子作抵押，才成功开了户。第一年公司赚了点小钱，但银行并不相信。他们反复核查资产负债表，想找到造假的痕迹。（笑）这些事说起来都令人难以置信，但信用不足确实是一个很大的障碍。

那么，如何才能让自己更加值得信赖？

可以从简单的事情做起：守时。

守时这么简单的事情，却被许多亿万富豪当作帮助他们取得成功的基本工具之一。

曹德旺强调要"永远准时，答应了别人就一定要做到"。

要信守诺言。你的诺言就是你的荣誉。

弗兰克·斯特罗纳克介绍了他的原则："言出必行。首先要说到做到。"

履行对自己有利的合约很容易，但履行对自己不利甚至结果很糟糕的契约，也同样重要。

　　言出必行。首先要说到做到。
　　　　　　　　　　——弗兰克·斯特罗纳克 #亿万富豪金句

不要空话连篇。做人一定要有信誉。

纳温·贾殷在业内以一口价闻名，从来不讨价还价。

我的人生准则是，永远不要说出自己不愿意遵守的承诺。如果你已经出价"5000 万美元"，你就不能问"4000 万美元可以吗？"。如果你改口一次，那么业内就会传出你出尔反尔的消息，这将关系到你的信誉。

永远记住，建立信誉需要数十年的时间，但摧毁信誉只需要一次失误。

纳温·贾殷关于信任的谈话让我大开眼界。

我再给你讲讲我是如何做生意的吧。大多数人会说，做生意的关键在于人脉。这种说法大错特错，说这种话的人在生活中应该从未取得真正的成功。其实做生意成功与否，无关人脉，甚至无关谁喜不喜欢你。在建立深入、长期、可持续的生意关系之前，你必须经历三个层次的人际关系：他们了解你，他们喜欢你，但最重要的是他们信任你。所以，这不是你认识谁的问题，也不是谁喜欢你的问题，而是谁信任你的问题。如果无法发展第三层关系，你或许能与人做成短期买卖，但你永远无法建立长期的生意关系。

用一条诚信的金科玉律来说：与喜爱相比，信任是更大的恭维。

> 这不是你认识谁的问题，也不是谁喜欢你的问题，而是谁信任你的问题。
>
> ——纳温·贾殷 # 亿万富豪金句

> 与喜爱相比，信任是更大的恭维。
>
> ——拉斐尔·巴齐亚格 @ 亿万富豪研究专家 # 亿万富豪金句

诚信待人

要祝福他人，善待他人。

我问纳拉亚纳·穆尔蒂什么是成功，他说：

> 成功就是你一出现就吸引人们的目光，使人们脸上露出笑容。你不必富有、出名、美丽或有权有势，也能使人露出笑容。人们之所以微笑，是因为他们知道你是一个体面的人，你关心他们，希望他们过得幸福。

> 成功就是你一出现就吸引人们的目光，使人们脸上露出笑容。
>
> ——纳拉亚纳·穆尔蒂 #亿万富豪金句

公平待人

在与他人打交道时，要正直、公平。公平与道德有关，对做生意也是有益的。得到公平对待的员工会更有干劲，得到公平对待的商业伙伴会更加忠诚。公平还有经济层面的意义，不公平的交易是无法长久维持的。因此，要努力创造双赢局面。

陈觉中喜欢站在对方的角度思考问题，以了解对方的需求。

> 我的信念始终是互利共赢，不能只有一方获益。让对方认为他们比你得到更多好处，这是件好事。对于任何交易或者任何问题，妥善处理的关键都在于我如何让对方觉得他获益更多。他能得到更有利于他的交易吗？他能有更好的未来吗？我认为只要这样考虑，一切问题就都能迎刃而解。所以，公司的人在谈判前都会说，"不要让陈觉中参加谈判，因为他会把好处都让给对方"。但这就是我的信念。一旦你让对方觉得他也收获很多，交易就会更加顺利。

这种有关公平的信念深深植根于陈觉中的人生哲学。

彼得·斯托达伦认为："只有双方都觉得自己占尽好处的交易，才是一笔好交易。"

> 只有双方都觉得自己占尽好处的交易，才是一笔好交易。
>
> ——彼得·斯托达伦 # 亿万富豪金句

善待他人

亿万富豪遵循一条黄金法则：己之所欲，施之于人。这是陈觉中的人生格言，也是杰克·考因最宝贵的智慧。

不要伤害别人。我问曹德旺做生意要避免哪些事情，他说：

> 任何会损害客户利益的事情，都不要做。任何伤害别人的事，我都不会做。

尊重他人

亿万富豪往往以尊重待人。

彼得·斯托达伦向我解释了其中的原因：

> 我父亲说过，人们会看着你的所作所为，如果你对他们好，他们就会忠诚于你，就会善待你。对每个人都要一视同仁。酒店的每个客人对我来说都很重要。不管他们是穿着牛仔裤还是西装革履，都没有关系，因为他们每一个人都很重要。

纳温·贾殷说，应该像对待生意伙伴一样对待服务员。

> 我无法忍受那些粗暴对待服务员的人。我见过一些人，如果你和他们做生意，他们会对你毕恭毕敬，因为他们需要你的帮助，但他们却对服务员很刻薄。对我来说，尊重服务员是第

一原则。对于做不到这一点的人，我从不和他们做生意，因为今天他们那样对待服务员，有朝一日他们也会那样对待我。

不仅要尊重别人，如果他们做了有利于你的事情，你也要认可他们的付出。

信任他人

和我采访过的大多数亿万富豪一样，奇普·威尔逊充分信任他人。我们在他加拿大温哥华的家中进行访谈时，他跟我解释了他的做法。

> 从本质上讲，我对他人有一种毫无保留的信任，这种信任既让我站到成功的巅峰，也曾经让我一败涂地。因为我容易信任别人，所以更容易欺骗，法律系统也无法完全保护我的利益。但我想说："我希望人们都如我想象中可信，虽然有时事与愿违，但仍然可能有人会如我所愿，所以我还是选择相信。"
>
> 在生活中，我经常不锁车；在生意场上，我的公司不关门。这可能会招来小偷，但我不想改变自己。我对人有一种与生俱来的爱，我认为这会吸引真正优秀的人，当然也可能招来一些反社会分子。

是的，你有时会遇到不值得信任的人。尽管如此，弗兰克·斯特罗纳克还是认为应该相信别人。他的理由是：

> 有时人们会说我太容易相信别人了。但你看，我现在也事业有成啊。有时我觉得我们应该更信任别人。当然，我们偶尔也可能会遇到不值得信任或者品格不佳的人。虽然信任他人有风险，但冒这个险是值得的。

忠诚待人

在生意场上，忠诚对双方都很重要。

彼得·斯托达伦解释了其中的原因：

> 要做一个忠诚的人。你一辈子会遇到很多人，你要善待每一个人。人总会遇到需要他人帮助的时候。如果你一直善待他人，在你需要的时候，他人也会帮助你，即使遇到非常艰难的时刻，他们也会助你一臂之力。春风得意的时候也要善待每一个人，不管他们从事的是什么工作，是清洁工还是洗碗工，你都要善待他们。说不定在你流年不利的时候，可能会需要他们的帮助。但很多人都会忘记自己的出身，忘记帮助过自己的人。

在斯滕和施特罗姆百货公司奇迹般地扭亏为盈之后，彼得·斯托达伦开始收购购物中心。以下是他的经验之谈。

> 我想打造斯堪的纳维亚最大的购物中心。这是我一开始的想法，我们确实做到了。从 1992 年到 1996 年，我们进行了大规模扩张。1996 年，我们将公司上市，赚了很多钱，银行里有了很多现金。我觉得这是我的公司，我的时代，尽管我只持有很小一部分股份，才 3% ~ 4% 而已，但我觉得公司的成功都归功于我的想法。身为首席执行官，我的工作做得非常出色。公司所有的员工都是我亲自挑选的。我们拥有最优秀的员工，我们是业内发展最迅猛的公司。
>
> 就在我的购物中心事业抵达巅峰之际，我被解雇了。

彼得·斯托达伦与一位大股东发生了冲突。这位大股东同时也是承租户，他想查看竞争对手的租赁合同。这样做会违背商业道德，彼得·斯托达伦不想屈服，结果被炒了鱿鱼。

> 有人说迈克·泰森（Mike Tyson）没说过几句有道理的话，但他说的"每个人都胸有成竹，直到被击倒为止"倒是明智之言。我被击倒了，这完全出乎我的意料。我感到被羞辱了，脑

子里只有一个念头：复仇！我发誓："我要比上次更快地重返舞台，我要建立一家新的公司。"

于是，彼得·斯托达伦召开了一场备受瞩目的新闻发布会，宣布他将建立斯堪的纳维亚半岛最大的连锁酒店，如今他确实做到了。他这个故事在本书第 11 章也有所提及。幸运的是，彼得·斯托达伦一路创业走来结识了许多朋友。在朋友们的支持下，他终于如愿以偿。

最近，彼得·斯托达伦重新进军购物中心行业。他组建了一个强大的团队收购一家规模比斯滕和施特罗姆百货公司还要庞大的企业，交易额达10 亿欧元，是挪威最大的地产交易之一。这一次，彼得·斯托达伦的支持者之一正是他宁愿被解雇也不愿透露其合约内容的那位承租户。

他说："彼得，以前你帮我那么多，现在我会全力支持你的。"
于是他拿出一大笔钱，帮助我重新把购物中心买回来。兜兜转转之后，我又回到了购物中心行业。

由于忠诚待人，彼得·斯托达伦得到了巨大的回报。

以诚信建立声誉，赢得尊重

声誉是最有价值的货币，积累声誉比增加财富更有意义。正如弗兰克·斯特罗纳克所说："钱什么时候都可以赚，但声誉一旦失去，就永远无法挽回了。"

> 钱什么时候都可以赚，但声誉一旦失去，就永远无法挽回了。
>
> ——弗兰克·斯特罗纳克 # 亿万富豪金句

沈财福认为声誉是最重要的创业资产，建议从职业生涯之初就开始建立声誉：

从你职业生涯的第一天开始，在你的业务规模还小的时候，你的品格、心态和态度就是你建立声誉的基础。如果没有良好的声誉，还有谁会支持你、认可你、帮助你、相信你？

曹德旺说："做一件好事容易，难的是一辈子做好事。"

> 做一件好事容易，难的是一辈子做好事。
>
> ——曹德旺 # 亿万富豪金句

他在从商后确实做了很多好事。不管你信不信，他可能是中国唯一返还国家补贴的企业家。他的福耀玻璃从当地政府得到 1000 万元补贴，用来帮助一家亏损的工厂度过金融危机、继续运营，保住员工的工作。曹德旺设法让工厂重新盈利，把补贴退还给国家，他说公司不需要这笔钱。

纳温·贾殷告诉我："做任何事情都要以最高诚信为本，要记住，建立声誉需要几十年的时间，而声誉却可能毁于一旦。"

> 建立声誉需要几十年的时间，而声誉却可能毁于一旦。
>
> ——纳温·贾殷 # 亿万富豪金句

只要有良好的声誉，就会有人来找你做生意。许斯尼·奥兹耶金等亿万富豪都是这样获得商机的。

大家都知道我是连续创业者，所以经常有人邀请我投资他们的初创企业，或者让我持有他们公司的股份，其中有些机会好到令人难以置信。

不要失去诚信

杰克·考因告诫人们，做人千万不要失去诚信。在他的"13 个相见恨晚的人生道理"演讲中，诚信是排在第二位的人生道理。他给我念了演讲中的话：

> 如果你失去了诚信，再大的成功也不会有意义，此时看着镜子里的自己，你会感到无比空虚。

所以，不要偏离正道。

> 如果你失去了诚信，再大的成功也不会有意义，此时看着镜子里的自己，你会感到无比空虚。
>
> ——杰克·考因 # 亿万富豪金句

曹德旺说得更加具体：

> 你看过印度电影《贫民窟的百万富翁》（*The Slumdog Millionaire*）吗？这部电影讲述一个原本普普通通的年轻人被幸运之神眷顾而成了百万富翁的故事。在此过程中，很多人都恶意打击他，试图让他屈服，但他始终坚持善良和诚信的品质，最终他成了真正的百万富翁。就这么简单，并没有什么神奇之处。

赢得尊重

诚信的人才能得到尊重。

在创立印孚瑟斯公司时，纳拉亚纳·穆尔蒂就提出，公司的愿景应该是成为最受尊重的公司，而不是像其他人建议的打造规模最大或最赚钱的公司。

> 我始终认为，我们做每一笔商业交易，都要争取得到每一个利益相关者的尊重，这样就可以提高公司的收入、利润和市值。这就是我打造优秀公司的秘诀。

如果你能履行对客户的每一个承诺，久而久之，他们就会意识到你们公司是诚实可靠的。同样，在与投资者打交道时，如果你遵循公司治理的最佳原则，他们就会认为可以放心地把钱托付给你们公司。如果你以公平、礼貌和尊重的态度对待员工，他们就会明白这是一家可敬的公司。如果你与社会和谐相处，人们就会知道这是一家自尊自重的公司。因此，对任何一家企业来说，尊重都是必须追求的最重要的特征。

让我们记住，受社会尊重尤其重要，因为公司的客户、员工、投资者、政府官员都来自社会，政治家也是从社会中选举出来的。因此，如果社会对公司满意，客户就会光顾，员工就会加入，投资者就会投资，政治家和政府官员就会为你的行业制定有利的政策。想得到社会的尊重，你的言行必须符合模范企业公民的标准。

纳拉亚纳·穆尔蒂避免做"任何不会带来尊重的事情"。

对曹德旺来说，"成功就是受人敬重"。他可能是中国最受人敬重和喜爱的商人之一。

我个人最大的成功就是得到了各级政府官员的认可，赢得了人们的敬佩。

> 成功就是受人敬重。
>
> ——曹德旺 # 亿万富豪金句

亲爱的读者，你的诚信经得起考验吗？你是有坚定的价值观，还是会在需要时投机取巧？你是否谦虚、脚踏实地、一心行善？你是否可靠、值得信任？你是否以公平、尊重、诚实、忠诚的态度待人？你有良好的声誉吗？你受人尊敬吗？

——心志不专者没有坚定的价值观；他们选择走捷径，失去诚信，最终陷入自己造成的混乱。

——百万富翁的身份也许可以通过撒谎和欺骗获得，但这不会长久，他总有一天会被揭发并受到惩罚。大多数百万富翁虽然有坚定的价值观，但他们并不注重在市场上建立声誉和信任，因此只能取得有限的商业成就。

——亿万富豪以诚信和信誉建立信任和良好的声誉，在与人交往时能够赢得对方深厚的敬意。

CHAPTER 19

第 19 章

懂得感恩和回馈

服务他人是我们住在地球上应付的租金。

——穆罕默德·阿里（Muhammad Ali）

要承认，无论你取得什么成就，都是社会成就了你。你在社会接受教育，从社会获得员工、客户和投资者。要懂得感恩和"回馈社会"。

你无法真正报答所有在你前进路上帮助过你的人，但你可以通过帮助别人把这份恩惠传递出去。我为什么这么说呢？

下面纳温·贾殷的故事，可以让你明白其中的道理。

在我第一次创业取得巨大成功后，有一天我接到一位女士的电话，她说："我丈夫住进了重症监护室，他有话想跟你说。"你可以想象，我的直接反应是："我的天哪，她欠了一大笔医药费，要我来帮她支付。"我回答说："女士，我完全理解你的处境，我们有基金会可以提供协助，请发电子邮件申请。无论你遇到什么困难，我保证我们都会帮你解决。"

她说："不必了，我只想请你和我丈夫说几句话，他真的很想和你说话。"我有点恼火，心想："就花一分钟说几句吧，很快就完事了。"于是我接了电话，开口第一句话就问："先生，有什么需要我帮忙吗？"

他的回答改变了我的人生。他说："什么都不需要，纳温。你不记得了吧，当初你想离开这个国家时，我劝你留下来。我一直关注着你的事业，也为你的成功感到骄傲。我打电话就是想和你说这些而已。"

原来，纳温·贾殷刚来到新泽西时过得很不如意，便想离开美国，正是这位先生劝他留下来，还帮他在硅谷找到了一份很好的工作。

我倒抽一口气，心想："天哪，我变成什么人了？对于帮助过我的恩人，我不仅不记得，更糟糕的是，他根本不像我想的一样需要我的帮助。"我告诫自己："不能再发生这种事情了。"我不能报答他的恩情，那我就去帮助别人，把恩惠传递出去，只要我力所能及，我就要帮助我遇到的每一个人去实现梦想。

这是我报答我那位恩人的方式。像他一样帮助过我却被我遗忘的人还有很多。

心怀感恩

第一步是对你拥有的一切心存感激。

成为亿万富豪之后还会有什么样的梦想呢？我问利里奥·帕里索托有什么梦想，他说：

> 不，我没有什么梦想。除了感激我现在拥有的一切，我别无他想。当然，如果有可能，我还会继续做更多事业，但我也要知足感恩，因为我拥有的已经够多了。

第二步是珍惜生活，对身边的人心怀感恩。

奇普·威尔逊创办第一家公司时遭遇重重困难，有一天他忽然有所感悟。

> 我总是沉湎于过去，对以前的事情耿耿于怀，要不就活在对未来的幻想中。但我从不珍惜现在，不珍惜我身边的人，也不珍惜我取得的成就。我觉得自己好像一直处于绝境求生状态，所以我不停地反省过去的事情，总是忧虑"自己将来怎么办"。
>
> 我意识到，在我过去近 40 年的人生里，我都不曾说过："生活不是很美好吗？"于是，我开始思考："其实我的生活非常美好。既然如此，我如何才能成为一个更好的人呢？也许我不应该老想着自己，应该多想想这个世界，想想怎么样改变世界，让世界变得更美好。"

生活就像洋葱，等着你层层剥开，品尝每一层的滋味。

我问迪利普·桑哈维，如果回到 20 岁，他希望自己知道些什么事情，他回答：

　　我现在过的生活充满了乐趣。人生就像一个洋葱，随着时间的流逝，我一层一层地剥开它，不断地从中学习新鲜事物。如果我在第一天就知道了一切答案，也许我就不会拥有这一路探索带来的幸福。

艰难困苦会让你真正珍惜你拥有的一切，让你以不同的角度看待生活和他人。

弗兰克·哈森弗拉茨刚到加拿大时身无分文。

他想去蒙特利尔找他的叔叔，但他首先要赚点钱。在此之前，他只能住在火车站。

　　火车站里面只有一些木长椅，但相对暖和。在魁北克城，尽管已经到五月下旬，室外仍然很冷。我在火车站住了几天。没有地方洗澡，只能简单擦一下身体，刮一刮胡子。我随身只带了一个小包，身上散发出难闻的味道。睡觉的长椅很硬，但还可以忍受。当地人也非常友善。

　　我向他们打听哪里可以工作。"那边有几家汽车经销商，它们一直想寻找洗车工。"于是我就去那里应聘。他们问我："你以前洗过车吗？"我回答说："没有，但我可以学。"

弗兰克·哈森弗拉茨当时一句英语都不会。

　　但我还是可以让别人明白我的意思。如果不得不做，你就一定有办法。

　　洗一辆车的工钱是25美分。一天下来，我大概能赚5美元，我花18美分买一条面包，花19美分买一升牛奶。这些就是我每天的食物，早上吃半条面包，晚上吃剩下的半条。面包是那种切片面包，吃起来有点像蛋糕，我觉得很好吃。加上其他开支，我每天只花50美分，可以省下钱来。最终我攒够了钱，买了一张去蒙特利尔的火车票。

　　我那时身上一定很臭，但我自己察觉不到。到了蒙特利尔，有人对我说："你为什么不洗洗？"我说："洗什么？我会洗。"他说："你会洗？"我说："是的，我是洗车的。"他说："但你自己也得洗一洗了。"（开怀大笑）很好玩，是不是？在蒙特利尔期间，我也住在火车站，然后我去了多伦多。

　　在近一个月的时间，我无处可去，只能睡在街上，也不算太糟糕吧。

　　你能想象吗？一个无家可归的人，曾经只能住在火车站里，睡在长椅上，后来竟然成为亿万富豪！

　　这段经历让弗兰克·哈森弗拉茨学会了如何在艰苦的环境下生存，也让他在享受舒适生活的同时心怀感恩。

回馈社会

　　第三步是行善。

　　许多人忙于料理自己的事情，说什么没有时间照顾他人。但是，正如纳温·贾殷指出的，做善事和做生意也可以并行不悖。事实上，要想取得卓越成绩，首先必须多做善事。

　　如果你想打造价值 10 亿美元的公司，你就必须能解决一个价值 100 亿美元的问题。如果你能帮助 10 亿人，那你肯定能赚大钱。

　　弗兰克·斯特罗纳克告诉我："你拥有的东西越多，你就越有能力做更多善事，成为更好的榜样。"

不为自己

　　追求成功不是为了自己，而是为了让世界变得更美好。

　　纳温·贾殷认为："衡量成功的标准是你对社会的贡献。"

亿万富豪们希望让我们这个世界变得更好。

我问曼尼·斯托尔希望人们如何记得他，他答道：

> 我希望人们记得我是一个非常成功的商人，但也希望在我有生之年能够做更多的好事，能够改变这个世界，使它变得远比我出生时美好。

> 衡量成功的标准是你对社会的贡献。
>
> ——纳温·贾殷 # 亿万富豪金句

我问纳拉亚纳·穆尔蒂对全球的读者有什么建议，他说：

> 我们每个人都应该竭尽所能，通过自己的行动让这个世界变得更加公平、包容、和谐、和平、可持续。

富足与慷慨

要有富足而非匮乏的心态。

2004 年安永全球企业家奖得主陈觉中对商界普遍存在的匮乏心态颇有微词。

> 在我创立快乐蜂集团的初期，菲律宾一家快餐连锁店的老板居然批评我，说我不应该给我的员工那么好的待遇。现在他的公司已经不存在了。所以，我认为不可低估富足心态的重要性。

我问陈觉中想给全球的读者什么建议，他说：

> 我们要懂得分享，因为我们拥有很多，物质非常丰富。我们要乐于分享，分享得越多，在其他方面得到的回报也就越多。

> 我们要懂得分享，因为我们拥有很多。
>
> ——陈觉中 # 亿万富豪金句

> 分享得越多，在其他方面得到的回报也就越多。
>
> ——陈觉中＃亿万富豪金句

对待身边的人要慷慨大方。无论他们是员工、追随者，还是你不认识的人，只要你慷慨地对待他们，他们也会慷慨待你。

奇普·威尔逊的人生格言是"只求付出，不求回报"。

> 我喜欢帮助别人。每当看到别人因为我的帮助而取得很大的进步，我就会为自己能给别人的生活带来改变而开心。

> 只求付出，不求回报。
>
> ——奇普·威尔逊＃亿万富豪金句

在我认识的人里，杰克·考因是最慷慨的人之一。无论是对我，还是对其他受访的亿万富豪，他都不吝于付出时间和精力。他有两艘游艇，是那种非常豪华的大游艇，除了船长外，船上有十几名船员，还有一名厨师。在摩纳哥时我曾登上他的游艇，并与船长交谈。船长给我讲起杰克·考因慷慨待人的故事，显然这样的故事经常发生。

> 我们这艘游艇来过一位先生和他的妻子。这位先生曾经为杰克工作了大约 35 年。在他退休时，杰克对他说："你们夫妻可以免费使用游艇一周，这是我送给你的退休礼物。"这位先生可不是什么首席执行官，也没有任何高级职位，只是一个普通的基层员工而已。真是令人难以置信啊！

要知道，一艘游艇每周光是保养费用就高达数万美元。

全力行善

善用自己的力量造福社会，帮助不幸的人，要为他人做出贡献。

蔡东青的目标是"造福社会"，他坚持着"不要只顾着自己，要多为他人着想"的原则。

让穆赫德·阿利塔德感到高兴的事情是"自己所做的事情，哪怕是很小的事，都能对你、对邻居、对家人、对员工有所帮助。"

彼得·斯托达伦也不会只考虑公司的发展。

> 我不仅要对公司的员工负责，更要对社会、对地球的未来、对我的孩子、对下一代负责。

与其赚钱，不如改变世界。

彼得·斯托达伦认为自己的使命是推动企业向更可持续的方向转型。

> 对我来说，经营北欧之选酒店的目标从来都不是赚钱。我们的目标是改变世界，为我们公司的员工、客人和所在社区创造更好的未来。在我眼里，北欧之选酒店是我改变世界的工具。这是我们公司的核心价值，也是我希望客人选择我们酒店的原因。

对纳拉亚纳·穆尔蒂来说，最重要的价值观是"将机构和社会的利益置于个人利益之上"。

因此，他提出："除非与社会建立了良好的关系，否则任何公司都不可能长期成功。"

> 将机构和社会的利益置于个人利益之上。
>
> ——纳拉亚纳·穆尔蒂 # 亿万富豪金句

> 除非与社会建立了良好的关系，否则任何公司都不可能长期成功。
>
> ——纳拉亚纳·穆尔蒂 # 亿万富豪金句

乐于助人

我问纳温·贾殷对全球读者有什么建议，他说：

> 对需要帮助的人伸出援手，尽可能帮助更多的人。没有什么能比真心帮助别人而不求回报更能带来快乐和成就感了。帮助别人带来的巨大喜悦，是人生中拥有的任何事物都无法比拟的。

弗兰克·哈森弗拉茨认为，乐于助人就是成功之道。

> 要想成功，你必须善于与人沟通。其他事情可以慢慢学，但结交朋友、帮助别人要从小做起。不要问"你能为我做什么？"，只问"我能帮你做什么？"。就这样开始吧。如果人家能帮你，那他无论如何都会帮你。但不要指望别人会为你做事，没有什么是顺理成章的。

> 对需要帮助的人伸出援手，尽可能帮助更多的人。没有什么能比真心帮助别人而不求回报更能带来快乐和成就感了。
>
> ——纳温·贾殷 # 亿万富豪金句

白手起家的亿万富豪如何回馈社会

心志不专者不会有什么行善的想法；他们只想从别人身上得到好处。富人应该做更多的好事来使世界变得更好。许多百万富翁和名人都参与慈善事业。他们在慈善舞会和活动中捐钱，主要是因为这样做会让公众观感很好，是很不错的公关手段。但亿万富豪的做法不同，他们做的是真正的慈善，不只是捐钱，而且还成立大型的慈善组织，有效地开展他们关心的事业。有些亿万富豪为社会做了很多好事，但他们对此从不宣扬。

本书采访的亿万富豪几乎都是这种大慈善家。他们通常在年轻时专注于做生意，等到上了年纪，他们就把重心转移到慈善事业上。

沈财福已经50岁了，但他仍然活跃于商界。通过下文，可以看到他乐于助人的习惯是这样形成的。

> 读小学四年级时，我大约九岁，学校有一位非常严格的老师，正好是我的班主任。我们都很讨厌他，因为他会用非常可怕的手段惩罚学生，比如让学生蹲在地上很长时间，或者让学生跪在贝壳上。这就是不折不扣的体罚。（笑）如果你是学生，你也肯定会恨他，对吧？

> 后来我才发现他其实是个好人。有一天午休，我独自留在教室里，因为我没有钱买食物。我本来有5美分的，但我在踢足球时弄丢了。钱没了，还买什么食物呢？

> 所以我独自待在教室里，他看到我便进来问："你为什么还在教室里？"我说："我没有钱，我的钱丢了。"他看着我，然后拿出20美分递给我。

> 这件事情让我对他改变了看法。当然，体罚让学生觉得他是坏人，但他确实有一颗善良的心。

如今，沈财福是新加坡《海峡时报》学校零用钱基金（The Straits Times School Pocket Money Fund）的主要捐赠人，该基金为新加坡超过一万名有需要的儿童提供零用钱，让他们有钱在学校买食物。

> 到目前为止，我已经累计给基金会捐了600万美元。

亿万富豪们以各种方式回馈社会，有些人会捐赠公司的产品和服务，有些人则致力于建立慈善事业。如果要详细介绍他们的所有慈善活动，可能需要写整整一本书才行。下面所列仅是其中一小部分。

许斯尼·奥兹耶金是土耳其最慷慨的慈善家之一。他与妻子艾森（Ayşen）一起在慈善领域开展活动，规模十分惊人。他创办了一所大学，为贫困女孩修建了65所学校和配套的宿舍，设立了亲子教育、妇女赋权和农村发展项目，还让数百名瘾君子成功戒毒，挽救了他们的生命。他的慈善事业至今已经惠及超过 100 万人。

彼得·斯托达伦是斯堪的纳维亚半岛的大慈善家之一。他成立的斯托达伦基金会（Stordalen Foundation）关注气候变化、雨林保护、可再生能源、生态技术发展等议题。

纳拉亚纳·穆尔蒂通过成立印孚瑟斯基金会（Infosys Foundation）支持印度社会的弱势群体。

> 我们在印度农村地区修建医院、学校、图书馆、贫困之家和午餐厨房。我们为穷人设立奖学金，改善教育条件，还在发生洪灾时帮助灾民。我们资助多所高等院校，支持数学、物理和计算机科学等领域的研究。

印孚瑟斯公司每年将其利润的 2% 用于慈善事业，每年投入慈善的金额高达 5000 万美元。

弗兰克·斯特罗纳克的麦格纳国际集团贯彻公平企业的理念，不仅与管理层和员工分享利润，还将利润的 2% 用于社会慈善项目，每年投入慈善的金额高达 4000 万美元。

迪利普·桑哈维的慈善事业主要关注弱势群体的教育和健康问题，而且他做公益完全是自掏腰包。

菲律宾亿万富豪陈觉中推行"学校供餐计划"（School Feeding Program），每天为 1800 多所学校的超过 18 万名学生免费提供餐食。

利里奥·帕里索托在亚马孙州（Amazonas）从事社会慈善项目，为当地 4 万印第安人提供教育和医疗援助，向他们购买可持续农业产品，因此保护了相当于葡萄牙国土面积大小的热带雨林。

> 我们帮助当地人维持生计，不必再靠砍伐森林生活。

此外，他还建造了一所医院，参与儿童保健工作。

但我见过的最杰出的慈善家可能是中国亿万富豪曹德旺。他对慈善事业的捐赠金额已超过 10 亿美元，是亚洲最慷慨的慈善家之一。曹德旺将自己持有的大部分福耀玻璃的股份捐给了河仁慈善基金会，该基金会将分红用于各种慈善事业。

> 比如，2015 年河仁慈善基金会分得 3000 万美元股利。我们将其中一部分用于援助尼泊尔地震灾民。

奇普·威尔逊通过他的"想象有一天基金会"（Imagine1Day Foundation）深入参与慈善事业，为埃塞俄比亚提供优质教育。

澳大利亚亿万富豪曼尼·斯托尔本人和其公司都参与慈善事业。他的驼鹿玩具公司将多达 10% 的利润用于慈善事业，重点关注儿童的健康和福利。他们公司还支持自闭症研究，是"小丑医生"（Clown Doctors）的主要捐赠者，为患病儿童带来快乐。此外，曼尼·斯托尔还将自己收入的 10% 捐赠给各种慈善事业。

蒂姆·德雷珀创办了多个慈善和社会项目，包括非营利性青少年创业教育机构 BizWorld 和英雄学院。

穆赫德·阿利塔德捐给慈善事业的钱远远多于他个人从公司赚到的钱。

> 我每年捐出大约 1 千万美元用于帮助穷人、残疾人和孤儿。对我来说，这是一件非常重要的事情。

他做慈善的目标包括"消灭疾病和饥饿，杜绝饿死人现象，资助无国界医生组织（Doctors Without Borders）到冲突地区拯救生命"。

谢尔盖·加利茨基将大量资金用于慈善事业，主要用于其家乡克拉斯诺达尔市（Krasnodar）的城市建设。他为这座城市修建了公园，翻新了人行道，恢复了公共绿地和小巷，修建了俄罗斯数一数二的足球场。他是当地最慷慨的慈善家，也是最受尊敬的市民。在东欧，嫉妒和诋毁富人的现象很普遍。我做过实地调查，到街上询问人们对谢尔盖·加利茨基的看法，结果居然没有一个人对他有负面评价。人们普遍的看法是："如果我们这里有任何值得拥有巨大财富的人，那肯定就是他。"能得到如此评价，他实在不一般。

经商是最好的慈善

在陈觉中看来，"做慈善的最佳形式就是建立企业，因为雇一个员工能够帮助他的整个家庭。至少在菲律宾，一名员工平均能够养活五个人"。

对纳温·贾殷来说，"做生意就是帮助他人"。

> 做生意就是帮助他人。
>
> ——纳温·贾殷 # 亿万富豪金句

纳温·贾殷希望解决世界上最大的难题，为数十亿人带来积极影响。对他来说，最好的企业本质上是带慈善性质的，因为它致力于解决人类面临的重大问题。

> 淡水问题、能源问题、粮食问题，每一个问题都价值万亿美元，能解决这些问题的企业都会成为伟大的企业。这意味着在某个地方存在一个价值万亿美元的商机，等待着企业家去解决。因此，对我来说，经商和行善是相辅相成的，既可以做善事，也可以做好生意。

亿万富豪们将一些社会原则用于企业经营。

彼得·斯托达伦认为，要将可持续性纳入企业的经营原则。

> 要从长远角度考虑问题。如果我们不考虑长期问题，就无法拯救世界。
>
> 我相信气候变化确实存在，也希望自己在这方面有所作为。我希望在自己的孩子日后问我"爸爸，你当时做了什么？"的时候，我能跟他说："我拥有相关信息。我知道我当初做得不够，但我已经尽力了。"我始终竭尽全力，使自己成为推动变革的力

量，这就是我的人生追求。

对纳拉亚纳·穆尔蒂来说，"做生意就是让这个世界变得更美好"。他创立的印孚瑟斯公司为 20 万名员工提供了高薪工作。他希望自己最终能为全世界人民创造 100 万个工作岗位。

弗兰克·斯特罗纳克开发出公平企业制度，在麦格纳国际集团创造了超过 15 万个工作岗位，他为此感到非常自豪。

这些都是高薪工作，能够让人有机会参与创造财富。

> 做生意就是让这个世界变得更加美好。
> ——纳拉亚纳·穆尔蒂 # 亿万富豪金句

金范洙成立了"C 计划"项目，他称之为风险慈善事业，主要致力于投资儿童保育教育项目。

> 我们看到，韩国现在的孩子们的创造力和自主性已经大大降低了。他们的一切努力都是为了在高考中取得好成绩，考上理想大学。我们意识到这是一个大问题，孩子们也需要有玩游戏的时间。

纳温·贾殷说，慈善事业绝不能只捐钱，而应该解决问题。
社会问题是企业施展拳脚的绝佳舞台。
金范洙与我分享了他对此的看法。

> 社会问题最终还是需要解决的。在遇到问题时，你会提出一个假设，然后思考如何解决。所以，我认为企业是最能有效地解决问题的组织。尤其是我们公司善于通过技术手段来解决问题。因此我想以企业家的精神为依托，为社会问题寻找解决方法。

榜样的作用

在慈善领域，有许多亿万富豪效仿的榜样。

比尔·盖茨可能是本书受访者最常提到的一位。

纳拉亚纳·穆尔蒂解释了个中缘由。

> 我们都很钦佩比尔·盖茨，不仅因为他在商界的领导地位，还因为他后来所做的事情——他捐出大笔财富用来抗击疟疾、艾滋病和其他困扰世界贫困地区的疾病。他的举动确实非同寻常，因此成为我们所有人效仿的楷模。

亿万富豪们以一些大慈善家作为自己行善的榜样，包括以下三位：

- 亨利·福特，他为工人建造医院和学校。
- 约翰·洛克菲勒，虽然是争议性人物，但他也是历史上最伟大的慈善家之一。他为黑人建造学校，创办了两所大学，还成立研究所，研制出了许多重要的疫苗。
- 约翰·皮尔庞特·摩根，他捐出 80% 以上的个人财富用于慈善事业。

亲爱的读者，你有什么样的人生态度？你是否对自己拥有的一切心存感激？你怀有富足心态还是匮乏心态？你是愿意帮助他人，还是期望得到他人的帮助？你是否对身边的人、对社会、对世界做出贡献？请以亿万富豪为榜样，乐于助人，传递恩惠。

——心志不专者对社会只想索取。

——百万富翁还有匮乏心态，偶尔会将一些自己辛苦赚来的钱捐给他人经营的慈善机构。

——亿万富豪拥有富足心态，他们乐善好施，意识到企业的社会责任，并建立慈善组织实现自己关注的事业。

CHAPTER 20

第 20 章

付出高昂代价

成功的代价远远低于失败的代价。

——小托马斯·沃森（Thomas Watson），IBM 公司
成立初期的董事长兼首席执行官

要得到伟大的成果，就要付出巨大的牺牲。

建立一家市值 10 亿美元的公司需要长年累月地付出心血，投入大量的时间和精力，甚至要不眠不休地工作，在个人生活方面做出种种牺牲。这意味着长期全天候工作，没有休闲的时间，也难以顾及家庭和朋友关系。这是一场终生的艰苦攀登，前方是悬崖也未可知，一路上障碍重重，随时都有绊倒滑落的危险，还要忍受胸无大志或不得志之人的冷眼和嘲讽。如果想在创业之路取得成功，就必须愿意付出这样的代价。

即使成功的机会微乎其微，仍要做出巨大的牺牲，只有这样才能实现自己的人生目标。

2016 年安永全球企业家奖得主曼尼·斯托尔以一言概之：

> 如果你想成功，你就必须对自己所做的事情充满信心并全身心地投入其中，而且要明白要想成功就必须付出代价。意识到这一点无疑是最为重要的。你可能没有时间陪伴家人，可能要牺牲感情关系，但这是成功必须付出的代价。我说的成功不是小有成就，而是惊天伟业。

他经常说："你不能半途而废。"

要明白要想成功就必须付出代价。
——曼尼·斯托尔 # 亿万富豪金句

你不能半途而废。
——曼尼·斯托尔 # 亿万富豪金句

不惜牺牲

要想成功，就必须投入大量的时间、精力和努力，就意味着要牺牲自己的私生活。你愿意做出这种牺牲吗？

我向蒂姆·德雷珀请教企业家最重要的品质是什么，他说：

> 为了公司和客户的利益、为了一切机会不惜做出牺牲。

因为代价巨大，有些亿万富豪并不鼓励他人追随他们的道路。

我问穆赫德·阿利塔德对年轻人有什么积累财富方面的建议，他说：

> 不要走我的路，因为我的路并不好走。如果你走这条路，你得过持续 30 年每天工作14 ～ 15 个小时的生活。这就是你要付出的代价。

> 如果你走这条路，你得过持续 30 年每天工作 14 ～ 15 个小时的生活。这就是你要付出的代价。
>
> ——穆赫德·阿利塔德 # 亿万富豪金句

利里奥·帕里索托也告诫年轻人：

> 我不知道大家是否有必要走这条路。当然，就最终结果而言，付出的努力都是值得的。但大家要明白走这条路需要付出的代价——在成功之前，我们必须勤奋工作。

> 在成功之前，我们必须勤奋工作。
>
> ——利里奥·帕里索托 # 亿万富豪金句

忙于工作必定导致长期缺席家庭生活，这是个人和家庭生活方面的代价。

我问利里奥·帕里索托对希望像他一样成功的人有什么建议，他回答道：

> 我不建议任何人效仿我的做法，因为那会非常辛苦。我不知道大家是否准备好过一种长期不休假、周末不下班的生

活，尤其是在创业初期。我不知道人们是否有这样的精力。有时代价其实是极大的，尤其是牺牲自己与亲朋好友的关系。只有极少数人愿意付出这样的代价。但我出生在一个贫穷的家庭，我没有别的选择，只能想办法逃离，所以我必须找到更好的活法。

创业最初的数十年尤其艰难。

曹德旺向我坦言：

> 创业头二十年，我几乎每周工作七天，每天的作息几乎都一样。我完全没有时间陪伴家人，因为我不仅白天工作，晚上还要加班到八九点钟。

在成为亿万富豪之前，你没有时间享受生活。

信不信由你，有些亿万富豪反而羡慕普通人的休闲生活。与媒体报道的形象相反，他们并不沉溺于奢华的派对和无休止的度假。

许斯尼·奥兹耶金说，由于没有时间，普通人拥有的许多生活乐趣他都无法体验。

> 我身边的人基本上都比我更常去旅行，更懂得享受人生趣味。每到新年期间，我打电话问候，他们不是在普吉岛就是在其他更美好的地方，而我却还在工作。（笑）当然，要怪也是怪我自己。我也很想去度假，去看看挪威的峡湾。我的朋友去阿拉斯加旅行了三四周，回来后写了一本很棒的书，里面放了许多他去钓鱼和做各种事情的照片，他还送了一本给我。我很羡慕他们，但我想我确实是太喜欢工作了。

我问蔡东青想改变自己哪些方面，他说：

> 我希望自己能花更多时间享受人生，四处旅行，让自己更幸福、更快乐，工作时间应该减少一些。我想要的改变是能够

平衡生活和工作，尽可能地享受生活和工作。

我问弗兰克·斯特罗纳克希望自己20岁时就能明白什么道理，他的回答也让我大吃一惊。他说："年轻只有一次。"

对许多亿万富豪来说，做生意占据了他们所有的时间、精力和心思。杰克·考因认为自己没办法培养业余爱好。

> 如果我妻子在这里，她会说："你就是个工作狂。"我拥有两艘游艇，因为我妻子说我没有爱好，所以我必须找到一个爱好。

杰克买两艘游艇原本是为了让自己不要老是一心扑在生意上，但结果却事与愿违。

> 我用两艘游艇做了一些租赁生意。我可能有一些需要改进的地方，其中一点就是，我应该更深刻地意识到自己日渐变老，我不可能永远像现在这样拼命工作。没有人永恒不死，生命最终会走到尽头。

是的，这是一个实实在在的危险。在成为亿万富豪的路途中，你可能会耗尽生命，没有时间享受人生。事实上，大多数人都会如此。

责任与压力

亿万富豪肩负着巨大的责任和压力。他们要对几千甚至上万名员工及其家庭负责，不能因为工作压力太大或没有满足感就放弃或辞掉工作。

谢尔盖·加利茨基指出，巨额财富会限制私人生活，给人带来巨大的压力。

> 钱赚得越多，各方面的自我限制就越多。很多人并不想成为诸多限制的奴隶。你可能无法拥有正常的家庭生活，或者说

你有家庭，但你不能像普通的富人那样花很多时间陪伴家人。你必须加倍努力，而且还要明白，你拥有的财富越多，承受的压力就越大。但很多人并没有做好承受这种压力的准备。

> 钱赚得越多，各方面的自我限制就越多。
> ——谢尔盖·加利茨基 # 亿万富豪金句

> 你拥有的财富越多，承受的压力就越大。
> ——谢尔盖·加利茨基 # 亿万富豪金句

有一点也许你会感到惊讶：有些亿万富豪宁愿做个上班族。

我问曹德旺，如果重来一次，他会怎么做。他说：

如果让我重来一次，我可能会先去接受良好的教育，掌握职业管理人员必备的技能，然后再找一份企业管理的工作，不用什么都管。如果什么都管，那压力太大，责任太重。单纯做一名员工，生活会舒服很多。如果能从头开始，我不想成为企业家。我会做一个职业经理人。

> 单纯做一名员工，生活会舒服很多。
> ——曹德旺 # 亿万富豪金句

我简直不敢相信，便追问他是否愿意为了过上更舒适的生活而牺牲现在拥有的一切成就，他回答说：

是的，我宁愿做一个职业经理人，这样风险没那么大。我希望能像普通人一样，不用承担那么大的风险。

有些亿万富豪甚至说，如果有机会让时光倒流，他们根本不会创业。

弗兰克·哈森弗拉茨告诉我：

如果从头开始的话，我可能不会创业。（笑）毕竟我知道自己经历过什么，犯过什么错误，现在重新开始创业一定会更加艰难。

长跑者的孤独

几乎没有人理解亿万富豪遇到的问题，更没有人能够为他们找到解决办法。他们经常要面对外界的不信任、质疑甚至指责，忍受着"长跑者的孤独"。

米哈·索罗向我描述了这种奇特的孤独。

大多数像我这样的人都有一种"长跑者的孤独"。事实上，人都是孤独的，你的人生经历只有你自己能懂，无法与他人分享。换句话说，你会遭到社会的误解，你创造的事业甚至会不被认可。周围的人总是过度简化你的形象，对你持有负面态度，一看到你有什么成就，他们就会质疑："这是不可能的，你一定在造假。我也同样有能力，为什么我做不到？"这是简单化的观点。有些人试图理解你，但他们无法了解你的情况。

能够与我谈论工作的人非常少，而且一般都是公司内部人员而非外人。这就是长跑者的孤独，不是吗？

请想象一下你在这种情况下的心境。在一场超级马拉松比赛中，你的目标当然是获胜，至少你是想获胜的，因为这是最高级别的比赛……你在沙漠中跑到第110公里处，突然一名记者走过来问你："你目前跑得怎么样，对后面的赛程有什么策略？"他这样做当然会让你停下来，而此时此刻，你是领跑者。那一刻，你心里会有什么想法？恐怕你第一个想法是："他到底在问什么？"第二个想法是："这家伙在这样关键的时刻问我，说明他对超长跑一无所知。"这位记者只是在完成他的工作，对吧？

但他根本就不懂超长跑，你也无法告诉他你的脉搏发生了什么变化，此前遇到了多少危机，克服这些危机付出了多少代价，你的补水策略需要做什么调整。而你正在经历这一切，你心里有成千上万种感受，但只有你自己才能体会。而这位记者却只愿意花10秒钟的时间来向你提问，连比赛情况都懒得弄清楚，也没有读过任何关于跑步时身体变化的资料，因为他以为一切都可以从你口中了解。他甚至连最起码的功课都没有做过。这样的人来了一个又一个，久而久之，在你跑得更远之后，你不会再停下来回答……因为也没什么好说的。

对亿万富豪来说，在遇到难题时，他们没有人可以求助。

沈财福把自己看作一只孤独的老鹰。

> 我没有人可以求助。这一点是我生命中最艰难的。我甚至不想和妻子讨论我遇到的难题，只有当我觉得事情已经明朗，很容易让她做出选择时，我才会跟她谈。我遇到什么问题从来不告诉她，如果告诉她，那只会给她带来更多的问题、更多的烦恼。我的烦恼已经够多了，不想再让其他人为我担心。人攀上高峰之后，真的会感到孤独。

确实是高处不胜寒，却不是出于大多数人想象的原因。

如果你想在生意场上取得成功，就必须做好准备忍受"权力的孤独"。

利里奥·帕里索托向我解释说：

> 亿万富豪的共同特点之一就是要面对权力的孤独。这是普通人难以理解的。

> 当投资金额达到5亿美元、10亿美元，甚至就连只是1亿美元时，我都很难与人讨论，因为没有人可以提供任何投资建议，我只能靠自己做出判断，这是一个原因。如果投资成功，那么一切都很好；一旦投资失败，那也只能埋怨自己，因为大多数

事情是无法与他人谈论的。并不是因为别人无能，而是因为他们不在那个处境，所以无法理解。

还有另外一个原因：每个人都有自己的目标和目的。有人想要房子，有人想要车子和一些银行存款，"我想赚100万美元"或"我想再赚1000万美元"，他们能理解这些目标，然后发现我想要的不仅是这些。很多人问我："你拥有的已经够多了，你为什么还在工作？为什么还不退休？"我告诉他们，如果我停止工作，我可能会因为失去激情而与世长辞。我需要激情，需要做一些自己喜欢的事情。有激情、有事做、对社会有用，活着才有意义。

经营石化公司也存在巨大的风险，如果出了什么差错，造成了环境问题，我恐怕就会有牢狱之灾。但我对做事的激情足以支持我应对风险带来的挑战。

还有另一个挑战：许多亿万富豪因为有过悲惨经历，所以很难信任他人。纳温·贾殷向我解释了个中缘由。

一旦成功了，你就会发现，来跟你交谈、成为你的朋友的人，99%都有求于你。对此，我是这么看的：变得富有或者天生绝色，从某种意义上说总会吸引错误的人。他们从来看不透富有或美丽的表象，无法了解你是怎样的人，因为他们只能看到外表。他们永远无法理解，有钱人也会因为内心感到孤独空虚而不快乐。现在人们不再建立真正的人际关系，因为他们担心那种深刻、真实的关系会让他们变得脆弱。

亿万富豪幸福吗

那么，成为亿万富豪要付出那么多，值得吗？亿万富豪幸福吗？这可能是我在写这本书时最常被问到的问题。

我们来分析一下吧。

就像许多人一样，穆赫德·阿利塔德认为，"成功就是幸福"。

弗兰克·斯特罗纳克经常受邀到大学里做演讲。

> 我教给大学生的第一件事是：人生成功与否只能用幸福程度来衡量。但根据我自己的经验，有钱确实比较容易获得幸福。有聪明的学生问："那怎么样才能赚到钱？"我说："其实，20 来岁的人并不了解自己，你应该什么都去试一试。"

> 人生成功与否只能用幸福程度来衡量。
> ——弗兰克·斯特罗纳克 # 亿万富豪金句

> 有钱确实比较容易获得幸福。
> ——弗兰克·斯特罗纳克 # 亿万富豪金句

普通大众往往有两种极端观点，一种是"有钱就会幸福"，另一种是"可怜的亿万富豪，那么有钱却不幸福"。

实际上，金钱并不能改变你获得幸福的能力。金钱只会更加凸显你的个性特征。如果你原本就是一个快乐的人，那么财富将会让你更加幸福；如果不是，财富只会让你痛苦。因此，试图通过积累更多财富来获得幸福是一种妄想。

金钱不会给你幸福，只会给你多一些选择，而大量的金钱会给你很多选择。至于如何利用金钱给你的选择，则取决于你自己。

那么，亿万富豪都幸福吗？简短的回答是"幸福，但不是出于你想象的原因"。

如前文所说，成为亿万富豪需要付出种种代价，但你可以想一想：本书描述的某些个性特征和习惯既有助于赚大钱，同时也有助于获得幸福。接下来，让我们仔细看看是哪些个性特征和习惯。

亿万富豪深谙人类心理而且善于沟通。因此，他们能够建立和谐的长期关系，而这些关系自然会提升他们的个人幸福感。

与公众对富人的看法不同，我见过和采访过的那些白手起家的亿万富豪，他们的生活都很简朴，甚至称得上平淡无奇。他们会选择一个宽容的伴侣，这位伴侣在背后默默提供帮助和支持。他们的婚姻里没有什么闹剧。伴侣和孩子是他们稳定的生活支柱，让他们不仅事业有成，而且内心感到非常幸福。

许斯尼·奥兹耶金认为能娶到他妻子是他这辈子最大的成就。

> 她是我梦寐以求的生活伴侣，永远在我身边支持我。她把我们的孩子培养得非常优秀，为此她做出了很多牺牲。我的两个孩子出生时，我都没能陪伴在她身边。我的儿子穆拉特（Murat）出生时，我人还在巴格达，于是我马上飞回伊斯坦布尔，一下飞机，我的司机告诉我孩子已经生下来了，我们便驱车直奔医院。我的女儿艾瑟坎（Aysecan）出生时，我在利比亚首都的黎波里（Tripoli）出差，其间收到一封电报，我才知道女儿出生了。孩子还小的时候，我每天忙于工作，总是不能陪在妻子身边，但她从来没有抱怨过。每次我出差，无论白天黑夜，她总会起身送我出门，在我开车离开之前泼水。在出行前泼水是土耳其的一个古老传统，以此祝愿旅者一路顺风，去而复返如流水，平安归来。直到今天，无论我身在何处，我总会在登机前、落地后给她打电话报平安。

弗兰克·哈森弗拉茨认为，拥有支持他的伴侣是他事业成功的一个关键因素。

> 我坚信一定要有一位贤内助。我有一位好妻子，在事业上和社交上都对我有很大帮助。

亿万富豪热爱他们的事业，热爱自己的公司和所在的行业。这当然比做自己不喜欢的事情更让人开心。

对迪利普·桑哈维来说，幸福就如"解开一道题会让人快乐"一样简单。

我问蔡东青是什么让他感到快乐，他说：

做自己想做的事，并乐在其中。

接下来我想讨论的是自由。亿万富豪是自由的，他们做事不是因为不得已而为之，而是因为他们喜欢工作，而且觉得自己所做的事情很重要。谢尔盖·加利茨基说："自由就是能够把时间花在自己认为重要而且喜欢的事情上。"

自由就是能够把时间花在自己认为重要而且喜欢的事情上。
——谢尔盖·加利茨基 # 亿万富豪金句

更多财富也意味着更能控制自己的生活和环境。正如我在第 9 章中指出的，亿万富豪不是随风飘荡的帆，他们自己就是引领潮流的风。能力和金钱让他们有更多的选择，能够更从容地应对生活中的负面情况，而且能创造积极的结果。

我问杰克·考因是什么让他感到快乐，他说：

快乐就是能够自己控制日程。这并不是自私。人人都有情绪，因此能够掌控自己当下想做的事情，而不是听别人的安排，这一点让我感到快乐。我发现生活中的一个问题是，随着年龄的增长，你会越来越不能容忍别人指手画脚。我妻子跟我说"你去做这件事"。我问"必须做吗?"，她说"是的，必须做"。（笑）

亿万富豪对自己感到非常满意，而且为自己的成就感到自豪。他们不再需要向任何人证明什么，完全可以随心所欲地做自己。

蔡东青向我坦言："当我们的业务取得显著进展时，我感到很有成就感。"

米哈·索罗向我具体描述了这种感觉。

> 我建造了供人居住的房屋，我是建造者、生产者，我让人们的生活变得更轻松……为此我也感到很开心。不要忘记，我的第一家上市公司的名字就叫"波兰生活改善公司"……我不仅改善我自己的生活，而且改善了别人的生活……

成就让人感到快乐，而亿万富豪成就斐然，自然感到非常幸福。

亿万富豪是创造者。他们亲眼看到自己的想法逐步变成现实，这个过程本身就令人感到无比满足。

我问谢尔盖·加利茨基什么能让他感到快乐，他说：

> 当事情按照我的计划如期实现时，我感到快乐。当我看到我的想法一点一点变成现实时，虽然速度不一定很快，但最终确实实现了，我感到快乐。当我脑子里的东西在现实中有了实体雏形时，我可以站在旁边注视几个小时都不觉得疲倦。要是身体熬得住的话，我甚至可以一连站上好几天。

他的很多想法已经变成现实，其中之一是为他的家乡克拉斯诺达尔市建造一座宏伟的足球场。它能够容纳 34 000 名观众。

同样，蔡东青喜欢见证"公司发展蓝图的实现过程"。

亿万富豪获得的认可和尊重让他们倍感幸福。

曹德旺告诉我，"如果周围每个人都承认你所做的事情是正确的，并因此而尊重你"，他就会感到非常幸福。

此外，亿万富豪乐于帮助人们获得更好的生活。看到人们成长、取得成功、获得幸福，也让他们产生满足感。

我问彼得·斯托达伦是什么让他感到快乐，他说：

> 看到他人成长，看到我妻子取得成功，看到我的孩子们过得幸福，看到我的狗快乐，看到员工为公司的发展感到高兴和

自豪，看到有人从初级工作岗位（也许是前台接待）晋升为经理，看到每个人都能发挥自己的全部潜能，虽然大多数人并未发现自己的巨大潜能，但我看到人们真正实现梦想时，我就会很开心。

米哈·索罗告诉我："让我高兴的是看到受到我影响的人都很幸福。这是我感到最幸福、最激动的事情。"

我们不要忘记许多亿万富豪的感恩之心和坚忍不拔的态度。这些都有助于他们获得幸福。

生活本身就是蒂姆·德雷珀的幸福源泉。迪利普·桑哈维告诉我：

> 我认为我大多数时候都是快乐的，不需要外部活动来让自己开心。我尽量不让外部活动决定我快乐与否。遇到难题不会让我闷闷不乐；同样，取得成功也不会让我欣喜若狂。我没有什么悲喜的感觉。就算事情进展不顺利，我也不会因此郁郁寡欢。

亿万富豪已经尝遍了人生所有滋味，他们真正欣赏的反而是生活中简单的东西，这一点与普遍看法不太一样。

我问彼得·哈格里夫斯是什么让他感到快乐，他说：

> 生活中的简单事物让我感到快乐。当然，我有一个很漂亮的菜园，我的一大乐趣就是在周日早晨到菜园里摘菜来做午餐。就在地里挖菜、摘菜芽什么的，非常简单。
>
> 有时我还会在田野里采蘑菇。当然，这些蘑菇不值什么钱。有时候找来的蘑菇太多，甚至会吃不完。但找到蘑菇那一刻的喜悦是无与伦比的。
>
> 我热爱大自然，所以很喜欢到户外跑步。我喜欢十月的秋色和清爽的早晨。
>
> 能让我感到快乐的往往都是生活的简单琐事。还有好友的陪伴，一起享受美食和美酒，也许还有激烈的讨论，只要我能

赢，都会让我感到快乐。（笑）

我也喜欢看到别人成功。每次看到别人成功，我都会非常激动。在幸福的时刻，我总是更加感性。在别人取得成功时，我也可以看到他们的喜悦之情。当年幼的孩子做了很棒的事情时，我会非常雀跃。我是感情丰富的人。

我们也不要忘记，亿万富豪容易获得幸福还与他们的其他个性特征和习惯有关：信念、乐观、信任、坚持目标使命、保持健康、积极主动、忠于自己、不屈不挠、待人诚信、知恩图报等。

当然，这些个性特征和习惯并不能让他们免受个人悲剧的影响，比如疾病带来的疼痛、失去亲人的悲痛等。而且，也不是所有亿万富豪都是幸福的。但综合所有因素，我相信，亿万富豪的幸福比例总体来说比社会上其他群体更高。

亲爱的读者，为了有朝一日成为亿万富豪，你是否愿意竭尽全力，付出一切代价？你是否准备为此牺牲大部分生活？要达成这个目标，你必须投入大量的时间和精力。你愿意承受巨大的压力，承担起沉重的责任吗？你准备好忍受长跑者的孤独了吗？

——心志不专者往往不愿付出代价，只想享受当下，不愿意牺牲自己的生活。

——百万富翁愿意付出代价，但他们往往不知道代价有多高，或者没有考虑身处的环境。事实上，他们会变得灰心丧气、精疲力竭，或者受环境所迫做出让步，无法投入那么多的时间，也无法承担那么大的压力和责任。

——亿万富豪愿意并准备好付出沉重代价，一旦调整好心态并创造出合适的环境，他们可以为了达成目标做出一切必要的牺牲。

结语

　　亲爱的读者，成就非凡事业的 20 条原则已经介绍完毕。你已经了解世界上最成功的企业家——白手起家的亿万富豪们的成功秘诀。他们将自己内心深处的智慧坦诚相告，只为助你一臂之力，使你也能像他们一样成就非凡事业，接下来就靠你自己身体力行了。

　　请记住，外在条件不是成功的决定性因素，你才是自己人生的主宰。因此，要离开巢穴，去征服天空。让永不满足的渴望引领你迈向成功的道路。用信念、乐观、果敢和自信打造一艘坚实的航船，带着你安然渡过职业生涯中的惊涛骇浪。要避免落入拜金陷阱，掌握驰骋商场的六种技能，培养创造财富的六个习惯。要找到人生目标，制定清晰的愿景，然后迅速采取行动！不要做随风飘荡的帆，而要做引领潮流的风。要审时度势，伺机而动，抓住机遇勇往直前，不要让恐惧阻碍你成就非凡事业的脚步。要敢冒风险，但不能盲目。在取得成功之前必定会经历许多失败，所以要敢于面对失败，但不要放弃；要坚持不懈，继续奋斗！不要害怕与众不同，不要循规蹈矩。做事要有激情，在实现梦想的漫长旅途中，激情将是你克服一切障碍的动力来源。在生意场上，只有精打细算、快速行动，才有机会打败对手。永远不要停止学习，要坚持不懈地提升自我。不要丧失诚信，要建立良好的声誉。不要忘了帮助他人，传递爱心。而且要始终记住：要成就非凡事业，就必须付出代价。

现在，我们面对的机会如此之多，前所未有。把握机会的最佳时机是昨天，其次是今天。因此，赶快把本书介绍的 20 条成就非凡事业的原则用起来，展翅高飞吧！本书是我为你绘制的成功路线图，希望你由此开始走上致富的康庄大道。请让我预先遥祝你心想事成。愿你早日成功！

The Billion Dollar Secret

附录
亿万富豪简历

穆赫德·阿利塔德
—— 贝都因人

国籍 / 居住地：法国 / 蒙彼利埃

现年 71 岁，法国白手起家的亿万富豪，叙利亚移民，阿利塔德集团的创始人兼董事长。阿利塔德集团是一家跨国公司，为全球 100 多个国家的建筑业提供服务和设备。该集团拥有 200 多家子公司，其主营的脚手架业务已经领先全球。阿利塔德先生是蒙彼利埃·埃罗橄榄球俱乐部的老板，也是一位出色的作家，出版过五部小说。他被授予法国荣誉军团勋章，于 2015 年获得安永全球企业家奖，是第一位获此殊荣的法国人。

名片

人生第一桶金来自：脚手架生意

生意是：生活

成功是：幸福

最想见的人物：奥巴马

热爱的事：文学

不具备的技能：写出传世巨著的能力

自认最好的商业类图书：马克斯·韦伯（Max Weber）的作品

仍想实现的目标："改变世界，想办法让世界变得更好。我认为，如果我们无所作为，任其故步自封，世界将会变得更糟糕。"

最钦佩的思想领袖：纳尔逊·曼德拉（Nelson Mandela）、赫尔穆特·施密特（Helmut Schmidt）、瓦莱里·吉斯卡尔·德斯坦（Valéry Giscard d'Estaing）

陈觉中
——深谙分享之道的天才
国籍 / 居住地：菲律宾 / 马尼拉

现年 65 岁，白手起家的亿万富豪，亚洲最大的食品服务公司快乐蜂集团的创始人兼董事长，在东亚、北美、欧洲和中东共 18 个国家和地区经营 13 个连锁餐厅品牌，包括快乐蜂、格林威治（Greenwich）、超群（Chowking）、红丝带（Red Ribbon）、烧烤先生（Mang Inasal）、粉碎汉堡（Smashburger）、菲律宾汉堡王（Filipino Burger King）、高地咖啡（Highlands Coffee）、永和大王（Yonghe King）、宏状元（Hong Zhuang Yuan）等，旗下拥有 4300 多家餐厅。快乐蜂集团被誉为最受赞赏的亚洲公司之一和亚洲最佳雇主之一，2013 年《福布斯》将其列入亚洲 50 强排行榜。快乐蜂集团是世界上唯一在本国击败麦当劳的本土快餐公司。陈觉中的慈善事业主要关注学生的饮食问题。2004 年，他获得安永全球企业家奖。

名片

人生第一桶金来自：餐饮业

生意是：乐趣

成功是：与他人合作的结果

人生格言："己之所欲，施之于人。"

最宝贵的建议：诚实和正直

热爱的事：美食

希望拥有的技能：精通英语

自认最好的商业类图书：戴尔·卡耐基（Dale Carnegie）的《人性的弱点》（*How to Win Friends and Influence People*）

仍想实现的目标："在美国快餐市场上大展拳脚。"

做生意要避免："与不符合我们企业文化的公司合作，尤其是不诚信的公司。"

最钦佩的思想领袖：释迦牟尼

杰克·考因
——成就不可能之事
国籍/居住地：澳大利亚/悉尼

现年 76 岁，加拿大出生，白手起家的亿万富豪。他是澳大利亚竞争食品公司的创始人、董事长兼总经理。该公司是澳大利亚最大的食品加工企业之一，也是澳大利亚最大的餐饮业特许经营公司，包括以他名字命名的澳大利亚汉堡王特许经营店"饥饿杰克"。他是将快餐引入澳大利亚的先驱，首先是炸鸡（肯德基），然后是汉堡包（汉堡王），最后是比萨（达美乐比萨）。他是澳大利亚达美乐比萨公司的主要股东，在澳大利亚、新西兰、日本、法国、荷兰、德国、比利时等国家拥有 2400 多家餐厅。杰克·考因还在澳大利亚和北美从事一系列其他业务。他的慈善活动主要涉及高等教育领域。

名片

人生第一桶金来自：炸鸡生意

生意是：乐趣

成功是：实现人生目标

人生格言："永不放弃。"

最想见的人物：理查德·布兰森（Richard Branson）

最宝贵的建议："己所不欲，勿施于人。公平待人。"

热爱的事：工作

不具备的技能："可能是耐心。随着年龄的增长，耐心会逐渐减少，对别人错误的容忍度也会降低。"

自认最好的商业类图书：罗德·麦奎因（Rod McQueen）的《成
功的动力》（*Driven to Succeed*）、弗兰
克·哈森弗拉茨的传记和奇普·威尔
逊的自传《黑色弹力裤》（*Little Black
Stretchy Pants*）

仍想实现的目标："我认为，如果我们将正在做的事情坚持下去，
我们最终会在纽约证券交易所上市，而上市则
说明我们晋升一流企业。"

做生意要避免："愚蠢的想法和不必要的风险。风险有时是难免
的，但不要做那些与最终目标无关的事情。"

最钦佩的思想领袖：纳尔逊·曼德拉、皮埃尔·特鲁多（Pierre
Trudeau）

蔡东青
——执着的追梦人
国籍 / 居住地：中国 / 广州

　　现年 49 岁，中国白手起家的亿万富豪，中国最具实力和创新能力的动漫及娱乐文化企业之一奥飞娱乐公司的创始人兼董事长。奥飞娱乐公司是中国唯一一家覆盖从动画制作、品牌授权、媒体运营，到玩具、游戏、婴幼儿产品和动画片等产品设计及营销的完整产业链的集团。奥飞娱乐公司还涉足电影、歌剧、主题公园以及其他有关娱乐、消费品、互联网、文化和教育的互动活动。奥飞娱乐公司每年新增 100 多项动漫玩具专利，位居行业第一。蔡东青被誉为"中国的沃尔特·迪斯尼"。

名片

人生第一桶金来自：小喇叭玩具

生意是：合作

成功是：学习

人生格言："不经历风雨，怎能见彩虹？"

最想见的人物：孙正义

最宝贵的建议："来自对我的想法提出异议并指出问题所在的人。这样的建议对我的帮助很大，能带来实质性的变化。"

热爱的事：做生意

不具备的技能：游泳、驾驶飞机

自认最好的商业类图书：《孙子兵法》和李嘉诚、马云、比尔·盖茨的传记

仍想实现的目标："打造中国的迪士尼乐园。"

做生意要避免："我们不能仅仅为了做生意而做生意。我们做生意要有原则。"

最钦佩的思想领袖：老子、孔子

蒂姆·德雷珀
——冒险大师
国籍/居住地：美国/加利福尼亚州硅谷

现年 60 岁，传奇风险投资人，名列福布斯全球最佳创投人榜（Forbes Midas List），被认为是硅谷人脉最广的投资人。他是风险投资公司德丰杰（Draper Fisher Jurvetson）和 Draper Associates 以及英雄学院的创始人。蒂姆·德雷珀被誉为病毒式营销的开创者。作为创始投资人，他为 Hotmail、Skype、特斯拉、SolarCity 和百度等科技巨头的成功做出了巨大贡献。他还是 SpaceX、Indiegogo、Tumblr、Foursquare 和其他 1000 多家公司的主要投资者。2015 年，他获得了全球企业家论坛（World Entrepreneurship Forum）颁发的"全球企业家奖"。蒂姆·德雷珀是一位声名显赫的比特币爱好者。

名片

人生第一桶金来自：对美国参数技术公司（Parametric）的风险投资

生意是：乐趣

成功是：继续勇于失败

人生格言："一切皆有可能。"

最想见的人物：史蒂夫·乔布斯

最宝贵的建议："跟谁做买卖并不重要，重要的是个人关系。"

热爱的事："把创业精神和风险投资传播到全世界。"

不具备的技能：弹吉他

自认最好的商业类图书：威廉·德雷珀三世（William H. Draper
　　　　　　　　　　　　III）的《创投帝国》(*The Startup Game*)
仍想实现的目标：改变房地产、医疗、保险、银行业等行业
做生意要避免："我避免赶潮流。我追求的是趋势，不是潮流。"
最钦佩的思想领袖：乔治·华盛顿、邓小平、戈尔巴乔夫

谢尔盖·加利茨基
——先搞清楚发生了什么
国籍/居住地：俄罗斯/克拉斯诺达尔

　　现年 51 岁，俄罗斯最大的食品零售商马格尼特公司的创始人和首席执行官。该公司旗下拥有超过 17 000 家便利店、化妆品店、大卖场和超市，雇有 29 万名员工，拥有卡车 6000 辆，构成俄罗斯最大的卡车网络，也是俄罗斯最大的非国有雇主。该公司在没有并购的情况下实现了有机增长。谢尔盖·加利茨基是克拉斯诺达尔足球俱乐部的老板和主席。他是国际上最受尊敬的俄罗斯商人之一，曾被《金砖国家》（BRICS）杂志誉为最受钦佩的俄罗斯企业家。

名片

人生第一桶金来自：分销生意

生意是：智力游戏

成功是：享受生活中的每一刻

人生格言："诚实乃上策。"

最想见的人物："阿尔伯特·爱因斯坦。不是因为他创立了相对论，而是因为他从不屈服于任何权威。"

最宝贵的建议："我必须给别人第二次机会，因为我的搭档也给了我第二次机会。"

热爱的事：竞争

不具备的技能：数学和物理

自认最好的商业类图书：沃尔特·艾萨克森（Walter Isaacson）
　　　　　　　　　的《史蒂夫·乔布斯传》(*Steve Jobs*)
仍想实现的目标："我想在足球领域取得跟我在商业领域一样的
　　　　　　　　成就。不是得奖，而是建立一个正常运转的比
　　　　　　　　赛机制。"
做生意要避免："在愚蠢和愤世嫉俗的人身上花时间。"
最钦佩的思想领袖：德国哲学家黑格尔

彼得·哈格里夫斯
——超越想象
国籍/居住地：英国/布里斯托尔

现年 72 岁，白手起家的亿万富豪，英国金融服务业的领军人物。他的哈格里夫斯·兰斯当公司管理着高达 1200 亿美元的资金，相当于一个中等国家的年度预算。他和其合伙人可能是唯二在没有借贷或收购的情况下，从零开始创建出一家富时 100 指数公司的人。2014 年，他被授予大英帝国最优秀勋章。

名片

人生第一桶金来自：金融服务

人生格言："如果事情看起来好得不像真的，那么它很可能就是真的。"

最想见的人物：任何成功人士

最宝贵的建议："让投资变得轻而易举。"

热爱的事：做生意

不具备的技能：外语

自认最好的商业类图书：罗伯特·汤森（Robert Townsend）的《领导箴言》（*Up the Organization*）和彼得·林奇（Peter Lynch）的《彼得·林奇的成功投资》（*One Up on Wall Street*）

仍想实现的目标：让金融服务业的从业人员得到应有的社会认可

做生意要避免：开会

最钦佩的思想领袖：玛格丽特·撒切尔（Margaret Thatcher）

弗兰克·哈森弗拉茨
——我行我素
国籍 / 居住地：加拿大 / 安大略省圭尔夫

现年 85 岁，出生于匈牙利，白手起家的亿万富豪。他是利纳马集团的创始人兼董事长，专门生产汽车动力总成系统和风力涡轮机。利纳马集团的子公司斯凯杰科（Skyjack）是世界领先的高空作业和物料搬运设备制造商。利纳马集团雇有 3 万名员工，在北美、欧洲和亚洲共 17 个国家和地区设有 90 多个制造工厂和其他分支机构。利纳马集团是业内公认的最具创新精神、最精通科技、盈利能力最强的企业之一，因其卓越的品质而屡获殊荣，如加拿大商业卓越奖（Award for Business Excellence）。哈森弗拉茨先生被授予加拿大总督功勋奖、匈牙利骑士十字勋章，并入选加拿大商业名人堂。

名片

人生第一桶金来自：防御工事

生意是：乐趣、挑战

成功是：心满意足

人生格言："测量你所做的每一件事。"

最想见的人物："我现在想不出有什么特别想见到的人。"

最宝贵的建议："勤奋——这是我父亲给我的忠告。"

热爱的事：工作

不具备的技能：更多教育

自认最好的商业类图书：杰克·韦尔奇（Jack Welch）的《杰克·韦尔奇自传》（*Straight from the Gut*）

仍想实现的目标："使公司实现稳定增长。这不是为了我自己。我已经很幸福了，但我希望公司能够取得成功。"

做生意要避免：过度扩张

最钦佩的思想领袖：罗纳德·里根（Ronald Reagan）

纳温·贾殷

——从不自我设限

国籍 / 居住地：美国 / 华盛顿州贝尔维尤

现年 59 岁，出生于印度，Infospace、Intelius、TalentWise、月球快递、BlueDot、Viome 等公司的创始人，奇点大学（Singularity University）副主席，XPrize 基金会理事。他的第一家企业 Infospace 公司通过为移动互联网提供内容和工具而使他成为亿万富豪。他创立月球快递公司，希望实现私人太空探索的梦想。他屡获殊荣，包括安永新兴企业家奖（Ernst & Young Emerging Entrepreneur Award）、阿尔伯特·爱因斯坦技术奖章（Albert Einstein Technology Medal），并被《印度硅谷》杂志评为最受赞赏的连续创业者。作为一名慈善家和企业家，他希望帮助更多人改变人生。

名片

人生第一桶金来自：为比尔·盖茨工作

生意是：帮助他人

成功是：对社会产生积极影响

人生格言："正直地生活。永远记住，建立信誉需要数十年的时间，而扼杀信誉只需要一次失误。"

最想见的人物：阿尔伯特·爱因斯坦

最宝贵的建议：来自母亲："花的比赚的少。"

热爱的事：陪伴孩子，帮助他人

不具备的技能：更熟练地掌握英语

自认最好的商业类图书：艾瑞克·伯恩（Eric Berne）的《人间游戏》（*Games People Play*）和托马斯·哈里斯（Thomas Harris）的《我好，你好》（*I'm OK, You're OK*）

仍想实现的目标："每一个主要行业都试一试。从太空领域开始，现在要进入医疗保健行业，下一个目标可能是教育行业，以后可能还会进军食品行业。这些行业存在的问题是最棘手的，我就是要瞄准这些难题。我知道，对企业家来说，最难的问题意味着最大的机会。"

做生意要避免："负债和亏损，因为它们最终会导致企业倒闭。"

最钦佩的思想领袖：比尔·盖茨

金范洙
——风险投资专家
国籍/居住地：韩国/首尔

现年52岁，韩国白手起家的亿万富豪，Kakao的创始人兼董事长。Kakao是韩国创业板市场科斯达克（Kosdaq）最大的上市公司之一，Kakao公司旗下的移动通信信使KakaoTalk覆盖95%的韩国智能手机用户，在全球有超过2.2亿注册用户。打车软件Kakao Taxi颠覆了韩国的出租车行业，上线12个月就获得近900万用户。Kakao公司还有韩国市场第二大搜索引擎Daum和最大的音乐流媒体服务平台Melon。他是2015年安永全球企业家奖得主。通过K-CUBE风险投资公司、百名首席执行官项目和C计划，他致力于在韩国营造风险友好型创业环境。

名片

人生第一桶金来自：电脑游戏Hangame

生意是：提出假设，然后加以证明。

成功是："让世界变得比我出生时更美好，至少让一个人快乐。"

人生格言："享受每天的冒险，保持生活平衡。"

最想见的人物：比尔·盖茨、弗里德里希·尼采

热爱的事："为韩国社会注入正能量，改善穷人的生活质量。"

不具备的技能：语言技能，例如中文

自认最好的商业类图书：克里斯·祖克（Chris Zook）和詹姆斯·艾伦（James Allen）合著的《回归核心》（Profit from the Core）

仍想实现的目标："线上到线下（O2O）业务正在全世界蔓延，
　　　　　　　　　　我想在韩国建立一个成功的商业模式。"

做生意要避免："剥夺他人生计的业务。"

最钦佩的思想领袖：朝鲜水师将领李舜臣

纳拉亚纳·穆尔蒂
——像没有明天一样努力拼搏
国籍/居住地：印度/班加罗尔

现年72岁，白手起家的亿万富豪，印度第一家在纳斯达克上市的公司印孚瑟斯公司的联合创始人和长期首席执行官。印孚瑟斯公司是拥有20万员工的世界软件巨头之一。除了纳拉亚纳·穆尔蒂，该公司还有6位亿万富豪和4000多位百万富翁。他被《财富》杂志列为当代最伟大的12位企业家之一。2013年，他被亚洲人大奖（Asian Awards）评为年度慈善家。《经济学人》杂志将他评为最受钦佩的全球领袖之一，《金融时报》将他评为最受尊敬的商界领袖之一。他曾被印度政府授予莲花赐勋章，被法国政府授予荣誉军团勋章，被英国政府授予大英帝国勋章。他是一名重要的慈善家，于2003年获得安永全球企业家奖。

名片

人生第一桶金来自：软件生意

生意是："让世界变得更舒适。"

人生格言："问心无愧才能睡得踏实。"

最想见的人物：物理学家理查德·费曼

最宝贵的建议："将机构和社会的利益置于个人利益之上。"

热爱的事：迅速行动

不具备的技能："我希望自己更聪明。"

自认最好的商业类图书：乔恩·亨茨曼（Jon M. Huntsman）的
《胜者不欺》（*Winners Never Cheat*）

仍想实现的目标：为全世界人民创造 100 万个就业机会。

做生意要避免："任何不会带来尊重的事情。"

最钦佩的思想领袖：圣雄甘地

许斯尼·奥兹耶金
——一个好人
国籍/居住地：土耳其/伊斯坦布尔

现年74岁，土耳其白手起家的亿万富豪，土耳其最大的慈善家之一。他在12个国家创办了75家公司，是伊斯坦布尔奥兹耶金大学的创始人。他从银行业起家，创办了金融银行，随后通过旗下的Fiba公司和Fina控股公司把生意扩张到金融、零售、房地产、能源、健康、酒店、港口等更广泛的领域。他从事大量慈善活动，覆盖学校教育的各个阶段。2011年，他被授予哈佛商学院校友成就奖。

名片

人生第一桶金来自：担任银行行长13年

人生格言：勤奋工作

最想见的人物：沃伦·巴菲特，或历史名人：苏丹穆罕默德（"征服者"）、米开朗琪罗、建筑师希南

最宝贵的建议："我父亲总是说，'我知道你成绩好，但你一定要结交好朋友'。这是我父亲的忠告。我认为交朋友很重要，对做生意也非常重要。"

热爱的事：工作和家庭

不具备的技能："我想更好地使用技术。我很想演奏一种乐器。"

自认最好的商业类图书：荣·切尔诺（Ron Chernow）的《工商巨子：洛克菲勒传》(Titan)和沃尔特·艾萨克森的《史蒂夫·乔布斯传》

仍想实现的目标：“发展好奥兹耶金大学，使它成为土耳其最好的研究教学型大学之一，让学生和教授在这里一起创造出为土耳其出口增值的产品。这就是我今后的目标。”

做生意要避免：“过度自信。过于确信某件事情会发生，没有真正评估其隐患和失败的可能性。”

利里奥·帕里索托（Lirio Parisotto）
——好奇心是最好的伙伴
国籍/居住地：巴西/马努斯

现年65岁，白手起家的亿万富豪，巴西股票市场上最大的个人投资者。他是Videolar公司（今天的Videolar-Innova S.A.）的创始人、总裁和主要股东。该公司一开始是生产录音带和录像带、软盘、CD、DVD和蓝光光盘的制造商，现在是一家石化公司，也是巴西塑料材料的主要制造商之一。利里奥·帕里索托通过他创立的Geração L Par基金投资银行业、电力、采矿、钢铁以及房地产等行业。2002年，他获得安永全球企业家奖。他还积极参与亚马孙雨林的保护工作。

名片

人生第一桶金来自：电子零售生意

生意是：一项挑战

成功是：做自己喜欢的事

人生格言："绝不接受别人的拒绝。"

最想见的人物：沃伦·巴菲特、圣雄甘地

最宝贵的建议："总是怒气冲冲的人什么都做不成。"

热爱的事："把每一件事情做好。"

自认最好的商业类图书：山姆·沃尔顿（Sam Walton）的《富甲
美国》（*Made in America*）和盛田昭夫
（Akio Morita）的《日本制造》（*Made in
Japan*）

仍想实现的目标："我现在必须对一切心怀感激。"

做生意要避免："继续做过时的、不再有用或不再被需要的业务。
　　　　　　　做生意必须掌握时机。"

最钦佩的思想领袖：温斯顿·丘吉尔、亨利·福特、盛田昭夫和
　　　　　　　　史蒂夫·乔布斯

迪利普·桑哈维
——效果的艺术
国籍/居住地：印度/孟买

现年 63 岁，白手起家的亿万富豪，印度最大的制药商太阳制药公司创始人兼董事总经理。太阳制药公司也是亚洲十大最有价值公司之一。他是目前全球制药业首富，2010 年和 2014 年分别获得安永全球企业家奖和福布斯年度企业家奖，被美国有线电视新闻网印度台 CNN-IBN 评为"年度印度人"，被《印度商业》（*Business India*）杂志评为"年度最佳商人"。2013 年，他领导的太阳制药公司被印度《商业标准报》（*Business Standard*）和《经济时报》（*Economic Times*）评为年度最佳公司。《福布斯》将太阳制药公司列为全球最具创新力的 100 家公司之一。

名片

人生第一桶金来自：精神科药物生意

生意是：乐趣

成功是：实现目标

人生格言："我父亲曾告诉我，银行的出纳员每天数很多钱，但更重要的是他到底能拿多少钱回家。所以，你的公司可能营收很高，但利润才是你要时刻关注的重点。"

最想见的人物：圣雄甘地

最宝贵的建议：来自父亲："金钱会让你变得更富有，但你要努力提升自己，成为一个更好的人。"

热爱的事：建立业务，发展业务

不具备的技能："我没法从真正的技术层面了解技术。我可以通过逻辑分析来简化技术，但我无法理解技术的真正复杂之处。"

自认最好的商业类图书：卡罗尔·金赛·高曼（Carol Kinsey Goman）的《忠诚度因素》（*Loyalty Factor*）、吉姆·柯林斯（Jim Collins）的《从优秀到卓越》（*Good to Great*）和《基业长青》（*Built to Last*）

做生意要避免："纠纷、分歧。我不喜欢与人争吵。只要我还能忍受，我们的关系就可以继续。但如果已经到了无法相处的地步，那么即使我要承担损失，我们的关系也会到此为止。"

最钦佩的思想领袖：史蒂夫·乔布斯、比尔·盖茨、沃伦·巴菲特

沈财福

——足智多谋

国籍/居住地：新加坡

现年60岁，白手起家的亿万富豪，傲胜集团的创始人、董事长兼首席执行官。傲胜是亚洲最大的健康生活产品品牌之一，在21个国家和地区拥有400多家分店。他还是新加坡和中国很多商场的股东，持有TWG Tea、博克斯通、瑞莱（Richlife）、健安喜（GNC）等公司。2004年，他荣获安永全球企业家奖，同时被《商业时报》授予年度最佳商人奖。他热衷慈善事业，同时是一名铁人三项运动员，并鼓励员工也去参与这项挑战。

名片

人生第一桶金来自：家用产品销售

生意是：有关人的。以人为本，才能成就事业。

成功是：实现了你相信自己能做到的事情。如果你对自己所做的事情感到满意，那就是成功。

人生格言："挑战自我，做到最好。"

最想见的人物：秦始皇

最宝贵的建议：来自祖母和母亲："为了一个很好的目的而生活。"

热爱的事："创造出我引以为豪的成就并感到满足。"

不具备的技能："一些我自认为做不到的运动，比如滑板跳跃或定点跳伞，我很羡慕别人能做这样的运动。"

自认最好的商业类图书：吉姆·柯林斯的《从优秀到卓越》和《基业长青》

仍想实现的目标：建立更强大的团队、更强大的结构、更强大的
　　　　　　　实体

做生意要避免：糟糕的伙伴关系

最钦佩的思想领袖：秦始皇和李光耀

米哈·索罗
——抓住千载难逢的机会
国籍 / 居住地：波兰 / 凯尔采

现年 56 岁，白手起家的亿万富豪，唯一在波兰华沙证券交易所上发行了五家公司的股票的人。米哈·索罗在建筑、房地产开发、零售和生产等领域创办并出售多家公司。主要资产包括宝林纳公司（Barlinek，地板）、Cersanit 公司（卫生陶瓷和瓷砖）和 Synthos 公司（化学工业）。他还投资技术和初创企业。同时，他多年来一直是欧洲最优秀的拉力赛车手之一。目前，他是波兰最富有的人。

名片

人生第一桶金来自：建筑工程

人生格言："不要放弃。"

最想见的人物：沃伦·巴菲特、马克·扎克伯格、李彦宏

热爱的事："11 年来，我最热爱的事情无疑是拉力赛。总的来说，
我热爱运动，热爱竞技。"

不具备的技能："我希望自己更加稳定，更有条不紊。"

自认最好的商业类图书：贾森·詹宁斯（Jason Jennings）的《以
快吃慢》（*It's Not the Big That Eat the
Small … It's the Fast That Eat the Slow*）

仍想实现的目标：成为世界上经济效率最高的组织

最钦佩的思想领袖：莱赫·瓦文萨（Lech Wałęsa）

彼得·斯托达伦
——卖草莓的人
国籍/居住地：挪威/奥斯陆

现年 56 岁，白手起家的亿万富豪，绰号"酒店大王"，其北欧之选连锁酒店集团旗下拥有近 200 家酒店。他建立了挪威最伟大的商业房地产公司之一。他创立的草莓集团（Strawberry Group）业务涉及房地产、金融、酒店和艺术等领域。最近，他投资了一家公关公司，并通过新成立的草莓出版公司撼动了斯堪的纳维亚的出版业。彼得·斯托达伦常被称为最张扬的斯堪的纳维亚人，于 2010 年获得安永全球企业家奖。他是一位环保主义者，也是挪威最慷慨的私人慈善家之一。

名片

人生第一桶金来自："一个在特隆赫姆完成的项目，将三家购物中心合而为一，当时没有人相信能做到，而我做到了，得到的回报是 100 万美元奖金。"

人生格言：草莓哲学："有什么就卖什么，因为你手里只有草莓可以卖。"

最想见的人物：耶稣

最宝贵的建议：相信自己的梦想

热爱的事："酒店，因为与人有关。我喜欢与人打交道的生意。"

不具备的技能：唱歌和弹吉他

自认最好的商业类图书："说实话，我没有读过任何关于商业的
书……哦，不对，我读过一本，詹·卡
尔森（Jan Carlzon）的《关键时刻》
（*Moments of Truth*）。"

仍想实现的目标："成为一家真正坚守三重底线的公司。这意味
着你要考虑三个方面的问题，一是利润，二是
可持续发展，三是社会责任。三个方面同等重
要，你要公布每一个方面的数字和目标。现在
我们正在为此而努力，但要成为一家真正坚守
三重底线的公司，我们还有很长的路要走。"

做生意要避免："与我不喜欢的人共事。"

弗兰克·斯特罗纳克
——通往经济自由之路
国籍/居住地：加拿大/安大略省奥罗拉

　　现年 86 岁，白手起家的亿万富豪，奥地利移民，创立的麦格纳国际集团是目前世界上最大的汽车零部件供应商之一。麦格纳国际集团在 27 个国家和地区设有 400 多家工厂和业务中心，雇有 17 万名员工，营收约 400 亿美元。2000 年，他获得安永企业家终身成就奖。他创立的斯特罗纳克集团（Stronach Group）持有和经营的赛马场在美国数一数二，他本人也是全球最成功的养马人和马主之一。他还在加拿大和奥地利从事政治活动，成立了以自己名字命名的政党。如今，弗兰克·斯特罗纳克在佛罗里达州拥有近 4 万公顷的土地，用于养殖肉牛。

名片

人生第一桶金来自：汽车零部件销售

生意是："经济，如果经济无法运转，那么其他一切都无法运转。"

成功是：快乐、健康和经济自由

人生格言："我努力发展，就为了拥有自由。我要自由，包括经济上的自由。"

最想见的人物：亨利·福特

最宝贵的建议："我是靠自己长大的，是生活教会了我如何生活。"

热爱的事："我喜欢马。我可能是美国甚至世界上最厉害的养马人，这么多年来一直都是。"

不具备的技能："我不断地评估自己，也一直努力修正自己，使自己成为一个更好的人。"

自认最好的商业类图书：亨利·福特的自传和罗兰·巴德尔（Roland Baader）的《金钱、黄金与万能之人》(*Money, Gold and God Players*)

仍想实现的目标："建立公民代表机制来平衡政治管理与社会经济管理。国家的决策不能全部交给政治家。"

做生意要避免："我确实会避免损失。"

最钦佩的思想领袖：毛泽东

曼尼·斯托尔
——难民出身的安永全球企业家奖得主
国籍/居住地：澳大利亚/墨尔本

　　现年 70 岁，白手起家的亿万富豪，驼鹿玩具公司董事长。该公司是一家全球玩具制造商，被认为是业内最具创新精神、发展最快的公司之一。公司生产的 Shopkins 玩具连续两年被玩具行业协会评为年度最佳女孩玩具，销量领先于包括芭比娃娃、小马宝莉和乐高在内的其他玩具。公司在全球范围内获得了 40 多个消费者和行业奖项。曼尼·斯托尔的慈善事业致力于促进儿童福利和医疗保健。他于 2016 年获得安永全球企业家奖，是首位获此殊荣的澳大利亚人。

名片

人生第一桶金来自：批发创意礼品

生意是：乐趣

成功是：健康和快乐

人生格言："你希望别人怎样对待你，你就怎样对待别人。永不放弃。"

最想见的人物：瑜伽圣人尤迦南达（Yogananda）、沃伦·巴菲特

最宝贵的建议："与正直的优秀人士为伍。"

热爱的事：做生意和运动

希望拥有的技能：体育、公众演讲

自认最好的商业类图书：吉姆·柯林斯的《从优秀到卓越》

仍想实现的目标："维持和发展公司，使其变得更强大、更成功；
　　　　　　　　在精神层面不断成长。"

做生意要避免："与非常不喜欢的人打交道。"

最钦佩的思想领袖：释迦牟尼

奇普·威尔逊
——人最多只能活四万个日子
国籍/居住地：加拿大/不列颠哥伦比亚省温哥华

　　现年63岁，白手起家的亿万富豪，露露乐蒙公司创始人。露露乐蒙是一家公开上市的技术运动服装零售商，是世界上每平方英尺销售额最高的商店，也是除珠宝行业和苹果之外利润率最高的垂直零售商。他还创立了专门经营冲浪、滑板和滑雪板服装的西海岸冲浪公司（后更名为西海岸滑雪板公司），目前正在发展休闲机能服装品牌 Kit and Ace。2004年，他被安永会计师事务所评为加拿大年度创新和营销企业家（Canadian Entrepreneur of the Year for Innovation and Marketing）。他支持的慈善活动十分丰富，包括加拿大的高等教育项目（威尔逊设计学院）、埃塞俄比亚的小学教育（想象有一天基金会）以及温哥华当地的社区项目。

名片

人生第一桶金来自：运动服装生意

生意是：关爱他人

成功是：一个健康、充满爱的家庭

人生格言："付出不求回报。"

最想见的人物：安·兰德（Ayn Rand）、穆罕默德·阿里、吉米·亨德里克斯（Jimi Hendrix）

最宝贵的建议："在露露乐蒙之后，你还有两件大事要做。"

热爱的事：体育

不具备的技能："将想法和创意形成体系。"

自认最好的商业类图书：吉姆·柯林斯的《从优秀到卓越》

做生意要避免：谈判

最钦佩的思想领袖：安·兰德、马可·奥勒留

曹德旺

——心若菩提

国籍/居住地：中国/福清

现年 72 岁，福耀集团创始人兼董事长。福耀集团是全球最大的汽车玻璃制造商。2014 年，福耀集团连续第五次入选波士顿咨询公司全球挑战者 100 强和《财富》最受赞赏中国企业榜。他对慈善事业的捐款数额已经超过十亿美元，连续多年荣获中华慈善奖，位列 2012 年中国慈善排行榜榜首。虽然小学就辍了学，曹德旺却白手起家，成为亿万富豪，并荣获 2009 年安永全球企业家奖，是首位获此殊荣的中国人。他是中国最受人民和政府尊敬的企业家之一。

名片

人生第一桶金来自：水表玻璃生产业务

生意是：一种爱好

成功是：受人尊敬

人生格言："不断发展，让周围的人共同进步。"

最想见的人物：台塑集团创始人王永庆、中国近代政治家曾国藩

热爱的事：成功

自认最好的商业类图书："关于曾国藩的书。"

仍想实现的目标："我的事业还没有完成，现在只成功了一半，我还在继续努力。我希望福耀玻璃能销往全世界，让每个人都用得上。"

做生意要避免："任何会损害客户利益的事情。伤害别人的事，我是不会做的。"

最钦佩的思想领袖：孔子、老子

致谢

在撰写这篇致谢的时候，我才惊讶地发现，完成这个写作项目竟然需要那么多人的努力。无论我如何表达对他们的感激和敬意，他们都受之无愧。

我撰写本书是因为受到三个人的启发，如果没有他们，我永远不会产生写这本书的想法。首先是杰克·坎菲尔德，他的《克利夫·扬的故事》（*Cliff Young Story*）激励我走上了自我发展的道路。其次是哈维·艾克（T. Harv Eker），他的作品《有钱人和你想的不一样》（*Secrets of the Millionaire Mind*）让我知道财富其实是思维方式的产物。最后是拿破仑·希尔，他的作品《思考致富》（*Think and Grow Rich*）激发了我用全球视野研究成功企业家思想的灵感。我要向这些杰出的思想家表示感谢。谢谢各位！没有你们，今天我手中就不会有这部作品。

我要感谢从一开始就认同本书写作愿景并相信我能排除万难完成本书的所有人。撰写本书的过程非常漫长，有时我觉得这是自己在与出版界怀疑论者进行一场艰苦斗争，在此我衷心感谢一路以来所有支持我的人。为了保护个人信息，请原谅我在此不提及姓氏，但我相信各位知道我对你们的谢意。

首先我要感谢的人是马可。他是第一个获悉我写书念头的人，并让我相信这个想法可以实现，还鼓励我迈出了第一步。如果不是他，本书可能永远只是我的一个疯狂想法。

我还要感谢马里奥、米恩和阿奇三位助手。在项目还处于萌芽状态，看上去非常不切实际、令人生畏的时候，他们就接受了挑战，与我一起安排与亿万富豪的访谈。谢谢各位，你们是我的英雄！

感谢所有对本书写作愿景深信不疑的人，他们帮助我与书中的受访企业家取得了联系，而且在整个写作项目的过程中满足了我的一切请求。他们是：安杰伊、艾拉、马格努斯、潘杜、雷纳、卡罗琳、弗雷德里克、罗尼、玛丽、托马斯、马库斯、马里、尤塔、朱莉娅、安娜、萨布丽娜、唐、卡洛、伊丽莎白、蒂姆、达娜、谢尔盖、塞尔莫、乔纳森、安德鲁、丽贝卡、晓晶、小芝、杰西、埃丝特、爱丽丝、康妮、凯瑟琳、萨曼莎、安德烈亚、巴斯特、德斯利、西蒙、凯伦。如果没有你们的帮助，我很难说服成就非凡的企业家分享他们的智慧。

我要向本书的主角们致谢。感谢他们向我敞开心扉，无所不谈，让读者们也有机会了解成功的奥秘并从中获益。他们是当今世界的商业英雄，他们提供的产品和服务使无数人的生活变得更舒适。他们是当代最优秀的企业家，也是世界各地所有企业家的楷模。读者们可以在书中读到他们的故事，也可以在附录中找到他们的简历。感谢他们给了我这个千载难逢的机会。对于他们的热情款待、开诚布公以及与读者分享的真知灼见，我更是感激不尽。我要特别感谢杰克·考因为我打开了很多扇门。在写作后期，他如同安德鲁·卡内基帮助拿破仑·希尔那样帮助我，是我的益友、知己、向导和导师。我将永远不会忘记他对我倾囊相助的恩情。谢谢你，杰克！

我还要感谢图书助产士公司（Book Midwife）的梅洛迪和明迪，是她们帮我组织材料、厘清思路，并花费大量心血整理出文字稿。你们对本书的创作做出的贡献不可低估。

感谢业内资深人士加里、格雷斯和里克帮我在出版行业的迷宫中找到出口。还有杰克·坎菲尔德，他不但为本书撰写精彩的序言，还与我分享写作经验，并就美国出版业如何运作为我提供了宝贵的建议。谢谢你们！

感谢 DNA 公司的尼克、格雷格、安吉、克里斯汀、布列塔尼、林赛和曼迪，因为他们的不懈努力，我的想法才能传播到世界各地。

我还要感谢阿迪和佐伊为我泡出世界顶尖的卡布奇诺咖啡，它帮我熬过了撰写本书的漫长时光。你们的咖啡馆就是我的第二个家。

还有我亲爱的朋友阿尔伯特、安德烈亚、阿图尔、英格丽德、迈克和莫妮卡，感谢他们在百忙之中抽出时间阅读了我尚不完善的手稿，并提出宝贵的反馈意见，使本书大为改进。谢谢你们！

我也要感谢在 YouTube 上关注我的观众，感谢所有在我创作过程中给我加油打气、给我支持和鼓励的好心人。谢谢你们！我还要感谢所有唱衰本书的人，因为你们的存在，我才有了充足的理由证明我可以做到。

我也要借此机会感谢帮助我管理公司和项目的员工、助理及自由职业者，亲爱的奥拉夫、赛拉斯、戴维、格雷格、卡米尔、马丁、塞巴斯蒂安和汤姆。谢谢你们为我分忧解难。

我最要感谢的是我的家人和朋友。我多年来独自四处旅行和工作，是他们的不离不弃赋予我力量，使我能够战胜孤独。没有他们的理解和大力支持，本书就不可能顺利完成。感谢你们坚定不移的支持和信任，感谢你们为我付出的一切。

最后，我要感谢各位亲爱的读者，谢谢你们花时间阅读这本书。这是我尽心尽力完成的作品，相信它一定能对你有所帮助。

作者简介

拉斐尔·巴齐亚格：

国际企业家、知名 TED 演讲者、获奖作家。他专门研究白手起家的亿万富豪的创业心理学，经常受邀参加美国媒体节目或接受采访，包括美国全国广播公司（NBC）、美国广播公司（ABC）、哥伦比亚广播公司（CBS）和福克斯电视台（FOX），以及《今日美国》（*USA Today*）和《华尔街日报》（*Wall Street Journal*）等。

20 世纪 90 年代，他创立了个人第一家价值数百万美元的企业，开创了欧洲电子商务时代的先河。他发表的多个 TED 演讲也是有史以来最受欢迎的演讲。他与博恩·崔西（Brian Tracy）合著的《就位、预备、起跑！》（*Ready, Set, Go!*）不仅登上亚马逊畅销书榜，还获得享有"畅销书奥斯卡"之称的奎利奖（Quilly Award）。

近年来，巴齐亚格与全球二十多位白手起家的亿万富豪合作，深入挖掘他们成就非凡事业的奥秘。他是首位得到全球众多亿万富豪深度参与写作项目的作者，被誉为"富豪磁铁"（Billionaire Magnet）。

译者简介

祝惠娇：

毕业于广东外语外贸大学，现任广东外语外贸大学南国商学院教师，已出版《管理创新的跃迁》《跨越鸿沟：颠覆性产品营销指南（原书第 3 版）》《换轨策略：持续增长的新五力分析》《当下的幸福：哲学家的美好生活指南》等多部译作。